Clements Robert Markham

Zwei Reisen in Peru

Clements Robert Markham

Zwei Reisen in Peru

ISBN/EAN: 9783741167614

Hergestellt in Europa, USA, Kanada, Australien, Japan

Cover: Foto ©Andreas Hilbeck / pixelio.de

Manufactured and distributed by brebook publishing software
(www.brebook.com)

Clements Robert Markham

Zwei Reisen in Peru

Zwei

Reisen in Peru.

Von

Clements R. Markham.

Leipzig,
Verlag von E. Senf's Buchhandlung.
1865.

Vorwort.

Der deutsche Bearbeiter hat in diesem Werke die beiden Reisen vereinigt, die Clements R. Markham in Peru gemacht hat. Bei seinem ersten Besuche kam es dem geistvollen und unterrichteten Engländer besonders darauf an, die großartige Natur des Landes, die Gesellschaft seiner Hauptstädte, seine Geschichte unter den Incas, unter den Spaniern und in der jetzigen Zeit der Republik, die Zustände der Indianer und die fast gänzlich unbekannte Literatur der Quichua-Sprache zu studiren. Durch das Werk, das er über diese Reise schrieb, hatte er sich als einen so genauen Kenner der peruanischen Verhältnisse bewährt, daß die englische Regierung, als sie den Plan einer Eingewöhnung der die kostbare Chinarinde liefernden Bäume in Ostindien faßte, ihn mit der Ausführung beauftragte. Er ging also zum zweiten Male nach Peru und bereiste die Gegend im Osten der Cordillere, wo die Chindjona-Bäume wachsen, und die er früher nicht betreten hatte. Deshalb haben wir das zweite Werk Markham's, welches diese neueste Reise erzählt, dem ersten in einer sehr abkürzenden Bearbeitung angefügt, um einen Gesammtüberblick aller peruanischen Zustände bieten zu können.

Für die Grundsätze, nach denen wir dabei verfahren sind, hoffen wir die Zustimmung unserer Leser zu erlangen. Unser Buch ist nicht für Fachgelehrte, weder für Naturforscher noch für Alterthümler, bestimmt, sondern für Jedermann, der an den großartigen Naturerscheinungen in den Anden und an dem früheren und heutigen Leben der Peruaner Antheil nimmt. Unsere Leser werden eine ausführliche Zergliederung und ganze Stellen des merkwürdigen Quichua-Drama's Apu-Ollantay und Proben der Indianer-Poesie, Episoden aus der Inca-Geschichte und des Unabhängigkeitskampfes neben Schilderungen der Hauptstädte, Erörterungen über die Handelsverhältnisse und Landschaftsbildern vom Titicaca-See und von den Zuflüssen des ungeheuren Amazonas finden. Wir entnahmen den beiden Werken Markham's alle die geschichtlichen und modernen, von den Menschen oder von der Natur geschaffenen Züge, die das peruanische Leben charakterisiren. Es ist ein Ganzes, aus hundert bunten Theilchen bestehend, das sich auf diesen wenigen Druckbogen farbig und wechselnd entfaltet. Die eigenthümlichen Bedingungen, die in Peru auf Volk und Staat einwirken, werden mit besonderer Klarheit hervortreten. Der Geschichte des Sammelns und Ueberführens der Chinchona-Arten haben wir die Beachtung gewidmet, die das jetzige allgemeine Interesse an den Naturwissenschaften forderte.

Inhalt.

Erste Reise.

Seite

Einleitung 9

Erstes Kapitel.

Die Küste. — Die Ebene von Cañete mit ihren Zuckerpflanzungen.
— Die Ruinen von Hervay. — Pisco und die Guano-Inseln. —
Ica, San Xavier und Nasca mit seinen Bewässerungsanlagen. —
Allgemeiner Charakter der Küste. — Die Sklaverei in Peru . 17

Zweites Kapitel.

Das Gebirge. — Der Kamm und Paß der Anden. — Eine
Nacht in der Schneeregion; gefahrvolle Passagen. — Die Orte
Apacacho, Pancha, Andahuaples und Abancay. — Ein kirchliches
Fest in einem Indianerdörfchen 31

Drittes Kapitel.

Cuzco, die Stadt der Incas. — Die Schlucht des Apurimac
und das Städtchen Lima-tambo. — Ein Gewitter. — Die Inca-
stadt Cuzco; ihre Lage, Geschichte und jetzige Beschaffenheit. —
Herkunft, Schicksale, Thaten und Bauwerke der Incas. — Ura-
cocha, der Schöpfer der Festungswerke von Cuzco 46

Viertes Kapitel.

Pachacutec, der kaiserliche Reformator, und seine Nachfolger. — Religion, Sitten und Gebräuche unter den Incas.
— Das heutige Cuzco 64

Fünftes Kapitel.

Quichua (Kechua)-Sprache und Literatur der Incas. — Die amerikanischen Dialekte. — Allgemeiner Charakter der Quichuasprache. — Chroniken, Balladen, Dramen. — Inhalt und Proben des Drama's „Apu-Ollantay". — Andere Proben peruanischer Poesie. — Gemischte Poesie. — Verfall der Quichuasprache . 65

Sechstes Kapitel.

Die Inca-Indianer. — Eigenschaften, Sitten, Gesetze der Peruaner. — Langer Druck und allgemeine Anstände. — Ende der spanischen Herrschaft. — Die jetzigen Zustände in Peru , 110

Siebentes Kapitel.

Die peruanische Montana. — Das Gebiet des Amazonenstromes und die Reisen zu seiner Erforschung. — Die Gegenden des Purus und des Lenaflusses. — Bevölkerung, Producte und Handel 119

Achtes Kapitel.

Lima. Die Zeit der Vicekönige. — Panacca, die höchste Stadt der Erde. — Arequipa und seine Umgebungen. — Lima; die Spanier, Creolen und Indianer. — Die heillose Wirthschaft der Vicekönige und der Beamten. — Sturz der spanischen Herrschaft . 133

Neuntes Kapitel.

Lima unter der Republik Peru. — Fortgang der Insurrection. — Wegnahme der „Esmeralda" durch Lord Cochrane. — Proclamation der Republik; San Martin und Bolivar. — Entstehung der Republiken Bolivia und Ecuador. — Peru unter der Herrschaft militärischer Abenteurer und Parteigänger; dreißigjährige Bürgerkriege 145

Zehntes Kapitel.

Lima. Literatur und Gesellschaft. — Bildungsanstalten. — Literarisches und geselliges Leben. — Die neuere Literatur; Espinosa, Vigil, Rivero und Andere. — Peru's gegenwärtiger Aufschwung und seine Zukunft 169

Zweite Reise.

Erstes Kapitel.

Entdeckung der Perurinde. — Die Gräfin von Chinchon. — Einführung des Gebrauchs der Chinarinde in Europa. — La Condamine's erste Beschreibung eines Chinchona-Baumes. — J. de Jussieu. — Die Chinchona-Region. — Die verschiedenen werthvollen Species. — Entdeckung des Chinins 185

Zweites Kapitel.

Die werthvolleren Arten der Chinchona-Bäume; ihre Geschichte, ihre Entdecker und ihre Wälder 198

Drittes Kapitel.

Schnelle Vernichtung der Chinchona-Bäume in Südamerika. — Wichtigkeit der Einführung derselben in andere Länder. — Chinchona-Pflanzungen in Java. — Einführung der Chinchona in Indien 209

Viertes Kapitel.

Reise von Islay nach Arequipa und über die Cordilleren nach Puno 220

Fünftes Kapitel.

Reise von Puno nach Crucero, der Hauptstadt von Caravaya . . 234

Sechstes Kapitel.

Die Provinz Caravaya in historischer und geographischer Hinsicht . 238

Siebentes Kapitel.

Caravaya. — Das Thal von Sandia. — Die Coca-Cultur . . 249

Achtes Kapitel.

Caravaya. — Allgemeine Bemerkungen über die Chinchona-Wälder 262

Seite

Neuntes Kapitel.

Reise von den Wäldern von Tambopata nach dem Hafen von Islay 270

Zehntes Kapitel.

Peru's gegenwärtige Verhältnisse und Aussichten für die Zukunft.
— Bevölkerung. — Bürgerkriege. — Regierung. — Constitution.
— General Castilla und seine Minister. — Dr. Vigil. — Mariano
Paz Soldan. Küstenthäler. — Baumwolle, Wolle und Geld.
— Der Amazonenstrom. — Guano. — Finanzen. — Literatur. 287

Elftes Kapitel.

Transport der Pflanzen- und Samensammlung von
Südamerika nach Indien. — Erfolg der Pflanzensammlung
in anderen Theilen Südamerika's. — Getrocknete Pflanzen. —
Das Nilgerri-Gebirge in Indien. — Ankunft der Pflanzen in
Indien. — Depot in Kew. — Folgen der Einführung der Chin-
chona-Pflanzen in Indien für den südamerikanischen Handel. —
Uebersicht der Erfolge der Chinchona-Cultur in Indien . . . 308

Einleitung.

Die herzlosen Eroberer der neuen Welt und der Untergang der stattlichen Reiche, die sie mit Einem Schlage zertrümmerten, sind in zahlreichen Bänden gefeiert worden. Prescott hat in glühender Sprache die Thaten jener felsenharten Krieger beschrieben, und Jedermann kennt die Geschichte von Cortez und Montezuma, vom muthigen Qualimozin, von Pizarro und seinem gequälten Opfer und alle die wunderbaren, fast unglaublichen Züge spanischer Tapferkeit. Desto weniger wissen wir von der frühern Civilisation Amerika's. Eine der interessantesten Partien darin bildet die Inca-Herrschaft in Peru. Der Reiz, dem Dunkel, in das auch diese Herrschaft gehüllt ist, näher zu treten und wenigstens die Denkmale der Incas und den Schauplatz ihres Wirkens mit eigenen Augen zu sehen, führte den Schreiber dieser Blätter in das merkwürdige Land. Er nahm seinen Weg über Newyork, Aspinwall und Panama. Von hier aus laufen der ganzen westlichen Küste entlang Dampferlinien, und die Küsten von Peru, zu dem Pizarro und seine kleine Schaar nur unter den unsäglichsten Mühen und Anstrengungen vordrangen, sind in wenigen Tagen zu erreichen. Wir passirten die Insel Gorgona, so berühmt durch des furchtbaren Eroberers Verzweiflungsthal, die Mündung des Guayaquil, wo er zuerst landete, und von wo man die hoch aufstrebenden Gipfel des Cotopazi und Chimborazo erblicken kann, und erreichten Callao, den Hafen von Lima, sechs Tage nach unserer Abfahrt von Panama.

Peru.
                                    1

Die jetzige Republik Peru erstreckt sich zwischen dem dritten und zweiundzwanzigsten Grade südlicher Breite vom Flusse Tumbez, der Grenze gegen Ecuador, bis zum Flusse Loa, der Grenze gegen Bolivia; Lima, seine hochberühmte Hauptstadt, liegt ziemlich in der Mitte zwischen beiden Punkten.

Dieses herrliche Land schließt landschaftliche Reize aller Art und einen solchen Wechsel des Klima's in sich, daß es sämmtliche bekannte Pflanzen der Welt, wo nicht hervorbringt, doch hervorzubringen vermag; es ist reich an Gold, Silber, Kupfer, Blei, Zinn, Kohlen und Quecksilber, und seine Heerden liefern einen unerschöpflichen Vorrath von Häuten und seidenartigen Vließen. Es zerfällt in drei völlig verschiedene und genau abgegrenzte Distriete.

1. Das Uferland, zwischen der Küstencordillere und dem großen Ocean, enthält eine Reihe reicher und fruchtbarer Thäler, die durch sandige Einöden von einander getrennt sind. Das Klima ist warm, jedoch nicht niederdrückend; Regen ist völlig unbekannt, aber während der Nacht fällt ein starker, erfrischender Thau. Die Thäler liefern Zucker, Baumwolle und Wein in Ernten von außerordentlicher Ergiebigkeit. Die Trauben werden theils gekeltert und geben einen Wein von vorzüglicher Güte, theils brennt man Pisco daraus, einen Spiritus, der von allen Klassen der Bevölkerung in großer Menge verbraucht, und von welchem auch viel exportirt wird.

2. Die Sierra, die Andenkette der Cordilleren, ein weites Gebirgsland, mit mächtigen Bergkolossen und unvergleichlich prachtvoller Natur, voll weithin gedehnter Hochebenen und Weideländereien und warmer, fruchtbarer Schluchten und Thäler. Die Sierra ist das Heimathsland der Kartoffel, der Wohnplatz des Vieunna und Alpaca und das Grubenfeld, in dessen Spalten und Gründen die berühmten unerschöpflichen Schätze Peru's verborgen liegen.

In der Mitte dieses Gebirgslandes und zugleich im Mittelpunkte des Staates Peru liegt Cuzco, die alte Stadt der Incas, deren Vergangenheit und Gegenwart einen gleich-großen Zauber auf das Gemüth ausübt.

3. Die Montanna, die tropischen Wälder, die an die östlichen Abhänge der Alpen grenzen, sich über zwei Drittheile von Peru erstrecken und verhältnißmäßig noch fast ganz unbekannt sind. Sie erzeugen in reicher Ueberfülle eine Menge wichtiger Handelsartikel und werden künftighin eine Hauptquelle für Peru's Wohlstand bilden.

Lima, die Hauptstadt dieses von Natur so hoch begünstigten Landes, wurde von Pizarro am hohen Neujahrstage 1535 unter dem Namen El Ciudad de los Reyes gegründet und liegt an den Ufern des Rimae, 1½ Meile*) vom Meere entfernt, in einem breiten und fruchtbaren Thale am Fuße der Küstencordillere.

Eine sehr schöne Aussicht auf Lima hat man in der Bai von Callao. Links und rechts vom Hafen ist die grüne Alluvialebene bis nach Ancon im Norden und dem steilen Felsen von Morro Solar, an dessen Fuß der kleine Badeort Chorillos liegt, im Süden, mit weißen Landgütern und Baumgruppen übersäet; landeinwärts erheben sich, wenige Meilen von der Küste entfernt, die prachtvollen Anden schroff von der Ebene empor, ihre schneebedeckten Gipfel, einen über den andern in den blauen Himmel hineinthürmend, und am Fuße derselben liegt Lima mit seinen schimmernden Thürmen, eingebettet in die Orangen- und Chirimoyasgärten **), welche die Stadt von allen Seiten umgeben.

Lima ist mit Callao durch eine Eisenbahn verbunden und hat, um hinter diesem Fortschrittszeichen nicht zurückzubleiben, in den letzten Jahren einen belebteren Anblick gewonnen; neue Häuser steigen nach allen Richtungen in die Höhe, englische Broughams und Gigs rasseln durch die Straßen, und überall stößt man auf Haufen deutscher und chinesischer Auswanderer.

Doch mehr von der neuen Hauptstadt, wenn wir von unserer Wanderung nach Cuzco zurückkommen; vor Antritt der letzteren

---

*) Bei Wellen sind überall geographische zu verstehen.

**) Der Chirimoya, Flaschenbaum oder Rahmapfelbaum, trägt eine apfelartige Frucht, die man als die Königin der Früchte bezeichnet. Man ißt das Innere, das im Geschmacke einem Eierrahme vom feinsten Aroma gleicht, mit dem Löffel.

haben wir noch einen Blick auf die Ruinen zu werfen, die das Thal
des Rimac und die Umgegend weithin bedecken.

An allen Gebirgssäumen die Thalschlucht aufwärts finden sich
zahlreiche Ueberreste alter Indianerdörfer; sie sind aus Adobes (an
der Sonne getrockneten Lehmziegeln) gebaut und liegen nicht im
Thale, sondern an den Berghängen, woraus sich auf die vormalige
dichte Bevölkerung und die ängstliche Sorgfalt, mit der man jeden
Fußbreit tragbaren Grund und Boden für die Cultur vorbehielt,
schließen läßt. Jetzt erhebt allwärts der Cactus sein unschönes
borstiges Haupt aus den verlassenen Wohnungen. In einer der
Schluchten des Rimac liegen die Trümmer der Adobesstadt Cajamarquilla, die ein beinahe ebenso großes Areal einnehmen, als
Lima, die spätere Nebenbuhlerin der untergegangenen Stadt.

Hie und da finden sich eine Art künstlich aus Adobes auf-
gebauter Hügel. Man hält sie für Gräber, weil man eine Menge
Schädel und Knochen darunter hervorgegraben hat. Einer ist beinahe siebenzig Fuß hoch und bedeckt eine Grundfläche von zwei
Ackern. Man kann diese Bauten zu dem angegebenen Behufe benutzt haben; wahrscheinlich dienten sie aber zu weit ausgedehnterem
Gebrauche, namentlich zu festen Plätzen, in die sich die Fendal-
herren des Thals mit ihren Schutzbefohlnen in Zeiten der Gefahr
zurückgezogen haben mögen; denn gewöhnlich liegen zu ihrem Fuße
die Ruinen eines Dorfs, und angrenzend daran ein mit hohen
Mauern eingefriedigter Hof, der den Chalpons, den Sklavenhöfen
auf den Zuckerplantagen, gleicht.

Die berühmtesten und interessantesten unter allen Ruinen in
der Umgegend von Lima sind die der Stadt und des Tempels von
Pachacamac. Der Weg führt vom Rimacthale aus über das steile
Vorgebirge von Morro Solar oberhalb Chorillos, wendet sich dann
scharf herum in einen Akazienwald und lenkt von diesem in eine
breite schöne Allee von Weidenbäumen ein, durch welche man zu
der Zuckerpflanzung Villa gelangt. Obstgärten, Mais-, Zuckerrohr-
und Kleefelder breiten sich zu beiden Seiten aus, und die Pflanzung
selbst bildet mit ihren herrschaftlichen und Wirthschaftsgebäuden,
ihren Hütten für fünfhundert Sklaven und der Kirche eine ansehnliche

Häusergruppe. Villa war lange durch den widerspenstigen Geist seiner Sklaven berüchtigt. Wenige Jahre zuvor hatten sie den Aufseher erschlagen und in den Ofen geworfen, und noch immer gilt diese Straße für die gefährlichste in der Nähe von Lima. Jenseits Villa dehnt sich eine weite Küstenebene mit mehreren Seen, auf denen sich viele Wasservögel aufhalten, bis an die über eine Meile breite Sandwüste von San Juan aus, die man durchreiten muß, ehe man, auf einer unmerklich ansteigenden Höhe angelangt, zum ersten Male einen Blick auf das Meer und auf die Ruinen des einst prächtigen Pachacamac gewinnt. Ich ritt schnell den ziemlich steilen Sandweg hinab, berührte die kleine Hacienda Mama-Conas und befand mich bald in der Stadt der Todten.

Mit einem Gefühle schmerzlicher Niedergeschlagenheit durchwandert man die nun öden und verlassenen Straßen der einst so wohlhabenden und volkreichen Stadt, deren Alter über die Zeiten der Incas hinausgeht. Die Häuser sind von kleinen Ziegeln erbaut, die Dächer verschwunden und die innern Räume mit Sand gefüllt. Nach dem Meere zu erhebt sich ein einzelner Berg über der Stadt. Auf seinem Gipfel befand sich der berühmte Tempel. Die Ruinen bestehen aus drei breiten Terrassen mit zwanzig Fuß hohen Mauern, an denen man stellenweise noch die Scharlachfarbe erblickt, die einst das Ganze überkleidete. Trotz der Einwirkung von mehr als drei Jahrhunderten hat die trockene Luft dieses regenlosen Landes sie erhalten. Der Tempel, der die abgeplattete Oberfläche des Berges einnahm, war ein Heiligthum des Pachacamac, des Schöpfers der Erde (von pacha, Erde, und camac, Particip von Camani, ich schaffe), des höchsten Gottes der Indianer von Peru, dessen Cultus sich über das ganze Incareich ausdehnte, und an dessen Altären die frommen Pilgrime von den fernen Ebenen Chile's bis zu den sonnigen Wäldern des Aequator zusammenströmten. Der Tempel wurde durch Fernando Pizarro zerstört und geplündert; nach den Chronisten jener Zeit waren die Thore mit Gold plattirt und mit Edelsteinen besetzt, wornach sich die ungeheuren Schätze, die das Innere bergen mochte, bemessen lassen.

Am Fuße des Tempels befinden sich die Trümmer eines Tambo

oder Pilgerhospizes; auch haben Alterthumsforscher die Spuren
eines Palastes, eines Sonnentempels und eines Jungfrauenklosters
entdeckt. In ihrem gegenwärtigen Zustande unterscheiden sie sich
wenig von den andern Ruinen, so prächtig sie auch zu den glücklichen Zeiten der Incas gewesen sein mögen.

Die Aussicht von der Höhe ist entzückend. Die große lautlose
Stadt Pachacamac, von keiner lebenden Seele mehr bewohnt, dehnt
sich unmittelbar unter dem Berge aus, von dem fruchtbaren Thale
Lurin durch den Fluß gleichen Namens geschieden; im Norden dieses
kleinen Stromes ist das Uferland zwischen dem Ocean und den Anden
eine Sandwüste; im Süden bildet der lachende Anblick des schön
bewaldeten und wohl cultivirten Thals von Lurin den schlagendsten
Gegensatz.

Der Abend war stark hereingebrochen, als ich die berühmten
Ruinen verließ. Ich ritt auf der fruchtbaren Seite des Stromes
nach einem Hüttchen zu und bat um Nachtquartier; aber statt des
freundlichen Indianers, den ich erwartet hatte, kam eine Mord-
bande von Negern heraus, deren drohende Haltung das Schlimmste
befürchten ließ. Herausfordernde Worte folgten und endeten damit,
daß Einer von der Bande mit einem langen Messer auf mich los-
stürzte. Somit blieb keine Wahl mehr übrig; ich feuerte, nur ein
paar Zoll von ihm entfernt, meinen Revolver ab, gab dem Pferde
die Sporen, sandte einem Zweiten von der Bande einen Abschieds-
schuß zu und jagte durch die Todtenstadt nach der Sandwüste zurück,
wo ich mein Nachtquartier aufschlug.

Die Ruinen bei Lima, sammt denen von Cajamarquilla und
Pachacamac, sind jedenfalls die Ueberbleibsel einer sehr alten Civilisation und stehen, ebenso wie die gigantischen Trümmer von
Tiahuanco am See Titicaca zu den Bauwerken der späteren Incas
in demselben Verhältnisse, wie die großen Ruinen von Palenque
und Azmul zu den Denkmälern der verhältnißmäßig neueren
Azteken.

Auf den Ruinen von Palenque finden sich Hieroglyphen, die
vielleicht künftig einmal ein Rawlinson des Westens entziffert und
uns damit die wunderbare Geschichte des unbekannten Volks, das

in grauen Jahrhunderten jene prächtigen Tempel und Paläste errichtete, aufschließt. Spuren anderer Art, die irgendwie auf eine Entdeckung des Ursprungs dieser merkwürdigen Bauten hinleiten könnten, existiren in Centralamerika nicht. Von einer sehr frühen Bevölkerung der peruanischen Küste hingegen, die über das Auftreten der Incas hinausreicht, haben wir einige Andeutungen.

Daß die ersten Ansiedler dieser Theile Amerika's über den großen Ocean gekommen seien, können wir nicht für unwahrscheinlich erachten, wenn wir die auf diesem Meere vorherrschenden Winde und die Myriaden von Inseln, mit denen es bedeckt ist, in Berücksichtigung ziehen. Auch zu unserer Zeit haben chinesische und japanesische Junken, von ihren Heimathsküsten verschlagen, die Sandwichsinseln, ja selbst Californien erreicht.

Ebenso erstreckt sich von Indien oder von Malacca aus eine stete Reihenfolge von Ruheplätzen durch den indischen Archipelagus bis nach Tahiti, von wo die Fahrt möglicher Weise weiter zu der Osterinsel und nach Arica an der peruanischen Küste fortgesetzt werden konnte. Hier landete vielleicht in grauen Jahrhunderten der erste Ansiedler aus einem andern Continente. Durch ganz Peru ging zur Zeit der Eroberung die weitverbreitete Sage, daß viele Jahrhunderte vor dem Erscheinen der Incas ein Riesengeschlecht in großen Fahrzeugen aus dem fernen Westen gekommen und am Vorgebirge St. Helena bei der Guayaquilmündung gelandet sei. Die Sage berichtet dann weiter, daß Gott sie um ihrer Sünden willen vernichtet habe; und noch jetzt werden die großen fossilen Knochen der Mastodons und Mammuths, die sich häufig in harten Thonschichten vorfinden, in verschiedenen Gegenden Peru's jenen mythischen Wesen zugeschrieben.

Aehnliche bezeichnende Sagen kommen auf den Südseeinseln vor; was aber wichtiger ist, das sind die Werkstücke und gigantischen Statuen, die sich auf der Osterinsel gefunden haben, und die den Eingebornen „nicht als Götzenbilder galten", rücksichtlich deren dieselben vielmehr erklärten, daß ihnen ihr Ursprung unbekannt sei. Cool beschreibt dieselben, und was er sagt, klingt gerade so, als ob er den Tempel von Pachacamac oder die Ruinen von Tiahuanuco habe schildern wollen; die Aehnlichkeit könnte nicht sprechender sein. Immerhin fehlt es aber an Unterlagen zu völlig sicheren Vermuthungen über den Ursprung dieser merkwürdigen Bauwerke, die wir jetzt verlassen, um unsere Aufmerksamkeit der schönen peruanischen Natur und der verhältnißmäßig erreichbareren interessanten Geschichte der Incas, sowie der Residenz der letzteren, der Kaiserstadt Cuzco, zuzuwenden.

In der Regel werden zu einer Reise in das innere Peru sehr umfassende Vorbereitungen getroffen. Die eingebornen Cavalleros führen wenigstens drei Packmaulthiere mit sich, von denen das eine einen ungeheuren rindslederuen Koffer, der mit Matratzen, Kopfkissen und Bettlüchern angefüllt ist, die beiden andern das übrige Reisegeräthe tragen. Denn außer in großen Städten giebt es keine Gasthäuser; Wagen sind im Innern ganz unbekannt.

Will man aber wirklich angenehm reisen, so muß man alles überflüssige Gepäck zurücklassen, sich auf ein paar lederne Satteltaschen und auf einige warme Ponchos, die als Bett dienen, beschränken und sich beim Antritt der Reise mit jeder Sorge und Aengstlichkeit ein für alle Mal abfinden.

So trat ich, von einem schwarzen berittenen Soldaten, der mir aber nichts nützte, begleitet, meine Pilgerschaft nach Cuzco an und hielt das erste Nachtquartier, nach einer Tagereise an der Küste hin, im Dörfchen Lurin.

Erstes Kapitel.

Die Küste.

Die Ebene von Canete mit ihren Zuckerpflanzungen. — Die Ruinen von
Hervay. — Pisco und die Guano-Inseln. — Jca, San Xavier und
Nasca mit seinen Bewässerungsanlagen. — Allgemeiner Charakter der
Küste. — Die Sklaverei in Peru.

Der nächste Ort südlich von Lurin ist Chilca, ein Häuflein
kleiner Häuser mit schöner Kirche mitten in einer jener Sandwüsten,
die im Wechsel mit fruchtbaren Thälern die Küste charakterisiren.
Es ist von Indianern bewohnt, die sich in ihrer Oase viel unabhängigen Freiheitssinn bewahrt haben und eine rege Betriebsam-
keit entwickeln. Die Männer sind theils Maulthiertreiber, theils
verrichten sie Feldarbeiten im benachbarten Mala-Thale, theils beschäftigen sie sich mit der Fischerei. Die Frauen verfertigen Cigarren-
etuis aus Strohgeflecht.

Das wellenförmige sandige Land der Oase erzeugt Palmen,
Feigen und Granatbäume, an einigen feuchtern Stellen zieht man
Rohr zur Bedachung der Häuser, und an den dürftig berasten Abhängen weiden Maulthiere und Esel; die Nahrungsmittel werden
aber alle aus Mala bezogen.

In dieses liebliche Thal gelangten wir nach einem Ritt von
dritthalb Meilen. Es wird vom San Antonio-Flusse durchströmt,
der damals stark angeschwollen war, und bildet mit seinen Orangen-
hainen, Weingärten, Bananenpflanzungen, Maisfeldern und zierlichen Weidenalleen einen schlagenden Contrast zu der traurigen
Bildniß, die man eben verlassen hat. Der südliche Theil des Thals
besteht aus einer einzigen großen Besitzung, von deren zahlreichen
Heerden Lima seinen Bedarf an Kampfstieren entnimmt.

Zwei Meilen weiter an der Küste hin liegt das Dörfchen Asia,
neun bis zehn Hütten aus Rohr und Lehm, die von ein paar ver-

krüppelten Büschen und Kürbispflanzungen umgeben sind. In diesem armseligen Oertchen fand ich einen Indianer, der die Geschichte
der Incas von Garcilasso de la Vega besaß und von ihren Thaten
sehr gut zu sprechen wußte.

Von Asia windet sich die Straße um ein steiles Vorgebirge knapp am Meere hin und führt weiter über fünf Meilen
durch wüste Berge und Schluchten, ohne Vegetation, bis endlich
das Auge mit dem Anblick der breiten und fruchtbaren Ebene
von Canete, die zu den reichsten Zuckerrohr-Districten Peru's gehört, erfrischt wird. Sie ist gegen drei Meilen lang, füllt die ganze
Breite zwischen der Cordillere und dem Meere und ist fast durchgehends mit wehenden Zuckerrohrfeldern bedeckt, die nur durch
lange zierliche Weidenalleen von einander getrennt sind. Der ganze
District zerfällt in acht Pflanzungen, die von zweitausend Negersklaven und einigen hundert neuerdings eingeführten Chinesen
bearbeitet werden. Das Rohr wird nur einmal in achtzehn Monaten
geschnitten; auch bedürfen die Pflanzen, da das Klima verhältnißmäßig kühler ist und es nie regnet, schon der Bewässerung wegen
vieler Pflege. Trotz des langsamen Wachsthums giebt aber das Rohr
einen mehr als gewöhnlichen Ertrag, weil es von dichterem Gewebe ist und reichlicheren Saft enthält als das in den milderen
Gegenden. Zum Pressen des Rohrs bedient man sich theils der
Wasser- theils der Dampfkraft; auch giebt es noch Göpelwerke, die
von Maulthieren und Rindern in Bewegung gesetzt werden. Der
Saft gelangt durch Rinnen in große Gefäße, wo er gesotten wird.
Man raffinirt hie und da einen Theil des Ertrags oder macht
Meliszucker daraus, auch viele chancacas, Syropkuchen, die den
Sklaven zur Speise dienen; der größte Theil aber wird exportirt.

Die Gebäude der Pflanzung sind schön und geräumig. Den
einen Theil des Hofs fassen die Zuckermühle, das Siedehaus und die
Raffinir- und Lagerräume ein; den übrigen das Wohnhaus, das in
der Regel eine Menge großer, luftiger und schön ausgestatteter
Zimmer besitzt. Neben dem Wohnhaus befindet sich stets eine Kapelle,
an welcher ein Priester angestellt ist.

Das Leben auf den Pflanzungen ist angenehm und behaglich.

Die Eigenthümer und ihre Beamten stehen früh auf, reiten aufs Feld oder gehen ihren sonstigen Beschäftigungen nach und finden sich um zehn Uhr bei einem sehr substantiellen warmen Frühstück zusammen. Dasselbe besteht aus Suppe, weich gesottenen Eiern, die mit gerösteten Bananenschnitten garnirt sind, und verschiedenen Fleischgerichten; den Beschluß macht eine Tasse schäumende Chocolade und ein Glas Wasser. Das Mittagsmahl wird um vier Uhr eingenommen. Der Gutsherr präsidirt, und die Gesellschaft besteht aus seiner Familie, dem Verwalter, dem Kaplan, dem Raffiniter, den übrigen Beamten und den Gästen, die stets gern gesehen sind. Das Mahl beginnt mit einem Chupé, dem peruanischen Nationalgericht, wozu Kartoffeln, Eier und junge Hühnchen gehören. Dann folgt frischer Fisch mit Weinessig und Abi (peruanischem Pfeffer), und den Beschluß machen vortrefflich eingemachte Früchte und andere Süßigkeiten, die mit einem Glas Wasser hinuntergespült werden. Aus denselben Elementen, wie hier die Tischgesellschaft, besteht auch wieder die Stadtgesellschaft. Durch gegenseitige Besuche und Gastmähler wird ein fortdauernder freundlicher Verkehr zwischen den verschiedenen Familien unterhalten. Jedes Haus hat einen herrlichen Blumen- und Fruchtgarten, durch den ein kleines fließendes Wasser geleitet ist; da findet man in Gruppen die mächtigen Chirimoyabäume, die große und schlanke Palta- oder Alligatorbirne, Apfelsinen, Limonen- und Citronenbäume und die köstliche Granadilla, die Frucht der Passionsblume, die üppig und verschwenderisch über die Bäume herabhängt, kurz, Alles, was nur den Besucher durch köstlichen Duft und Wohlgeschmack zu bestechen vermag. In der Nähe des Gartens liegt gewöhnlich der Galpon, der Aufenthaltsort der Sklaven, eine Art Dorf, das aus Hütten besteht, einen kleinen Hof in der Mitte hat und von einer hohen Mauer umgeben ist. Die Neger von Canete scheinen sich wohl zu befinden und zufrieden zu sein. Jeden Morgen und Abend, vor und nach gethaner Arbeit, versammeln sie sich in der Kapelle, und überaus lieblich klingt der Gesang, den hier die jungen Mädchen und Frauen zum Lobe Gottes anstimmen.

Nachdem ich die gastfreundlichen Haciendas von Canete ver-

2*

laffen und den reißenden und hochangeschwollenen Strom gleichen
Namens überschritten hatte, gelangte ich auf einem das Meer be-
herrschenden Küstenpunkte an einen Haufen Ruinen, der gegenwärtig den Namen der Festung Hervay trägt.

Sie liegen auf einer steilen Anhöhe und zerfallen in zwei Abtheilungen. Ich trat in die vom Meere entferntere durch eine Lücke
der nördlichen Mauer und verfolgte einen Wall, der breit genug
für zwei Mann nebeneinander und von außen mit einer Brustwehr
von fünf Fuß Höhe, von innen mit einer sechzehn Fuß hohen Auf-
mauerung versehen war. Die Brustwehr erhebt sich am Rande
eines steilen Felsens etwa dreißig Fuß über die Ebene und ist theilweise mit Lehmziegeln bedeckt. Etwa zwanzig Schritte abwärts
wendet sich der Wall rechtwinklig nach dem Innern zu und führt
durch ein zehn Fuß hohes Thor in eine geräumige mit Nischen
umgebene Halle, von welchen aus Gänge in zahlreiche kleinere
Räume sich eröffnen. Die Mauern sind sechzehn Fuß hoch, von
Lehmziegeln errichtet und theilweise mit Mörtel berappt.

Von dieser interessanten Ruine gelangt man auf einem mit
Trümmern übersäeten Pfade zu der anderen, 220 Schritte nach
dem Meere zu davon entfernt liegenden Abtheilung, einer großen,
vollkommen viereckigen Halle, von deren Seiten eine jede 39
Schritte mißt. Die Ostseite enthält fünfzehn Nischen; an der
Südseite befinden sich zwei Thüren, die in zahlreiche kleinere Räume
führen.

Die Ruinen von Hervay weisen nach ihrer dem Baustyle von
Cuzco und Limatembo gleichenden Architektur offenbar auf die Incas
als Erbauer hin. Die Thäler von Yca und Pisco bis zu dem Gebiete
des großen Chimu, in der Gegend des jetzigen Truxillo, wurden
unter Pachacutec, dessen Sohn, der berühmte Prinz Yupanqul, die
Yunta-Indianer wiederholt schlug, von den Incas erobert. Jedenfalls wurde damals die Burg sammt dem Palast zu Hervay gegründet, und man kann sie als eine der ersten Anlagen betrachten,
mit denen die Incas an der Küste des Stillen Meeres sich festsetzten.
In den Huacas (Begräbnißplätzen) in der Ebene von Canete hat
man neuerdings viele interessante Reliquien aus jener Periode aus-

gegraben, worunter sich namentlich Thonwaaren, steinerne Canopas (Hausgötter), goldene Ohrringe und verschiedener Silberschmuck befinden.

Die Sandwüste zwischen den Thälern von Canete und Chincha ist über acht Meilen lang. Volle sechs Meilen waren wir bald über öde Sandhügel, bald über kahle Felsenhöhen, deren Wände schroff zum Meere abfielen, geritten, als uns endlich ein gewundener Pfad zum Ufer herabführte, an dem sich eine heftige Brandung brach. Um eine vorspringende Klippe biegend, gelangten wir an das Bett eines ausgetrockneten Bergstroms, der sich einst durch eine jäh abfallende Schlucht seinen Weg zum Meere gebahnt hatte.

Jetzt war alles still und öde. Am Fuße der felsigen Abhänge der Schlucht standen ein paar verkümmerte Büsche, und das trockne Strombett war mit großen runden Steinen besetzt. Die Sonne sank eben hinter dem Meere hinab und warf noch einen hellen Schein auf die eine Seite der Schlucht, während die andere unter der langen Reihe düstrer Felsen in tiefem Schatten lag.

Das eintönige Brausen der Brandung war der einzige Laut, der sich vernehmen ließ. Doch war ich nicht allein. Etwas weiter aufwärts in der Schlucht erblickte ich an einem niedrigen Ufer hingestreckt eine weibliche Gestalt. Sie trug die wohlbekannte Tracht eines Inca-Indianermädchens, wie sie in den Thälern von Tarma und Xauxa getragen wird, den blauen Kattunrock und die schwarze Trauerschürze, und hatte ihr Gesicht in den Sand vergraben.

Ich ging zu ihr und faßte ihre Hand, worauf sie mich mit dem Ausdrucke des tiefsten Seelenschmerzes ansah. Es war ein schönes Gesicht; das arme Mädchen schien höchstens sechszehn Jahre alt zu sein. Sie zeigte nach einem kleinen Gebüsch ein paar Schritte weiter hinauf, und ich fand einen todten Säugling. Ich legte eine Gabe neben die kleine Leiche und ritt weiter.

Das schöne Mädchen erschien mir in ihrem Schmerze wie die Schutzgöttin der Incas, die über das Unglück weint, dem ihre Kinder verfielen, als ihr leuchtender Sonnengott im Meere versank und sie dem bittern Joche der fremden Eroberer preisgab.

Die Straße zieht sich von diesem einsamen Platze weg wieder am selbigen Abhang hinauf und brachte uns nach mehrstündigem Ritt durch die Wüste in das herrliche Thal von Chincha, wo wir, als die Nacht schon eingebrochen war, die gastfreundliche Zucker-pflanzung Laran erreichten.

Sie ist eine der schönsten Haziendas an der Küste von Peru. Die große gerade Straße, die von hier aus bis zum Fuße der Cor-dillere läuft, liegt mit dem Sonnentempel zu Cuzco genau in einer Breite; sie soll die Grenze zwischen Neu Castilien und Neu Toledo, den Ländergebieten, die nach der Eroberung an Pizarro und Almagro überwiesen wurden, gebildet haben. Zahlreiche alte Begräbnißplätze zeugen von der starken Bevölkerung dieses Thals zur Zeit der Incas.

Zwischen den Thälern von Chincha und Pisco erstreckt sich abermals eine Sandwüste. Nachdem man eine neue Hängebrücke über den Fluß Pisco passirt hat, eröffnet sich eine freundliche, mit Dattelpalmen, Weiden und Wiesenland bedeckte Ebene, in welcher die Stadt Pisco liegt, die als Musterbild für die kleinen Küsten-städte Peru's dienen kann. Auf dem Marktplatze befinden sich mehrere stattliche Häuser, darunter das des Don Domingo Elias, des größten Landeigenthümers und unternehmendsten Mannes in Peru; ingleichen eine schöne Kirche, im Baustyle von Lima, welche die eine Seite des Platzes einnimmt.

Die kleinern Wohnungen der ärmern Klassen, namentlich der Neger und der gemischten Farbigen, sind von einfacher Bauart. Es sind weiß übertünchte, zehn Fuß hohe Häuser von Fachwerk aus Rohr mit Lehmschlag; sie stehen reihenweise, und sehen mit ihren getäfelten Thüren und gläsernen Lampen darüber recht nett und anständig aus.

Außer der großen Kirche, einer bekannten Landmarke für die Küstenschifffahrer, besitzt Pisco noch die alte Jesuitenkapelle mit schönem vergoldeten Schnitzwerk und ein verfallenes Franziskaner-kloster, das vor zwanzig Jahren von der Regierung eingezogen wurde.

Früher war Pisco ungesund; die Einwohner hatten viel an

Fiebern zu leiden; durch eine vor achtzehn Jahren eingerichtete
gründliche Austrocknung aber hat man den Platz zu einem ganz besonders gesunden umgeschaffen.

Die Umgebungen von Pisco sind mit weit ausgedehnten
Weingärten bedeckt, von denen die meisten Don Elias besitzt, der
ausgezeichnete Trauben erbaut. Er läßt große Quantitäten keltern
und aus einem Theile den berühmten Pisco oder Italia bereiten,
einen Liqueur, der nach allen Küstenplätzen und auch in das innere
Peru versandt wird. Seine Niederlage zu Pisco enthält mehr als
hundert Fässer Wein, jedes zu 290 bis 300 Gallonen (1350 bis
1450 Kannen), die in drei Sorten zerfallen: die beste, ein
ausgezeichneter Wein, dem Madeira ähnlich, dann ein etwas
geringerer weißer Wein und ein dritter, der dem Bucellas gleicht.
Der Pisco ist in großen Niederlagen am Strande aufgespeichert,
von wo er nach den Häfen von Peru und Chile verladen wird.
Eine ausgezeichnete Sorte des Pisco wird aus der großen weißen
Traube unter Zusatz der duftenden Chirimoya-Frucht bereitet.

In der Bai von Pisco, etwa dritthalb Meilen von der Küste
entfernt, liegen die Chincha- oder Guano-Inseln. An einem Januar-
tage schiffte ich mich in einem kleinen mit Chinesen bemannten
Langboote ein, um sie zu besuchen. Wir landeten zunächst an der
nördlichsten, deren Felsenwände so schroff abfallen, daß man die Insel
mittelst einer hohen, steilen Leiter erklimmt, die zu einer an der
Seite des Felsens angebrachten hölzernen Plattform führt.

Die Insel ist gegen 1400 varas (2389 Ellen) lang und
600 (1024 Ellen) breit. Sie ist ihrer ganzen Ausdehnung nach
mit dicken Guanoschichten bedeckt; der Hauptstich, etwa hundert
Schritte vom Rande des Felsens entfernt, zeigt bereits eine Höhe
von sechszig Fuß. Zweihundert Verbrecher sind damit beschäftigt,
den Guano herabzuschaufeln, und eine kleine Dampfmaschine dient
dazu, ihn zu heben und in die Karren zu laden. Von der Maschine
geht nämlich ein Krahn aus, vermittelst dessen ein großer eiserner
Trog, der acht Centner schwer ist, auf und nieder bewegt wird. Der
Trog füllt sich selbst und entschüttet sich in die Karren, die ihn auf
Schienen bis an den Rand des Felsens führen, von wo er durch einen

Schlauch von Segeltuch in den Raum des ladenden Schiffs gelangt. Hier wird er von starknervigen Negern sofort, wie er herabfällt, gebreitet und geordnet. Sie erhalten dreizehn Dollars für hundert Tonnen zu breiten und tragen eiserne Masken, da der Guano durchdringender ist als Kohlenstaub und Eisenfeilspäbne, und stärker als flüchtige Salze. Die Verbrecher wohnen in einem Haufen schmutziger Hütten, neben denen sich ein paar eiserne Gebäude befinden, die den peruanischen Beamten, einigen englischen Zimmerleuten und einem irländischen Doctor zum Wohnsitze dienen.

Man hat berechnet, daß im J. 1853 auf der nördlichen Insel noch 3,708,256 englische Tonnen *) Guano vorhanden waren, auf der mittleren 2, 000,000, auf der südlichen 5,880,000. Die letztere ist noch gar nicht angegriffen. Die mittlere wird fast nur von Chinesen bearbeitet, die aber theils wegen der schlechten Behandlung und der fürchterlichen Beschaffenheit der Arbeit, theils aus Heimweh sehr häufig Selbstmorde begehen.

Es lagen fünfundzwanzig Kauffahrteischiffe, meistens englische, vor den Inseln, in der Regel befinden sich mehr dort, bisweilen steigt ihre Anzahl bis zu hundert.

Die wenilger betretenen Stellen werden noch jetzt von vielen tausenden Guanovögeln **) besucht. Sie legen ihre Eier in kleine Höhlen im Guano und einzelne Anhöhen sind mit ihren Nestern völlig bedeckt. Sie gehören zur Familie der Meerschwalben, haben rothe Schnäbel und Füße und sind etwa zehn Zoll lang. Oben am Kopfe, an den Spitzen der Flügel und am Schwanze sind sie schwarz, am unteren Theile des Kopfes weiß, übrigens von dunkler Schieferfarbe; an beiden Seiten unter dem Ohre tragen sie einen langen geringelten Federbart.

Schon die Incas von Peru legten hohen Werth auf den kostbaren Düngungsstoff; er wurde im ganzen Reiche viel gebraucht,

---

*) 1 Tonne — 20 Ctr., also zusammen ebngefähr. 230 Millionen Centner.

**) Guano ist das verderbene Culchua-Wort Huano und bedeutet Dünger.

und jede Störung der Vögel während der Brutzeit soll mit Todesstrafe bedroht gewesen sein.

Außer den Meerschwalben nisten große Schaaren von Tauchern, Pelikanen und Möven auf den Inseln.

Der nächste bedeutende Platz südlich von Pisco ist Yca, die Hauptstadt der Provinz, in einem lieblichen Thale, das nach der über acht Meilen langen Sandwüste zwischen Yca und Pisco hin durch einen Wald von Johannisbrodbäumen begrenzt wird, während im Thale selbst die Straße durch Weingärten und Baumwollenpflanzungen führt, die mit Hecken von Feigen, Jasmin und Rosen eingefaßt sind. Der Johannisbrodbaum wird hier sehr groß, bis zum Umfang einer starken Eiche; sein Holz ist von ungewöhnlicher Härte, so daß sich der Stamm unter der Last beugt und herumdreht, während sich die Aeste in Knoten verschlingen, wodurch die ganze Gestalt ein wildphantastisches Ansehen erhält. Die Fruchthülsen liefern ein sehr geschätztes Futter für Pferde und Maulthiere.

Yca ist eine hübsche Stadt von 10,000 Einwohnern; die Häuser haben platte Dächer, sind im Limaer Baustyle aufgeführt und theilweise im Innern schön eingerichtet. Das Erdbeben hat hier furchtbar gewüthet. Im Jahre 1745 wurde die alte Stadt völlig zerstört; ihre Ruinen liegen zwei Stunden südlich von der neuen. Der Fluß, der an der Stadt vorbeifließt, ist den größten Theil des Jahres trocken. Eine Zeitlang stürzt er sich schäumend durch das fruchtbare Thal, bald darauf aber ist sein Bett eine staubige Straße. Ich traf ihn in seiner Glanzperiode, wo eine Brücke aus Seilen und Weidenzweigen über ihn hinweg gespannt war.

Hierher lassen die Damen von Yca ihre Sessel tragen, um in der Abendkühle mit einander zu plaudern. Eine Allee von Weiden und Fruchtbäumen dient gewöhnlich der vornehmen Welt zur Promenade nach den Beschwerden des heißen Tages, und die Schneegipfel der Anden, die den Gesichtskreis begrenzen, verleihen dem reizenden Platze ein erquickendes Gefühl von Frische.

Von Yca aus führt die Straße durch Weingärten und einem zweiten großen Wald von Johannisbrodbäumen in die gleichfalls

über acht Meilen lange Sandwüste von Guayuri, in der kein Hälm-
chen von Vegetation zu erblicken ist. Die versengenden Sonnenstrahlen werfen von der Sandfläche eine drückende Gluth zurück.

Plötzlich tritt der Reisende aus der Wüste in die lachenden
Weingärten von Chimbo, Guayuri und Santa Cruz, an welche
sich das wohlcultivirte Thal von Rio Grande anschließt. Das
letztere zerfällt in eine Menge kleiner Parcellen, die der Eigenthümer des Ganzen, Don Domingo Elias, Einzelnen in Pacht gegeben hat.

Von hier aus gelangt man über eine Reihe oder Berge in das
Thal von Palpa, das neben einer starken Wein- und Baumwollen-
Production den zur Ernährung der Bevölkerung von etwa 4000
Seelen erforderlichen Weizen erzeugt und zwei Wassermühlen be-
sitzt. Es zieht sich bis an den Fuß der Anden hinan und wird durch
eine Bergkette, in der sich eine warme Quelle und eine reiche Kupfer-
mine befindet, in die malerischen und fruchtbaren Gründe von
Sara-marca und Mollaque geschieden.

Durch eine dritthalb Meilen lange bergige Wüste gelangt man
in die fruchtbare Ebene von San Xavier, die ausschließlich Don
Domingo Elias zugehört und aus Weingärten, Baumwollenpflanzungen und zahlreichen kleinen Gütern besteht, die sich nahe
am Fuß der Cordillere hinziehen. Die Besitzung San Xavier ist
eine der schönsten an der Küste von Peru. Das Haus ist geräumig
und schön eingerichtet; den Hof umgiebt ein steinerner Corridor, dessen
Bogen von massiven Säulen getragen werden. Auf der einen Seite
befinden sich die Niederlagen und große Weinpressen; auf einer zweiten
die schöne Kirche, die von den Jesuiten, den frühern Eigenthümern
dieser Besitzung, erbaut wurde. Das Holzschnitzwerk an der Kanzel
und den Altären ist sehr schön, und die Bilder der Ordensgeneräle
in glänzenden goldenen Rahmen geben der alten Kirche ein statt-
liches Ansehen. Zur Zeit der Jesuiten wurden Negersklaven eingeführt, und das Thal warf einen sehr bedeutenden Ertrag ab. Die
Weingärten producirten jährlich 70,000 Arrobas *) Spirituosen,

---

*) Vier Arrobas machen einen Centner.

und man verkaufte die Arroba zu 5 bis 7 Dollars (Pesos à 1 Thlr.
13 Rgr. 6 Pf.), während gegenwärtig der Preis nur 2 Dollars
beträgt. Im J. 1767 wurden die Güter der Jesuiten eingezogen
und kamen seitdem im Werthe immer mehr und mehr herab, bis
sie Don Domingo Elias von der republikanischen Regierung er-
kaufte. Die Baumwollenpflanzungen von Nacra und San Jose
sind mit Wassermühlen versehen, welche zugleich Maschinen zur
Auskörnung und Pressen zum Packen der Baumwolle in Bewegung
setzen.

Don Domingo hat sich zu seinem Export einen eigenen Hafen,
Lomas, 15 Meilen von San Xavier entfernt, angelegt, und ver-
schifft jährlich 40,000 Centner Baumwolle, darunter 12000 eigenen
Erbflag, die theils auf Maulthieren, deren jedes 175 Pfund trägt,
theils auf Flößen zu dem Hafen gebracht werden. Von letzterem
einige Meilen landeinwärts liegt der geheimnißvolle Cerro de las
Brujas oder Hexenberg. Der einzige Bewohner desselben ist ein
alter Mann, Namens Manuel, der ein paar Mordthaten auf seinem
Gewissen hat und oft, von eingebildeten Kobolden gejagt, in der
Nacht herauskommt und schreiend auf den Felsen umherläuft.

Südlich von San Xavier, durch eine weite Feldwüste geschieden, liegt das Thal von Nasca, das durch seine Bewässerungs-
werke zu den interessantesten Strichen der Küste gehört. Das Thal,
eine vollständige Dase, hat neun Meilen Wüste im Norden und
über zwanzig im Süden, senkt sich sieben Meilen weit vom Gebirge
in sanfter und allmählich sich erweiternder Abdachung nach dem
Meere zu und ist von den riesigen Gipfeln der Cordillere eingesäumt.

Die einzige natürliche Bewässerung besteht in einem kleinen
Bache, der elf Monate im Jahre trocken ist; die großartige Wasser-
baukunst der Incas aber wußte die Hindernisse, die in der natürlichen Beschaffenheit des dürren Landes lagen, auf eine bewun-
derungswürdige Weise zu bekämpfen und schuf die Wildniß zu
einem lachenden Paradiese um.

Das Thal ist seiner ganzen Länge nach bis hoch in das Gebirge hinauf mit Gräben durchzogen, von denen die Hauptleitungen,

die Puquios, vier Fuß Tiefe haben und mit Steinen ausgemauert und überwölbt sind. Je tiefer sie in das Thal herabsteigen, desto mehr verzweigen sie sich nach allen Richtungen hin in kleinere Leitungen, die jede Pflanzung mit dem köstlichsten Wasser versorgen und alle die verschiedenen Gräben füllen, die zur Fruchtbarmachung des Bodens dienen. Die größten Puquios befinden sich unter der Erde und haben in Zwischenräumen von zweihundert Schritt Ojos oder kleine Oeffnungen, durch welche die Werkleute in das Gewölbe eindringen und die Leitung reinigen können.

Auf diese Weise werden im Nasca-Thale fünfzehn Wein- und Baumwollenpflanzungen bewässert, und außer den genannten Hauptprobucten bringen diese fruchtbaren Haciendas noch reiche Ernten von Axipfeffer, Mais, Melonen, Kartoffeln, Yuken*), Limonen, Citronen, Chirimoyas und andere Vegetabilien und Früchte aller Arten von der vortrefflichsten Beschaffenheit hervor.

Auf einem der Berge, die sich hinter Nasca, einem kleinen und ruhigen Städtchen, erheben, befindet sich die verlassene Goldgrube von Cerro Blanco. Es ist ein wilder, öder Platz; das tiefe Schweigen, das hier herrscht, wird durch keinen Laut unterbrochen, aber die Aussicht ist höchst charakteristisch. Das Thal tief unten gleicht einem breiten Strome, der sich durch eine sandige Wüste seinen Weg zum Ocean bahnt, und die enormen Bergmassen, von denen nach allen Richtungen hin eine über die andere emporsteigt, geben einen kleinen Vorgeschmack von der majestätischen Größe der Anden.

Das Erdbeben hat auch hier gewüthet. Das jetzige Nasca ist an einem andern Platze neu aufgeführt worden. Von hier aus gelangt man auf einer von Feigen- und Orangenbäumen beschatteten Straße zu den Ruinen der alten Stadt, die am Bergabhange liegen und der Inca-Zeit angehören. Die Häuser enthalten große Räume mit Nischen wie die Ruinen zu Herbay bei Canete. Auf einem isolirten Berge mitten in der alten Stadt befindet sich eine Festung mit einem im Halbkreise sich ausdehnenden Frontwall

---

*) Yuca, eine Pflanze, die zur Familie der Aloe gehört.

und einem entsprechenden Außenwerke am Fuße des Berges. Die Mauern der Häuser und der Festung sind von Bruchsteinen aufgeführt.

Südlich von Nadca erstreckt sich eine ungeheure Wüste von nahe zwanzig Meilen Ausdehnung bis zu dem zuckerprobucirenden Thale von Acari. Weiterhin folgen die Thäler von Jaucca, Atequiba, das olivenreiche Chala und die fruchtbaren Ebenen von Atico, Chapata, Ocona und Camana, alle ohne Ausnahmen durch Sandwüsten, die sich von der Cordillere bis zum Stillen Meere herabziehen, von einander getrennt.

Dies sind die allgemeinen Züge der Küstendistricte von Peru. Nadca war der entfernteste Punkt, bis zu welchem ich vorging, ehe ich quer über die Andenkette nach Cuzco, der Inca-Stadt, aufbrach.

Die Wüsten sind wilde, traurige, schattenlose Einöden, ohne Mittel zur Existenz; wo man aber einen Tropfen Wasser hat, entfaltet sich eine Ueberfülle von Fruchtbarkeit, und die wehenden Zuckergefilde, die Wälder von Weiden- und Fruchtbäumen, die anmuthigen Weingärten bilden einen schlagenden Gegensatz zu den sie umgebenden Wüsteneien.

An den Südküsten, in der Nachbarschaft von Chapata und Atico, soll es noch ein paar einsame, tief in Sandwüsten eingebettete Oasen geben, die kein europäischer Fuß betreten, und die man noch von glücklichen ununterjochten Indianern für bewohnt hält.

Die größte Küstenwüste ist die von Sechura in der Nähe von Payta. Dort soll der müde Wanderer während der wolkenlosen Nächte durch Klänge einer lieblichen Musik, die geheimnißvoll über den Sand hinüber wehen, entzückt werden.

Mit Ausnahme der unmittelbaren Nachbarschaft von Lima schien in jenen fruchtbaren Thälern die gesammte Bevölkerung, Neger, Indianer und die andern zahlreichen Abschattirungen, ein glückliches und zufriedenes Leben zu führen.

Das Klima ist herrlich, an allen Lebensbedürfnissen ist Ueberfluß, und die Arbeit wird durch die zahlreichen kirchlichen Festtage, an denen sich auch die armen Sklaven erholen und vergnügen können, und wo man den jüngeren weiblichen Theil derselben ohne Ausnahme in weißen Atlasschuhen und anderem stattlichen Putze erblickt, häufig unterbrochen. Die Behandlung der Sklaven ist, soweit ich es zu beobachten Gelegenheit hatte, durchgängig eine freundliche gewesen. Auf der Hacienda des Don Juan de Dios zu Chavalina erhalten alle verheiratheten Sklaven ein Stück Land zur Bebauung für sich und zur Schweine- und Hühnerzucht; die Kinder führen die Ernten auf Eseln zur Stadt, und man sieht sie hinter großen Haufen von Früchten und Vegetabilien auf dem Markte zu Ica sitzen. Auch andere Erwerbszweige werden nach-gelassen; ein alter Sklave machte Bankiergeschäfte und hatte man-ches Hundert Dollars auf Zinsen außen stehen. Schreiben konnte er nicht, seine Rechnung führte er vermittelst eines Kerbholzes.

Schon seit der Unabhängigkeitserklärung hat die republi-kanische Regierung die allmähliche Abschaffung der Sklaverei ins Auge gefaßt. Im Jahre 1821 wurde ein Gesetz erlassen, wornach zwar die damals lebenden Sklaven für ihre Person Sklaven bleiben, ihre Kinder aber mit dem funfzigsten Jahre und ihre Enkel sofort von der Geburt an frei sein sollten. Man wollte auf diese Weise die Sklaven an die Freiheit gewöhnen und den Herren Zeit lassen, ihre Einrichtungen zu treffen. Man gedachte Chinesen einzuführen und durch deren billige Arbeit etwaigen zu hohen For-derungen Seitens der freien Neger die Wage zu halten, glaubte aber, daß nur wenige der letzteren ihre Herren verlassen würden, da sie mit denselben durch eine beinahe väterliche Behandlung und alle ihre Erinnerungen bis zur frühesten Kindheit zurück eng verknüpft sind. Die Kosten für Unterhaltung und Bekleidung eines Sklaven berechnete man zu 40 Dollars jährlich. Im Jahre 1854 erfolgte end-lich die gesetzliche Abschaffung der Sklaverei durch den Präsidenten Castilla.

Die großen Grundbesitzer an der Küste Peru's zeichnen sich durch eine gute Bewirthschaftung ihrer Ländereien und durch das Wohlwollen, mit welchem sie ihren Untergebenen sowie Fremden begegnen, vortheilhaft aus. Die unbegrenzte Gastfreundschaft, mit der ich, der unbekannte und alleinstehende Reisende, oft, ohne einen Empfehlungsbrief zu besitzen, in ihren Häusern aufgenommen, und die Art, wie dieselbe an den Tag gelegt wurde, übersteigt Alles, was ich vorher in dieser Beziehung erfahren oder gehört hatte. Aber auch bei den Indianern in Lurin und Chilca, wie bei dem vortrefflichen alten Priester Don Martin Fernandez zu Mala fand ich gleich herzliche Aufnahme; kurz, die ausgedehnteste Gastfreundschaft läßt es den Reisenden vergessen, daß er sich in einem Lande befindet, wo es keine Gasthöfe giebt.

Zweites Kapitel.

Das Gebirge.

Der Kamm und Paß der Anden. — Eine Nacht in der Schneeregion; gefahrvolle Passagen. — Die Orte Ayacucho, Iqulcha, Andahuaylés und Abancay. — Ein kirchliches Fest in einem Indianerdörfchen.

Die Reise über die Anden wird gewöhnlich in der trockenen Jahreszeit unternommen. Mein Aufbruch erfolgte im Februar und fiel demnach in die vom December bis März dauernde Regenperiode, wo die Schleusen des Himmels geöffnet sind und die Flüsse zu tiefen, oft nicht zu passirenden reißenden Strömen anschwellen.

Von meinen freundlichen Wirthen zu Yca und Chavalina mit allem nöthigen Lebensbedarf an Wein, Chocolade, Mandeln, Rosinen, Süßigkeiten, Zwieback und Spirituosen zum Einheizen reichlich versorgt und von einem wackern Führer, Augustin Carpio, begleitet, trat ich meinen Weg ins Gebirge an. Derselbe führt von Huamani aus, das wir am frühesten Morgen verließen, durch Weidegründe, wo wir zahlreiche Rinder, Pferde und Maulthierheerden antrafen, und windet sich dann durch eine unbewohnte, zu beiden Seiten von hohen, fast senkrecht emporsteigenden Bergen

begrenzte Schlucht, welche der Yca rauſchend durchſtrömt. An
den Ufern deſſelben fanden wir Weidenbäume, Chilas, eine Art
Lorbeer mit gelben Blüthen, und Molles, Bäume, die große
Trauben von wohlriechenden rothen Beeren tragen. Die Schlucht
war weithin mit ſteinernen Terraſſen, den Andenerien oder hän-
genden Gärten der alten Peruaner, beſetzt, die manchmal acht bis
zehn Fuß Tiefe hatten und, je höher ſie am Berge hinauf ſtiegen,
ſchmäler wurden. Jetzt zu Ruinen verfallen, legten ſie Zeugniß
dafür ab, daß dieſe Wildniß vor der Ankunft der Spanier ein
fruchtbarer und bevölkerter Landſtrich war.

Die Bergabhänge ſind mit Lupinen, Heliotrop, Verbenen und
der Scharlach-Salvia beſetzt, und auf der Straße fanden wir eine
Menge kleiner Inſecten, die wie der ägyptiſche Scarabäus aus
Lehm zuſammengeballte Kügelchen rollten.

Auf der Höhe angelangt bemerkten wir erſt, wie ſtark die
Steigung war, denn wir hatten bis in große Ferne hin eine
Menge Berggipfel zu unſern Füßen. Wir zogen über den Kamm
des Berges und gelangten in eine reich mit Kartoffeln und Klee-
feldern angebaute Schlucht, in deren Mitte die kleine Gebirgsſtadt
Tambillo liegt. Auch hier waren die Abhänge ziemlich gut
terraſſirt.

Hinter Tambillo begann der Waſſerniederſchlag; das heißt,
eine dicke, ſchwer mit Waſſer beladene Wolke ſenkte ſich nieder.
Gewöhnlich dauert dies von Nachmittags bis zum andern Morgen
früh. Mitten durch dieſes kalte Dampfbad ritten wir einen Berg
um den andern hinauf; meiſtentheils ſenkrechten Abgründen entlang,
neben denen der ſchmale Maullhierpfad ganz knapp vorüberführte,
und deren drohender Schlund durch das Donnern ungeſehener
Bergſtröme in der Tiefe noch abſchreckender gemacht wurde. So
hatten wir von Huamani aus acht Meilen zurückgelegt, als wir
endlich das kleine Dorf Apavi auf dem Gipfel eines ſchönen, mit
prachtvollem Grün bedeckten Berges erreichten.

Am andern Morgen brachen wir ſehr zeitig auf, um vor
Nacht die Höhe des Cordilleren-Paſſes zu erreichen, wo wir, wie
man uns ſagte, eine kleine Höhle finden würden, in der wir die

Nacht zubringen könnten. Die Straße führt über breite, grasige, sich stufenweise über einander erhebende Hochebenen; dazwischen liegen tiefe Schluchten, in die sich die Bergströme von allen Seiten ergießen. Auf den Hochebenen weiden heerdenweise die Alcunnas, schöne Thiere von lichter Rehfarbe, mit langem, schlankem Nacken und kleinen kameelartigen Köpfen, die von fern gesehen dem Edelwild gleichen und auf den wilden Höhen in fröhlicher, unbeschränkter Freiheit herumschweifen. Sie haben ein seidenartiges Wollenhaar und anstatt der Hufen zwei starke Haken oder Klauen, vermittelst deren sie an den unzugänglichsten Abgründen mit wunderbarer Behendigkeit herumklettern. Außerdem werden diese hochgelegenen Wildnisse von einer Art großer Kaninchen mit kurzen Vorderfüßen und buschigem Schwanze, biscache, und einer Art Rebhuhn, yuta genannt, sowie von einem Regenvogel mit lauter, schreiender Stimme bewohnt.

Ein Ritt von acht Meilen brachte uns in die Schneeregion, in der es stark schneite. Hier auf einer breiten felsigen Hochebene theilt sich die Straße; der eine Weg führt nach Apacucho, der andere nach Huancavelica und Castro Direyna. Die Gegend ist reich an Quecksilber- und Silberbergwerken. Das berühmteste ist das bei dem letztgenannten Orte, wo man während der Anwesenheit des Vicekönigs Don Lope Garcia de Castro (1564—69) den Weg von dem Hause, in dem er wohnte, bis zum Schachte der Hauptgrube mit Silberbarren belegt haben soll.

Der Hochpaß, auf dem wir uns jetzt befanden, bildet die Wasserscheide zwischen dem Atlantischen und dem Stillen Ocean; er ist von hohen Bergen umringt, und größere und kleinere Ströme und Sturzbäche nehmen brausend und tobend ihren Weg nach dieser oder jener Richtung hin, von tausend Quellen und Wasserfällen genährt, die bei jedem Schritte über den Pfad strömen.

Der Himmel war dicht verschleiert, der Schnee kam in Massen herab, und das Rauschen der von allen Seiten sich ergießenden Gewässer machte einen betäubenden Lärm. Kaninchen in großer Anzahl kauerten auf ihren Hinterfüßen zwischen dem Felsengerölle, und hie und da hatte eine Heerde Alcunnas ihr Bett auf dem

Peru. 3

Schnee aufgeschlagen. Es war eine wilde, schauerliche Scene, und das hochangeschwollene Wasser der schäumenden, mit fürchterlicher Gewalt herabstürzenden Gießbäche reichte uns manchmal bis an den Sattel und machte den Uebergang sehr beschwerlich.

Mit einbrechender Nacht erreichten wir den höchsten Punkt des Passes in einem engen, rings von drohenden Gipfeln umgebenen Hohlwege. Die schwarz emporstarrenden Felsen flachen seltsam gegen die Schneemassen ab, mit denen ihre Kuppen bedeckt waren. Hier lag die Höhle, wo wir die Nacht zubringen sollten. Sie wurde durch einen über eine senkrechte Wand hereinhängenden Felsen gebildet, stand aber zu unserm Entsetzen voll Wasser, das fort und fort in Strömen vom Dache herabschoß.

Der Boden umher war mit langen Grasbüscheln bedeckt, auf denen aber der Schnee so dicht lag, daß man sich nicht darauf betten konnte; die Nacht war stockfinster, es schneite heftig fort, und der Spiritus wollte wegen der großen Höhe, in der wir uns befanden, nicht brennen. Unter diesen niederschlagenden Umständen, die selbst meinem Augustin Carpio das Herz sinken machten, mußte nach einem kalten Abendbrod von Mandeln, Rosinen und Zwieback die Nacht stehend verbracht werden; ich legte meinen Kopf auf den Rücken des Maulthiers, und es ging so leidlich. Schlafen konnte man aber bei dem Aufruhr rings umher nicht. Um zehn Uhr fing es an zu donnern, über, neben und unter uns, während zackige Blitze die ganze Scene bis zu den zerklüfteten Cordillerengipfeln in ihrem blendenden Lichte aufflackern und plötzlich wieder in das vorige Dunkel versinken ließen.

Mit dämmerndem Morgen nahm die Natur ein freundlicheres Aussehen an. Es hörte auf zu schneien, die schweren Nebel sammelten sich und rollten langsam in die Schluchten hinein; um fünf Uhr setzten wir unsere Reise fort. Die nun abwärts führende Straße zog sich zwei Meilen lang an schlüpfrigen, steilen Felsenhängen hin, über die häufige Wasserfälle hinabstürzten. An manchen Stellen mußten die Maulthiere vier Fuß tief hinunterspringen, an andern hörte der Pfad ganz auf, und es galt von einem Rande

zum andern zu ſetzen, wobei ein falſcher Tritt uns in den gähnenden
Abgrund verſenkt haben würde.

Endlich waren wir glücklich herabgekommen und gelangten
in das breite Thal von Palmito Chico, das von dem gleichnamigen
Fluſſe durchſtrömt wird und herrliches Weideland enthält. Hier
ſahen wir graſende Rinderheerden, aber keine Wohnung. Der hoch-
angeſchwollene Fluß nöthigte uns zu einem Umwege von zwei
Meilen bis zu einem Platze, Rumi-chaca genannt, wo eine natürliche Granitbrücke den Uebergang möglich machte; dann zog ſich
der Weg wieder eine Meile lang an Abgründen hin und brachte
uns zu einer Schäferhütte, dem erſten menſchlichen Aufenthalte
jenſeits der Cordillere. Sie ſtand in der Mitte weiter graſiger
Abhänge, auf denen Schafe und Lamas weideten, war kreisrund
von Steinen aufgebaut und hatte ein kegelförmiges, mit Ychu-Gras
gedecktes Dach. Wir fanden in der mit Kindern und Hunden reich
geſegneten Hirtenfamilie einen freundlichen und behaglichen Gegenſatz zu den Scenen der vorigen Nacht, und da die gewöhnliche
Furt über den Palmito grande nicht zu paſſiren war, führte uns
ein hübſches barfüßiges Indianermädchen zu einer Brücke, die von
den Hirten proviſoriſch über den Strom geſchlagen worden war.
Von hier wurde der Weg gefährlicher, als er je geweſen. Die
Seitenwände fielen jetzt ſenkrecht ab, und der ſchmale Pfad
wurde von tauſend kleinen Waſſerrinnen, die ſich über ihn hinweg
fünfhundert Fuß tief in den brauſenden Strom hinabſtürzten,
ſpiegelglatt gemacht. Oft ſtreiften die Thiere mit dem einen Fuße
an den Felſen rechts, während ſie mit dem andern links über dem
Abgrund zu ſchweben ſchienen. Stellenweiſe hatte das Waſſer den
Pfad halb hinweggeſpült, und an einem Punkte mußte ein beinahe
ſenkrechter acht Fuß hoher Felſen erſtiegen werden, wo nichts als
kleine Vorſprünge, auf die das verſtändige Maulthier die Spitze
ſeiner Hufen ſtützte, einen Anhalt darboten. Endlich näherte ſich
der vorſpringende Fels der andern Seite des Abgrunds, und hier
hatte man ein paar Pfähle hinübergelegt, die als Brücke dienen
ſollten. Tief unten toſete der Strom in wilden Sprüngen über
ungeheure Felsenblöcke, und kleine, harte, dornige Bäume, von

3 *

einem matten, traurigen Grün, die ihre Wurzeln in die Felsenrisse
hineingetrieben hatten, hingen über dem stebenden Gischt. Ueber
uns stieg die Felswand auf der einen Seite kerzengerade zum
mindesten 2000 Fuß hoch empor, und prachtvolle Cascaden stürzten nach allen Richtungen herab; die andere Seite war niedriger
und weniger schroff; die ganze Scene gewährte einen unbeschreiblich
großartigen Anblick.

Es waren ein paar bange Sekunden, als wir über die
dünnen Pfähle ritten, die sich bei jedem Schritte herumbrehten
und das Fußen so unsicher als nur irgend möglich machten.

Nachdem wir in der Sandsteinhöhle von San Luis übernachtet
hatten, gelangten wir in das Thal des Flusses Hatun-pampa, an
dessen stellem, etwa dreißig Fuß hohem rechten Ufer die Straße sich
hinzieht. Die Gegend ist hier entzückend schön. Das Thal wird
auf beiden Seiten von majestätischen Bergen begrenzt, deren obere
Hälften sich senkrecht erheben und unter der Einwirkung zahlreicher
Wasserfälle eine säulenförmige Gestalt angenommen haben; die steilen
untern Abhänge sind mit dichtem Grün überkleidet. Große Heerden
von verschiedenen Gattungen Vieh weideten darauf, und hie und
da sah man ein Hirtenhäuschen stehen.

Zu Mittag erreichten wir das Dörfchen Hatun-sallu (der große
Wasserfall), das seinen Namen von dem Cataract, der hier in den
Strom donnernd hinabstürzt, erhalten hat, und von hier an nahm
die Vegetation zu; schöne wilde Blumen begrenzten den Pfad, und
hie und da zeigte ein grünes Kartoffelfeld, das sich an die Bergwand anlehnte, daß wir uns bewohnten Stätten näherten.

Gegen Abend kamen wir aus der Schlucht heraus in die
breite Hatunpampa-Ebene und fanden in der gastfreundlichen Farm
von La Florida ein Nachtquartier.

Der frühe Morgen in dieser Gebirgslandschaft von vergleichs-
weise gemäßigtem Klima ist bezaubernd schön. Ueberall um uns
her war ein geschäftiges ländliches Treiben; hübsche Indianermädchen zogen Arm in Arm mit den Heerden zur Weide, die Kühe
warteten bei den Farmhäusern der Melkerinnen, der reißende
Strom bildete den Mittelpunkt der lebendigen Scene, und die

prachtvollen Hochgebirge, die von allen Seiten sich emporthürmten, blickten mit stiller Majestät auf.die freundlichen Gruppen nieder.

Die weidenden Heerden bestanden aus Lamas und Alpacas, letztere eine kleinere Gattung der ersteren und in Europa durch das seidenartige Gefüge ihrer Wolle wohl bekannt. Schon die Incas benutzten diese zu herrlichen Geweben; der erste Engländer aber, der Alpacawolle verarbeitete, war ein Hutmacher zu Lima; er lieferte im Jahre 1737 Alpacahüte zu 4 bis 5 Dollars, während die Pariser Hüte zu damaliger Zeit 12 bis 16 Dollars kosteten.

Sechs bis sieben Meilen von Hatun-pampa, am Fuße eines Gebirgstafellandes, liegt Ayacucho, sonst Guamanga, die Hauptstadt der Provinz. Sie empfing den neuen Namen im Jahre 1824 von der Schlacht, durch welche die Unabhängigkeit Peru's entschieden wurde. Von der Hochebene aus betrachtet, präsentirt sie sich wie ein großer Ziegelhaufen unter Fruchtbäumen; die letzteren bilden einen vollständigen Wald und ziehen sich bis in die Gebirgsabhänge hinauf. Jenseits ist die Aussicht durch die Höhen von Condorkunka begrenzt, an deren Fuße jene berühmte Schlacht stattfand.

Ayacucho ist auf drei Seiten von hohen Bergen eingeschlossen; wo es aber nur irgend möglich, ist man mit Maisfeldern und, näher an der Stadt, mit Obstgärten und Dickichten von Stachelbirnen bis weit in die Bergabhänge hinauf vorgedrungen. Die Straßen sind rechtwinklig angelegt, mit allmählicher Senkung von Norden nach Süden. Im Mittelpunkte ist der Hauptmarkt (Plaza mayor), an dessen südlicher Seite die schöne aus Kalkstein gebaute Kathedrale mit zwei Thürmen und breiter Fronte, sowie das Gerichtsgebäude und die Universität sich befinden. Die drei andern Seiten bestehen aus Privathäusern mit schönen steinernen Arcaden, deren Bogen von Säulen getragen werden. Die Erdgeschosse dienen als Verkaufsläden. Ueber den Arcaden sind breite bedeckte Balcons, die mit den Familienzimmern in Verbindung stehen. Hinter den Häusern, die von den ersten Familien der Stadt bewohnt werden, befinden sich große Hofräume.

Frühmorgens gewinnt der Markt ein höchst belebtes und malerisches Aussehen. Er ist mit großen in der Erde befestigten

Sonnenschirmen aus Matten bedeckt, unter denen die Indianermädchen Früchte, Vegetabilien, Kleider, Schuhe und andere Waaren
feilhalten, und wird von Männern und Frauen, die sich in dem
Labyrinthe der gigantischen Schirme hin und her bewegen, stark
besucht.

Der Anzug der Frauen ist zierlich und von glänzenden Far-
ben. Unmittelbar auf dem Leibe tragen sie einen baumwollenen
Unterrock, darüber ein Hemde von scharlachfarbenem, himmel-
blauem oder purpurnem Wollenstoff, und um die Schultern einen
Mantel, der mit bunten Bändern ausgeputzt ist und über der
Brust von einer großen silbernen Nadel zusammengehalten wird.
Das Haar wird in zwei lange Zöpfe geflochten, und zur Kopfbedeckung dient die Chacupa, ein Stück Zeug, das übered in der
Art, wie man es bei den römischen Bäuerinnen sieht, zusam-
mengeschlagen wird.   Die Männer kleiden sich gewöhnlich in
grobe blaue Jacken, schwarzwollene Hosen und Sandalen von un-
gegerbten Lamafellen, die an den Seiten heraufgeschlagen und mit
Lederstreifen fest gebunden werden.

Viele Marktleute kommen aus großen Entfernungen zu Fuße
herbei, die Frauen selbst mit ihren Säuglingen, die sie in Körben
auf dem Rücken tragen, während die jungen Männer zum bessern
Fortkommen in den schwierigen Stellen der Gebirgsschluchten große
Stöcke bei sich führen.

Der südliche Theil der Stadt ist von einer tiefen Schlucht
durchschnitten, über welche mehrere wohlgebaute steinerne Brücken-
bögen geschlagen sind, um die Verbindung herzustellen. An der
Westseite befindet sich die Promenade, eine doppelte Allee von
Weidenbäumen, an welche auf der einen Seite der reißende Bergstrom Lambras-huayacu, auf der andern Obstgärten angrenzen.

Die Stadt hat ein Bisthum, über zwanzig steinerne Kirchen,
sieben säcularisirte Mönchs- und zwei Nonnenklöster. In den Kirchen
der erstern wird von einem pensionirten Kaplan noch Gottesdienst
gehalten. In den Kirchen von Santa Clara und San Francisco
de Asisi wird wöchentlich zweimal für die Indianer in der Quichua-
Sprache gepredigt.

Das Nonnenkloster Santa Clara war einst die Zufluchtsstätte eines seltsamen Besuchs. Ein junger spanischer Fähndrich hatte im Jahre 1617 im Duell seinen Gegner erschlagen und suchte im bischöflichen Palaste ein Asyl. Er nannte sich Don Alonso Diaz Ramirez de Guzman, und bekannte, daß er sich bereits mehrfacher fashionabler Morde dieser Art schuldig gemacht habe. Aus verschiedenen Umständen schöpfte indeß der Bischof Verdacht in Bezug auf die Persönlichkeit seines Schützlings, und bei weiterer Nachforschung wies sich der jugendliche Duellist als zum schönen Geschlecht gehörig aus. Die Dame, Dona Catalina de Erauso, war Nonne des Klosters San Sebastian in Gulpuzcoa, hatte von dort aus die Flucht ergriffen und hatte sich als Mann verkleidet nach der Neuen Welt eingeschifft. In Payta gelandet, trat sie in die Armee ein, brachte es bis zum Fähndrich und machte sich als den größten Duellisten Peru's berüchtigt. Der Bischof versetzte sie in das Nonnenkloster Santa Clara, von wo sie später in ein Kloster zu Lima und zuletzt nach Spanien zurückgebracht wurde. Doch soll sie späterhin vom Papst die Erlaubniß, ihre männliche Rolle fortzuspielen, erhalten und als Officier in der Garde des Vicekönigs von Mexico gedient haben.

In Ayacucho ist ein oberster Gerichtshof und eine Statthalterei. Ich fand im Hause des Statthalters Don Manuel Tello, der mit seinen liebenswürdigen Schwestern den Mittelpunkt der schönen und geistreichen Welt von Ayacucho bildet, die gastfreundlichste Aufnahme und hatte so das Glück, die durch ihre Schönheit, Intelligenz und Herzensgüte berühmten Damen dieser Gebirgsstadt kennen zu lernen, die jedem Reisenden, der sich ihrer Gesellschaft erfreuen durfte, unvergeßlich bleiben werden.

Etwas über vier Meilen nördlich von Ayacucho liegt die hübsche kleine Stadt Guanta mitten unter Obstgärten. Der Landstrich zwischen beiden Städten, obwohl durch tiefe Schluchten zerrissen, ist zum größten Theile gut angebaut und bevölkert. Unter den Fruchtbäumen trifft man auch hier wieder die Stachelbirne, den Feigenbaum und daneben die Palta oder Alligatorbirne, sowie die Paccay, eine Hülsenfrucht, die auf einem großen Baume wächst, und deren lange Hülfen mit schwarzen Samenkernen, in einer süßen, saftigen und baumwollenartigen Fruchthülle eingebettet, von ausgezeichnetem Wohlgeschmack sind. Die Indianerhäuser in der Umgegend von Ayacucho sind von unbehauenen Steinen, die mit nasser Erde verbunden werden, aufgemauert, und das aus Maguey-Pfählen bestehende Dach ist mit rothen Ziegeln gedeckt. Die Maguey-Pflanze, die einen reizenden Anblick gewährt, kommt hier in großer Menge vor. Sie wird bis zu funfzehn Fuß hoch und liefert im Stamme ein nützliches Zimmerungsmaterial für mancherlei Zwecke, während die scharfgespitzten, sehr starken Blätter eine Faser enthalten, aus welcher alle Arten von Seilen gemacht werden.

Die Hauptnahrungsmittel der Indianer bestehen in Eiern, Kartoffeln und Yuca, einer langen pastinakartigen Wurzel (Jatropha manihot), was alles zusammen in einem Topfe gekocht wird. Auch Weizen wird hier sehr viel gebaut, und neben demselben Mais, den man zu mancherlei Kuchen verbäckt, wovon ein süßer, huminta, und ein Geschwindpudding, mazamora, zu den Lieblingsspeisen gehören.

Die Indianer haben auch Kenntniß von der Heilkraft einiger Kräuter und wenden namentlich den Thee von der Scharlach-Salvia gegen den Husten an.

Die Gebirgsstraßen sind, abgesehen von der Großartigkeit der umgebenden Landschaft, schon an sich höchst malerisch. Einen hervorstechenden Zug auf denselben bilden die Lamas mit ihren langen, fein gebogenen Nacken und ausdrucksvollen Gesichtern, die heerdenweise nach Ayacucho getrieben werden. Man sieht sie langsam vor ihren indianischen Herren herziehen. Sie sind im Stande große Beschwerden zu erdulden und lange Zeit ohne Futter auszuhalten; für gewöhnlich aber legen sie nur etwas über drei Meilen täglich zurück und tragen dabei eine Last von funfzig Pfund.

Auch die reizenden Indianerinnen, die mit ihren Säuglingen auf dem Rücken straff einherwandern und dabei mit den zierlichen Fingern emsig Baumwolle spinnen, tragen viel zur Belebung des Gemäldes bei.

Uebrigens sind die Indianer in der Umgegend von Ayacucho geschickte Bildner; sie liefern hübsche Figuren aus einem schönen

weißen Alabaster und fertigen durchbrochene Silberarbeiten, die in
großem Rufe stehen. Die Tagelöhner erhalten ein Wochenlohn von
durchschnittlich 3 Thlr. Früher mußten sie davon beinahe 4 Procent Kopfsteuer abgeben, bis General Castillo diese Steuer 1855
aufhob.

Oestlich von Guanta liegt das Hochgebirge von Pquicha; die
bebauten Abhänge desselben erstrecken sich bis zur Stadt, die Gipfel
aber sind mit ewigem Schnee bedeckt. Jenseits derselben ist das
Gebiet der Pquichanos, ein Landstrich, der aus schneebedeckten
Bergen, tiefen Schluchten und unzugänglichen Felsenburgen besteht
und sich vortrefflich zu einem Vertheidigungskriege eignet.

Die Pquichanos traten zur Zeit des Unabhängigkeitskrieges
als eifrige Royalisten auf und haben sich bis zum heutigen Tage
der Republik noch nicht unterworfen. Sie stehen unter selbstge-
wählten Alcalden, lassen keinen Steuereinnehmer in ihr Gebiet,
zahlen aber den Zehnten an die Geistlichkeit und besuchen auch manchmal den Markt zu Guanta. Sie sind Männer von stolzer Haltung
und freien, schönen Gesichtszügen. Einzelne Fremde werden in
ihrem Gebiet mit zuvorkommender Gastfreundlichkeit aufgenommen.

Die Straße von Ayacucho nach Cuzco führt durch tiefe
Schluchten mit einer herrlichen Flora von Lupinen, Fuchsien,
Calceolarien, Salvien, Heliotropen und andern hier wild wachsenden
Blumen. Hier und da gelangt man an eine Wassermühle oder ein
Landgut, das von Weizen- und Gerstenfeldern umgeben ist. Dieser
ganze Landstrich ist des Anbaues fähig und könnte das Zehnfache
seiner gegenwärtigen Bevölkerung ernähren.

Hinter Matara, einem Posthause, das Reisende aufnimmt,
gelangten wir in ein kleines Akaziengebüsch und begannen dann
auf einem sehr gefährlichen Pfade die Ersteigung der Condorkunka-
kette. Auf der Höhe angelangt, ritten wir über den felsigen und
schneebedeckten Kamm und von da hinab in das kleine von perpen-
diculären Bergwänden eingeschlossene Dorf Ocros. Am folgenden
Morgen ging es immer weiter hinab in das tiefe Thal Pumacancha,
das der Pampas, ein Nebenfluß des Pucapali, durchströmt. Die

gemäßigten Gebirgsregionen nahmen nun allmählich ein Ende, und wir gelangten in eine heiße, tropische Niederung, eine Wildnß von dichtem Unterholz, aus welchem große, stattliche Aloes und einzelne riesige Waldbäume hervorragten. Schaaren grüner Papageien kreischten schrill über unsern Köpfen und glänzende kleine Kolibris saugten den Honigseim aus der Scharlach-Salvia und andern prächtigen Blumen.

In einer etwa zwanzig Schritte breiten Schlucht führte eine Brücke von Sogas über den Strom. Die Sogas sind Taue, die man aus den zusammengeflochtenen Zweigen des Maguey fertigt; sechs davon, jedes zu einem Fuß im Durchmesser, mit Binden angezogen, dienten zur Unterlage, querüber waren kleinere Taue gelegt, und auf diesen befanden sich Matten, das einzige Material, welches den Boden der leichten Brücke bildete. In der Mitte war sie aber beträchtlich tiefer als an den beiden Enden, und als wir hinüber ritten, wurden die Sogas in eine hin und her schwingende Bewegung versetzt, die nichts weniger als angenehm war.

Die Brücke muß jährlich mehrere Male reparirt werden, und viele Arbeiter sterben an den Fiebern, die in dieser feuchten Tropengegend herrschen. Unter der spanischen Verwaltung waren die Indianer mehrerer Dorfschaften blos zu diesen Brückenreparaturen bestimmt und von allen andern Dienstleistungen befreit. Der Punkt ist bei den häufigen innern Kriegen Peru's von strategischer Wichtigkeit, da er die Hauptstraße nach Cuzco beherrscht.

Von hier aus führt der Weg in die durch Bergrücken und Hochebenen von einander getrennten Thäler von Chincheros, Uripe und Moyopampa. Auf den Höhen wiederholte sich die frühere Flora; oft auch war die Straße von Mollebäumen (peruanischer Mistix oder Pfefferkornstrauch) und Ziersträuchern eingesäumt, während große Fuchsiabäume mit ihren zierlichen Karmoisinblüthen über das niedrige Buschwerk emporragten; in den Thälern aber hat die Natur all ihre Reize verschwenderisch ausgeschüttet, die lieblichsten Blumen bedecken die Wiesen, herrliche Baumgruppen beschatten die Hütten der Indianer, und klare Rieselbäche strömen durch die grünenden Gefilde.

Nach einer langen und beschwerlichen Tagereise fanden wir
im Posthause zu Moyopampa zwar nur die leeren vier Wände;
aber in der Mitte des Raumes brannte ein lustiges Feuer, eine köstliche Abendmahlzeit von Milch, Kartoffeln, Clern und Chocolade
ließ die Müdigkeit vergessen, und mitten unter einem Haufen von
Männern, Weibern und Kindern bettete ich mich auf meine Maul-
thierdecken und schlief vortrefflich.

Am andern Morgen hatten wir drei Meilen durch eine enge
Schlucht zu reiten, in welcher noch tief unter uns ein Bergstrom
über sein zerrissenes Bett hinbrauste; dann lag, bei plötzlicher
Biegung des Wegs um eine Felsenwand, das liebliche Thal von
Andahuaples, eins der schönsten in den Anden, mit den drei Städten
Talavera, Andahuaples und San Geronimo, vor uns. Das Thal
ist in seiner ganzen Ausdehnung gut angebaut, reiche Weizenfelder
bedecken die niedern Abhänge und die umgebenden Berge, ein kleiner
Fluß, von Pappeln und Weiden eingesäumt, durchströmt es, und große
Fruchtgärten ziehen sich hier und da bis an die Ufer desselben herab.

Andahuaples ist 22 Meilen von Ayacucho entfernt, hat einen
Markt mit schöner steinerner Kirche und einem Brunnen, und
mehrere vom Markte auslaufende Straßen. Hier befand sich gerade
der berühmte chilianische Prediger Dr. Don Francisco de Paula
Taforo, und da derselbe ebenfalls nach Cuzco zu gehen beabsichtigte,
so glich die Reise nunmehr einer Art Triumphzuge. Es wurden
Boten ausgesandt, um seine Ankunft · zu verkündigen, und die
Leute verließen die Dörfer und begrüßten ihn an der Straße.

Jenseits der Thäler von Argama und Pincos wird die
Gebirgslandschaft immer prachtvoller und großartiger; dort liegt
auch die alte Festung Curamba und etwas südwestlich von derselben eine ausgedehnte indianische Trümmerstadt, mit Gras und
Gesträuch überwachsen; sie stammt aus der Zeit vor der Herrschaft
der Incas.

Von da gelangt man in das Dorf Huancarama in einem frucht-
baren und bevölkerten, rings von Andenausläufern eingeschlossenen
Thale, mit einer Kirche, die weder ein Dach noch einen gepflasterten
Fußboden, aber einen schönen mit kunstvoll gearbeiteten Silberplat-

ten belegten Hochaltar hat. Hinter Huancarama hatten ſich zu beiden
Seiten der Straße junge hübſche Indianerinnen aufgeſtellt, die uns
Roſen ſtreuten. Jenſeits eines hohen Bergrückens, den wir zu über-
ſteigen hatten, öffnete ſich das weite Thal von Abancay, das ſeiner
ganzen Ausdehnung nach mit Zuckerfeldern bedeckt und zu beiden
Seiten von hohen Bergen eingeſchloſſen iſt. Im Hintergrunde, in
weiter Ferne, in tiefes Grün eingebettet, lag die Stadt Abancay.
Eine ſteile, ſteinige Straße führte uns aus dem gemäßigten in das
tropiſche Klima, und hier konnte man den ganzen Reichthum der
Sierra von Peru, dieſer glücklichen Gegend, die ſich ſelbſt mit allen
Producten der verſchiedenſten Erdſtriche verſorgt, mit einem Blicke
überſehen.

Nahe den oberſten Berggipfeln weideten Alpacaheerden das
lange Ychu-Gras ab; gerade unter ihnen bedeckten Rinder und
Schafe die Abhänge. Noch tiefer unten waren große Strecken mit
Weizen, Gerſte und Kartoffeln bebaut; dann folgten breite Maisfelder, Apfel- und Pfirſichbäume und Stachelbirnen; am Fuße
des Gebirgs endlich ſchloſſen ſich die Zucker- und Reispflanzungen,
Wein und Orangen, Bananen, Cacao und Palmen an.

Auf einem Berge nördlich von Abancay liegt, von Schling-
pflanzen und Sträuchern beinahe ganz überwuchert, die alte Burg
Huaccac-pata (Klageberg); ſie war in früherer Zeit der Schauplatz
einer blutigen Schlacht, und es iſt das vielleicht der Platz, wo
Alvarado, Pizarro's General, am 12. Juli 1537 durch die Schaaren
Almagro's geſchlagen wurde.

Abancay iſt eine hübſche kleine Stadt; ſie liegt mitten unter
reichen Fruchtgärten, und manche ſtattliche Ceder erhebt zwiſchen den-
ſelben ihr ehrwürdiges Haupt. Wir fanden im Hauſe des Unterſtatt-
halters Don Paulino Mendoza, eines Neffen des Biſchofs von Cuzco,
die gaſtfreundlichſte Aufnahme und lernten einen Geſellſchaftskreis
kennen, dem die liebenswürdige junge Damenwelt einen ganz be-
ſondern Glanz verlieh. Bei unſerer Abreiſe, am Morgen des 17. März,
wurden wir von unſerm Wirth und einer Cavalcade von dreißig
Herren, die ſich ſämmtlich in den Feſtſtaat geworfen hatten, über
eine Meile weit begleitet.

Der Weg führte uns über einen breiten Bergrücken in das
reiche Thal von Curahuasi, wo sich mitten unter großen Zuckerpflanzungen ein Indianerdörfchen befindet. Nachdem wir in einer
gastfreundlichen Hacienda das Mittagsmahl eingenommen hatten,
wobei die Tafel unter der Last der Gerichte*) und der köstlichsten
Früchte fast erlegen wäre, gingen wir in die Dorfkirche, die nicht
ohne architektonische Schönheit, aber ihres Daches beraubt und nur
mit einem Verschlage über dem Hochaltar versehen ist, um den
Dr. Taforo predigen zu hören. Es wurde das Fest unserer lieben
Frau de los Dolores gefeiert; der Altar war mit mehr als hundert
Kerzen erhellt, und die häßliche Puppe, welche die Jungfrau Maria
darstellte, hatte außen am Gewande ein karmoisinrothes mit sechs
blechernen Schwertern durchstochenes Herz.

Trotz der stockfinstern Nacht und eines starken Regens war
die Kirche mit Indianern von jedem Alter und Geschlecht dicht gefüllt und bot einen fremdartigen, interessanten Anblick. Das
glänzende Licht und die dichten Gruppen aufmerksamer und be-
wundernder Gesichter rings um den Altar herum bildeten den stärksten Contrast gegen die tiefe Dunkelheit, die im Schiffe der Kirche
herrschte; oben zogen schwarze Wolken schwerfällig über den bleichen,
ohnmächtigen Mond hinweg, und der dachlose Giebel der westlichen
Seite zeichnete sich schroff gegen den drohenden Himmel ab.

Am Altare stand die hohe Gestalt des chilianischen Predigers
in einem eng anschließenden atlassenen Priesterrocke; er wirkte auf
sein Auditorium mehr durch den ernsten Ausdruck seines schönen
bleichen Gesichts und durch seine anmuthige theatralische Decla-
mation als durch den Inhalt der Predigt, weil nur wenige Indianer eine andere als ihre Muttersprache, das Quichua, verstan-
den. Nach der Predigt drängten sie sich heran, um ihm die Hand
zu küssen. Diese, wie alle andern Indianer, die ich seit Ica ge-

*) Eins von den peruanischen Mustergerichten ist der puchero, eine
riesige, runde Fleischpastete, deren Inneres eine Menge verschiedener Ge-
müse und anderer Füllen beherbergt. Eine noch schmackhaftere Speise
ist der chupe, der dem irländischen stew (Schmorgericht) gleicht, mit
Eiern und Käse.

troffen, waren einfache, gutmüthige Leute; und ob unter dem Dach
des Beamten oder des gebildeten Gutsbesitzers oder in der Hütte
des ärmsten Indianers in den wilden Andenschluchten, überall fand
der einsame, unbekannte Reisende die gleiche herzliche Aufnahme
und eine überschwengliche Gastfreundschaft.

Nachdem wir Curahuasi im Rücken hatten, näherten wir uns
den Ufern des großen Flusses Apurimac, und somit der Grenze des
reizenden, bergumgürteten Tafellandes, in dessen Mittelpunkte Cuzco
liegt, die alte Stadt der Incas.

Drittes Kapitel.

Cuzco, die Stadt der Incas.

Die Schlacht des Apurimac und das Städtchen Lima-tambo. — Ein
Gewitter. — Die Incastadt Cuzco; ihre Lage, Geschichte und jetzige Be-
schaffenheit. — Herkunft, Schicksale, Thaten und Bauwerke der Incas. —
Biracocha, der Schöpfer der Festungswerke von Cuzco.

Am 16. März 1853 überschritten wir den Apurimac und be-
traten das ehemalige Reich des Manco Capac, des ersten Inca
von Peru. Zu Ende des 11. Jahrhunderts erschien der große Gesetzgeber mit seiner erhabenen Gemahlin an den Ufern des Titicaca-
sees und flößte die bis dahin sich selbst überlassenen Indianer der
Anden aus ihrem langen Schlafe der Unwissenheit und Barbarei
auf. Mit einem zahlreichen Gefolge dem Laufe des Pilcomayu nordwärts nachgehend, gelangte er zufällig auf die Hochebene, wo nunmehr die Stadt Cuzco steht, und machte diese zum Mittelpunkte
eines compacten kleinen Reichs von 940 ☐ Meilen, das seine Nachfolger bis zu einem Ländergebiete von 23,900 ☐ Meilen erweiter-
ten. Das ursprüngliche Reich erstreckte sich 20 Meilen breit vom
Apurimac im Westen bis zum Paucar-tambo im Osten, während
seine Ausdehnung von Norden nach Süden nur 17 Meilen betrug.
Es ist beinahe 70 Meilen vom Meere entfernt, von hohen Ge-

birgsketten durchzogen und mit allen bereits erwähnten Producten
eines tropischen Gebirgslandes ausgestattet.

Außer Cuzco im Mittelpunkte errichtete Manco Capac nach
den vier Himmelsgegenden hin vier Grenzfestungen und bei jeder
einen Palast; im Norden Ollantay-tambo, im Süden Paccari-tambo,
im Osten Paucar-tambo und im Westen, nahe am Apurimac,
Lima-tambo.

Da wo wir den Rand des steilen westlichen Apurimac-Ufers erreichten, senkt sich die Felsenwand senkrecht mehrere 100 Fuß tief bis
zu den mächtigen Fluten hinab, die hier dem Amazonenstrome zu-
rollen. Der Pfad bis zu der über den Abgrund gespannten Seil-
brücke war schmal und gefährlich, und es kostete Zeit und Vorsicht,
um ihn zurückzulegen. Uneben, schlüpfrig und an manchen Stellen
so wenig Raum zum Fußen darbietend, daß, während das eine
Bein gegen den Felsen gequetscht wurde, das andere ins Leere
hinausshing, drohte er bei jedem falschen Schritte Maulthier und
Reiter der gähnenden Tiefe zu übergeben. Zuletzt wurde die Neigung
so senkrecht, daß man genöthigt gewesen war, einen vierzig Fuß
langen Tunnel durch den massiven Fels zu höhlen, und der Ausgang des Tunnels bildete den Eingang zur Brücke.

Die letztere glich der über den Pampas; sie legte sich in einer
zierlichen Curve über den Abgrund, in welchem 300 Fuß unter der
Brücke der Apurimac, trotz seiner Tiefe laut schäumend und tosend,
sich durch die ihn beengenden Felsen Bahn brach. Der Fluß hat
von dem Lärm, den er macht, seinen Namen: Apurimac „der große
Sprecher"; die Indianer glaubten, daß in dem Rauschen und Toben
der Fluten ein Orakel von tief geheimnißvollem Sinn sich offenbare.

Nachdem wir glücklich über die Brücke gekommen, kletterte
ich bis zum Niveau des Stroms hinab, indem ich einem kleinen
Bache folgte, der sich in einer Schlucht den Weg in die Tiefe gebahnt hatte. Zu beiden Seiten thürmten sich die Bergwände bis
zu einer Höhe von 3000 Fuß senkrecht empor, unten von den
wirbelnden Fluten gewaschen, und durchweg so glatt, daß kein
Grashälmchen irgendwo eine Stelle gefunden, wo es hätte Wurzel
schlagen können. Zwischen den Felswänden und zwar, im Ver-

hältniß zur Gesammthöhe, in den niederſten Regionen derſelben, vom Strombette aus aber nur wie ein Fädchen anzuſchauen, hing die gebrechliche Sogabrücke 300 Fuß über dem Abgrunde, in ihrer Kleinheit und Schwäche ein ſchlagender Gegenſatz zu den gewaltigen Werken der Natur, die ſie umgaben.

Nachdem wir mehrere Meilen auf ſteilen Pfaden aufwärts geſtiegen waren, erreichten wir das Dorf Mollepata und Tags darauf die Stadt Lima-tambo. Dieſe ehemalige Grenzpfalz der Incas iſt gegenwärtig eine kleine Stadt, die ſich in einem langen, engen Thale hinzieht und zu beiden Seiten von hohen Gebirgen eingeſchloſſen iſt. Maisfelder und Obſtgärten bedecken die Ebene, und an den Abhängen ziehen ſich ſteinerne Terraſſen hin, eine über der andern, die noch aus der Inca-Zeit herſtammen und mit Kartoffeln und Incas bebaut werden.

Das reizende Städtchen Lima-tambo hat einen ſchönen Markt, in deſſen Mitte ein großer Platanenbaum ſteht. Die Südſeite wird von der Kirche eingenommen, und ihr gegenüber zieht ſich eine Allee von mächtigen Weidenbäumen hin. Die wenigen Straßen, die vom Markte ausgehen, führen zu Gärten, in denen die Obſtbäume von Früchten ſtrotzten. Das Städtchen iſt meiſt von Indianern bewohnt und gewährt einen netten, freundlichen Anblick.

Der vortreffliche, gutmüthige alte Pfarrer von Lima-tambo, Esquibias, ein Franziskanermönch, empfing uns mit der wärmſten Gaſtfreundlichkeit und ließ das Mittagsmahl in dem ſteinernen Corridor vor ſeinem Hauſe auftragen, von wo wir den Garten überſahen, der mit ſchönen Blumen und köſtlichen Früchten reich verſorgt war. Es war eine Luſt, die Pfarrkinder von den Gutthaten des alten Pater Esquiblas erzählen zu hören, wie er beinahe ſein ganzes kleines Vermögen auf Wiederherſtellung der Kirche verwendet, ſich der Armen, Kranken und Leidenden liebreich angenommen und ſeine Pflichten mit Hingebung erfüllt habe.

Etwa dreiviertel Stunden von Lima-tambo liegen die Ruinen des alten Inca-Palaſtes, von wo man eine entzückende Ausſicht auf das Thal genießt. Es ſind nur noch einige Terraſſenüberreſte und ein paar Mauern erhalten, die von Kalkſteinen in Stücken

von verschiedener Größe und Gestalt, ohne Mörtel, aber so kunst-
gerecht aufgeführt sind, daß sie noch heute winkelrecht und wie neu
dastehen. Das ganze Innere des Palastes ist jetzt ein großer
Obstgarten.

Zwischen hier und Cuzco, auf der Hochebene von Surite
(auch Dahuarpampa oder Iaqnixaguana oder Anta genannt)
überfiel uns ein starkes Gewitter. Dunkle Massen schwerer Regen-
wolken kamen über die südöstlichen Berge herangezogen; die anmuthigen weißen Reiher, die in den Sümpfen rechts und links
der gepflasterten Straße auf Beute ausgegangen waren, erhoben
sich mit schrillem Gekreische und beschrieben wunderliche Bögen,
indem sie die Ebene durchkreisten; die auf dem reichen Weideland
weithin verstreuten Schafe liefen heerdenweise zu einem gemeinschaftlichen Mittelpunkte und steckten die Köpfe zusammen, und die
Rinder vergaßen die Weide, senkten das gewichtige Haupt und
harrten des kommenden Wetters. Endlich leuchteten die Blitze
auf, die Wolken ergossen sich unter dem rollenden Donner und
der Regen stürzte in großen, schweren Tropfen herab, während die
ganze Zeit über die Sonne im Westen hellglänzend am Himmel
stand. Die Lichter und Schatten, die in den Dörfern und an den
Bergabhängen hin entstanden, waren von schlagender Wirkung.
Nach einer halben Stunde hatte sich das Gewitter verzogen, und
der Himmel war heiter und freundlich wie zuvor.

Noch drei fruchtbare Ebenen, durch niedrige Bergrücken getrennt, waren zu überschreiten. Mit Sonnenuntergang gelangte
ich an den Fuß eines felsigen Höhenzugs. Der Himmel war tief-
blau, kein Wölkchen zu sehen. Der Mond zog silbern herauf; und
als ich den Gipfel erreicht hatte, warf er seinen bleichen, traurigen
Schimmer auf Cuzco, das in der Ebene unten ausgebreitet vor
mir dalag.

Cuzco, Stadt der Incas! mit deinen weisen, patriarchalischen Fürsten und deiner hohen Cultur; deiner Macht, die ein
Reich umfaßte, größer als das Karls des Großen und an Größe
gleich dem des Hadrian; deinen Wunderwerken, die noch heute das
Staunen des Wanderers erregen; deinen Tempeln, die an Pracht

allen Glanz der Feenpaläste in Tausend und Einer Nacht überboten; deinen auf den Schlachtfeldern vom Aequator bis zu den gemäßigteren Ebenen Chile's gewonnenen Trophäen; deinen zum Preise Ynti's, der geheiligten Gottheit Peru's, und seiner silbernen Gemahlin, wie zum Preise der Gegenstbaten der Incas angestimmten Triumphgesängen; — Cuzco! du Schauplatz solcher Größe und Herrlichkeit, wie bist du gesunken! Wieviel Leiden, Elend und Entwürdigung war deinen armen Kindern seit jenen Tagen des Glückes aufbehalten! Wo sind deine Schätze, deine Macht und deine Herrlichkeit? Der grausame Eroberer war zu stark. Deine Schätze, unermeßlich und ungezählt, ruhen, vor seinem gierigen Blicke verborgen, zum zweiten Mal unter der Erde. Deine Söhne aber versanken in Sklaverei. Traurig, mit gebeugtem Nacken und gesenktem Auge wandeln sie durch die Straßen, die einst von den stolzen Schritten ihrer edeln Ahnen wiederhallten.

Die Inca-Stadt, deren Geschichte durch die einfache Erzählung des Garcilasso de la Vega, des Geschichtschreibers seiner gefallenen Herrscher, sowie durch die eleganten Schilderungen Robertsons und das herzzerreißende Epos Prescolts classisch geworden ist, nimmt das höchste Interesse des Geschichtsforschers in Anspruch, weil hier der einzige Platz in der Welt ist, wo die patriarchalische Regierungsweise, mit Civilisation verbunden, zu einem hohen Grade von Vollkommenheit gebracht worden war.

Manco Capac, der Cuzco um das Jahr 1050 n. Chr. gründete, war der Stammherr eines erleuchteten Fürstengeschlechts von siegreichen Kriegshelden und Gönnern der Architektur und Dichtkunst. Unter ihnen glänzt Inca Rocca, der Stifter von Schulen, dessen cyclopischer Palast von vergangener Größe zeugt; Diracocha, der blühende und blondgelockte, dessen massive Burg noch jetzt vom Sacsahuaman-Berge herabdroht; Pachacutec, der Salomo der Neuen Welt, dessen Sprüche Garcilasso aufbewahrt hat; Ynpanqui, dessen Marsch über die Anden Chile's die Züge Hannibals und Napoleons verdunkeln könnte; Huayna Capac, der ritterlichste und mächtigste Inca, der seine Herrschaft vom Aequator bis zur Südgrenze Chile's und vom Stillen Meere bis zu den Ufern des

Paraguay erstreckte; endlich der brave junge Manco, ein würdiger
Namensvetter seines großen Ahnherrn, der gegen die spanischen
Eindringlinge einen langen, ungleichen Kampf bestand, und dessen
Talent und Tapferkeit selbst die Soldaten eines Gonsalvo de Cordova anstaunten. Aber er unterlag; die Glücksonne Peru's, die
noch am Horizonte gezögert hatte, sank in ein Meer von Blut
hinab, und die unglücklichen Indianer fielen unter das zermal-
mende Joch der erbarmungslosen Gothen *).

Cuzco liegt unter 13° 31' südlicher Breite und 55° 23'
westlicher Länge (v. Ferro) auf einer Höhe von 11,380 F. über
dem Meere, und genießt, obschon nur 200 Meilen vom Aequator
entfernt, ein gemäßigtes Klima, so daß im Winter seine Straßen
oft mit Schnee bedeckt sind. Das Thal von Cuzco ist zwei Meilen
lang, durchschnittlich eine halbe Meile breit, von hohen Bergen
begrenzt und wohl angebaut, indem es außer vielen Landgütern
noch zwei kleinere Städte, San Sebastian und San Geronimo enthält, während Cuzco selbst etwa eine dritt Meile lang und etwas
über eine viertel Meile breit ist. Die Felder der Umgegend fand
ich meist mit Gerste und Luzerne bebaut. Im Norden der Stadt
steigt der berühmte Berg Saesahuaman empor, von andern Bergen
links und rechts durch zwei tiefe Schluchten, in denen die kleinen
Flüsse Huatanay und Rodadero herabkommen, getrennt. Der
Huatanay, ein tosender kleiner Bergstrom, fließt, nachdem er die
bemoosten Grundmauern des alten Klosters Santa Teresa bespült

*) Tafel der Jncas nach Garcilasso de la Bega:

1021.	I. Manco Capac.	1400.	X. Jnca Yupanqui.
1062.	II. Sinchi Rocca.	1439.	XI. Tupac Jnca Yupanqui.
1091.	III. Lloque Yupanqui.	1475.	XII. Huayna Capac.
1126.	IV. Mayta Capac.	1526.	XIII. Huascar.
1156.	V. Capac Yupanqui.	1532.	XIV. Jnca Manco.
1197.	VI. Jnca Rocca.	1553.	XV. Sayri Tupac.
1249.	VII. Yahuar-huaccac.	1560.	XVI. Cusi Titu Yupanqui.
1289.	VIII. Biracocha.	1562.	XVII. Tupac Amaru † 1571.
1340.	IX. Pachacutec.		

Atahualpa, der Berräther, wurde von den Peruanern niemals unter
den Jncas mit gezählt.

4 *

hat, längs der westlichen Seite des großen Marktplatzes hin, nimmt dann zwischen gemauerten Ufern seinen Lauf mitten durch eine breite Straße, wo die Verbindung durch zahlreiche steinerne Brücken hergestellt ist, und vereinigt sich endlich mit dem Rodadero, der die im Süden der Sonnengärten gelegene Vorstadt San Blas von der innern Stadt trennt. Die letztere liegt fast ganz zwischen den beiden Flüssen und hat außer dem schon erwähnten noch zwei schöne freie Plätze westlich vom Huatanay.

Die Häuser sind steinern; der untere Stock besteht meistens noch aus dem alten massiven Inca-Mauerwerk, während die oberen Stockwerke und die rothen Ziegeldächer neueren Ursprungs sind. Die Straßen laufen rechtwinklig und bieten in ihren langen Zeilen massiver Bauwerke einen durch die Alterthümlichkeit interessanten Anblick dar; hier und da erheben sich schöne Kirchthürme, und den Hintergrund füllen zunächst die steilen Straßen, die sich an den niedrigen Abhängen des Saesahuaman hinaufziehen, und weiter-hin die alte graue, den Gipfel des Berges krönende Burg der Incas.

Nachdem wir nun den Leser auf einen Schauplatz geführt haben, der zu den interessantesten Punkten der Neuen Welt gehört, besuchen wir mit ihm diejenigen Denkmäler der Incas, welche die Ueberlieferung als die ältesten bezeichnet, und vergegenwärtigen uns dabei die mit denselben verknüpften historischen Erinnerungen.

Die Straße, die auf die Höhe des Saesahuaman führt, ist so wenig geneigt, daß sie in Form einer Treppe angelegt wurde. Auf einem schmalen ebenen Vorsprung, mit der Aussicht auf die Stadt, und unmittelbar unter dem abschüssigen Felsen, der die Citadelle trägt, befinden sich die weitläuftigen Ruinen von Colcompata, die dem ersten Inca, dem Manco Capac, zugeschrieben werden. Die Aussicht von diesem Punkte ist weit und herrlich; zu Füßen liegt die Stadt, wie eine Karte ausgebreitet, mit ihren vielen schönen Kirchen, die sich von den andern Gebäuden abheben, und dem großen belebten Markte, dem die Indianerinnen, die wie ein Bie-nenschwarm ab- und zugehen, während andere in dichten Gruppen unter ihren Schirmen sitzen und ihre Waarenlager vor sich auf-gethürmt haben, ein originelles Ansehen verleihen. Jenseits liegt die lange fruchtbare Ebene mit ihren Weilern und Städten, und in weiter Ferne erhebt sich über die das Thal umschließende Bergkette der Schneegipfel des Asungato, der glänzend gegen den blauen Himmel absticht.

Die Ruinen bestehen aus Mauerüberresten, die in Terraffen übereinander liegen. Die untere Mauer, 64 Schritte lang und 6 Fuß hoch, mit 8 Nischen, ist aus Steinen von allen nur erdenklichen Formen und Größen, die aber genau in einander paffen, aufgeführt; eine in Relief ausgehauene Sirene, die sich auf einer viereckigen Steinplatte befindet, hat durch die Zeit stark gelitten. In einer der Nischen führt eine steile Steintreppe auf ein Luzernefeld, und hier erhebt sich, als zweite Terraffe, eine obere 12 Fuß hohe Mauer. Auf der andern Seite des Feldes befinden sich die Ueberbleibsel eines sehr ausgedehnten Baues oder einer Reihe von Gebäuden. Die allein noch stehende sehr starke Steinmauer, von sechzehn Schritt Länge und 10½ Fuß Höhe, enthält ein Thor und ein Fenster und zeichnet sich durch ihr höchst vollendetes Mauerwerk aus. Die Bausteine sind sämmtlich Parallelogramme von verschiedener Länge, aber gleicher Höhe, und die Kanten sind so scharf und fein gearbeitet, daß sie selbst jetzt noch nur eben erst aus der Hand des Steinmetzen hervorgegangen zu sein scheinen, schließen auch, ohne allen Kitt, so genau, daß man nicht die feinste Nadel zwischen den einen und den andern Stein einzulaffen vermag. Hinter diesen Ruinen erheben sich noch drei Terraffen von der gröberen Bauart der ersten Mauer, die mit Erlen und Obstbäumen bepflanzt sind. Diese Ruinen bezeichnet die Ueberlieferung als den ehemaligen Palast des ersten Inca von Peru, und er soll deshalb diesen Platz zu seiner Residenz erwählt haben, um von hier aus den Bau und das Wachsthum seiner Stadt Cuzco bequem überwachen zu können.

Sein seltsames und plötzliches Erscheinen, die neue und fremdartige Civilisation, die er einführte, das verwickelte Religionssystem, das er begründete, und seine gut organisirte Verwaltung schildern die meisten Chroniken aus der Zeit der spanischen Eroberung beinahe wörtlich gleichlautend. Manche haben Zweifel

gegen die Wahrheit der Ueberlieferung erhoben; darin aber stimmen
Alle, die über den Gegenstand geschrieben haben, überein, daß
mehrere Jahrhunderte vor der Ankunft der Spanier ein überlegener
Mann oder ein überlegenes Geschlecht, weil vorgeschritten in der
Civilisation eines fernen Landes, auf den Hochebenen der Anden
hervorgetreten sei, sich die Herrschaft über Land und Volk ange-
maßt, sich als von der Sonne abstammend bezeichnet und in dieser
Eigenschaft Gehorsam und Anbetung von Seiten der Eingebornen
gefordert habe. Einzelne Anzeichen könnten zu der Vermuthung
führen, daß die Civilisation der Incas auf selbständiger, einhei-
mischer Entwickelung beruhe: allein bei weitem überwiegende Be-
weisgründe sprechen für einen fremden Ursprung derselben.

Woher kam nun der geheimnißvolle Gesetzgeber Peru's und
seine Schwester-Gemahlin? Eine Menge verschiedener Hypothesen
sind über diese interessante Frage aufgestellt worden. Ranking,
der sie im J. 1627 in einem sehr gelehrten Werke behandelt hat,
hält es für zweifellos, daß Manco Capac ein Sohn Kublai-Khans,
des ersten chinesischen Kaisers von der Yuen-Dynastie, gewesen sei,
und daß er Peru mit einer Brigade Elephanten erobert habe.
Montesinos, ein alter spanischer Chronist, läßt ihn etwa 500 Jahre
nach der Sündfluth von Armenien kommen; Andere geben ihm
einen ägyptischen, einen mexikanischen, ja selbst einen englischen
Ursprung, denn Inca Manco Capac, so sagte man, sei ein ver-
dorbenes Ingasman Cocapac oder der blühende Engländer.

So viel ist ziemlich zweifellos, daß durch eine unbekannte Ursache, wahrscheinlich durch den Einfluß, den civilisirte Fremde aus-
übten, drei südamerikanische Völker, zwar zu Einer Zeit, aber ohne
Verkehr unter einander, auf eine Stufe der Civilisation gelangten,
welche diejenige aller andern Stämme in beiden Hälften Amerika's
bei weitem überragte, sowie daß die Ueberlieferungen von dem Ur-
sprunge dieser Civilisation große Aehnlichkeit mit einander haben.

Auf dem Tafellande von Anahuac erschien Quezalcoatl und
lehrte das Volk der Tolteken Kunst und Wissenschaft; er wurde
später von den Mexikanern als Gott verehrt, und von ihm rührten

vielleicht die Denkmäler her, die Stephens zu Uxmul und Palenque entdeckt hat.

In den Gebirgen von Bogota trat Bochica, ein Sohn der Sonne, in geheimnißvoller Weise unter dem Mupsca-Volke auf und lehrte Baukunst und Ackerbau. Er führte ein zusammengesetzteres System der Zeitrechnung ein, verbesserte das Mondjahr, indem er nach je drei Jahren einen Schaltmonat einschob, berechnete auch die Zeit nach Cyklen. Endlich ernannte er, wie in Japan, zwei Fürsten, einen geistlichen und einen weltlichen, und zog sich vom öffentlichen Leben in das heilige Thal bei Tunja zurück.

In Peru aber erschienen zu derselben Zeit Manco Capac und seine Gemahlin Mama Oello Huaco, auch Sonnenkinder, und gründeten ein mächtiges Reich. Manche geben an, daß sie zuerst an den Ufern des Titicaca-Sees aufgetreten seien, Andere, daß sie aus einer Höhle bei Paccari-tambo hervorgekommen, Alle aber stimmen darin überein, daß die Künste, die verbesserten Verkehrsmittel, die erleuchtete Regierung und die verhältnißmäßig reinere Religion Peru's von ihnen herrührten.

Vergleicht man Einrichtungen, Gebräuche, Ceremonien und Religion mit denen verschiedener asiatischer Völker, so erscheint es fast zweifellos, daß die Einwanderer, die unter den Namen Quetzal-coatl, Bochica und Manco Capac vorkommen, ihren Weg nach Süd- und Centralamerika aus China oder andern ostasiatischen Ländern gefunden haben, und dies ist die gegenwärtig unter den Gelehrten, die sich mit dieser Frage beschäftigt haben, allgemein angenommene Meinung. Schlegel spricht sich dafür aus, ebenso Wiseman und Humboldt, und Rivero, ein ausgezeichneter perua-nischer Alterthumsforscher, erklärt geradezu, es sei keinem Zweifel unterworfen, daß Bochica und Manco Capac Buddhistenpriester gewesen seien, die durch ihre hervorragende Kenntniß und Civili-sation eine Herrschaft über die Seelen der Eingebornen erlangt und sich dadurch zur höchsten Gewalt aufgeschwungen hätten.

Die Herrschaft der Incas war, obschon der Form nach des-potische Theokratie, in der Ausübung mild und patriarchalisch. Der Inca war der Vater des Volks; er ließ die Arbeiten, die Ver-

gnügungen und Festtage desselben durch seine Beamten streng überwachen, und sein stolzester Titel war Huaecha-cuyac, „der Freund
der Armen." Die religiösen Ceremonien waren mit dem Betriebe
der gesammten Regierungsthätigkeit und dem Verlaufe des alltäg-
lichen Lebens auf das innigste verwoben, und es galt als Pflicht
der Kinder der Sonne, ihre Institutionen, gleichviel ob durch milde
oder gewaltsame Maßregeln, über alle angrenzenden Länder zu
verbreiten. Dieser Pflicht kamen vier etwas mythische Nachfolger
Manco's, nämlich Rocca der Tapfere, Dupanqui der Linkhändige,
Mayta der Reiche, und Capac Dupanqui, in großem Maßstabe
nach, so daß beim Regierungsantritt eines zweiten Rocca, Inca
Rocca, die Herrschaft des Inca-Reichs, welches Itahua-ntin Suyu,
d. h. die vier Provinzen, genannt wurde, sich von Ollantay-tambo
bis zu den südlichen Ufern des Titicaca-Sees erstreckte.

Was vom Palaste dieses Inca noch übrig ist, liegt im calle
del triunfo, in der Nähe des großen Marktes von Cuzco. Die
Mauern desselben bestehen aus mächtigen Baustücken eines dunkel-
schieferfarbigen Kalksteins von verschiedenen Größen und Formen,
so daß z. B. eines von zwölf Seiten mit vorkommt; alle aber
passen mit bewunderungswürdiger Genauigkeit in einander. Inca
Rocca gründete die Yacha-huasi, Erziehungsanstalten für die vornehmen Jünglinge, machte sich als Krieger und Gesetzgeber berühmt
und erweiterte die Grenzen des Reichs bis zu Huancarama und
Aabahuayles. Auch für die Kunst soll Inca Rocca viel gethan
haben.

An den Mauern der Kirche San Lazaro, die ich für die ehemalige Yacha-huasi halte, finden sich eine Menge Schlangen in
Relief in den Stein eingehauen; Bildnisse, die man in ganz gleicher
Weise an den steinernen Schwellen des Palastes Huayna Capac
und an vielen andern Inca-Gebäuden findet. Auch andere Bild-
hauerarbeiten aus der Inca-Periode haben sich erhalten. In dem
Hause, welches einst Garcilasso de la Vega, der Inca-Geschicht-
schreiber, bewohnt haben soll, erblickt man vier seltsame steinerne
Reliefs, die gegenwärtig die Thürpfosten zu einem leer stehenden
Gemach bilden und offenbar von ihren ursprünglichen Stand-

punkten entfernt worden sind. Die beiden obern, von 3 F. 10 Z. diagonaler Länge, stellen Ungeheuer mit Frauenköpfen und Vogelleibern vor, ähnlich den Harpyen Virgils. Sie heben sich kräftig aus dem Stein heraus, und die Federn des Leibes, die Flügel, der Schwanz, sowie das hinter den Ohren herabfallende Haar sind sorgfältig und künstlerisch ausgeführt. Die beiden untern, von ebenso kunstvoller Arbeit, enthalten beschuppte Ungeheuer, mit langen, hinter ihrem Rücken emporgeringelten Schwänzen. Diese interessanten Bildwerke tragen die Spuren hohen Alters an sich, und viele ähnliche mögen, wie Garcilasso und andere Chronisten andeuten, durch den muthwilligen Vandalismus der Spanier zerstört worden sein.

Die Bauwerke der Incas, deren äußere Mauern wir bereits beschrieben haben, hatten kleine viereckige Fenster, wie man sie noch in den Ruinen des Manco-Capac-Palastes sieht, und waren mit Jchu, dem langen Andengrase, gedeckt. Das Innere bestand aus verschiedenen geräumigen Hallen, von denen man in kleinere Gemächer gelangte; die Wände der Hallen und Gemächer waren mit goldenen Thieren und Blumen von feiner, geschmackvoller Arbeit geziert. Spiegel von einem harten, glänzend polirten Stein, mit concaver und mit convexer Oberfläche, hingen an steinernen Nägeln, und in den zahlreichen Nischen befanden sich Geräthe und Conopas*) von Gold und Silber nach phantastischer Zeichnung.

Der Anzug der Incas und ihres Hofstaates war prachtvoll. Man hat zu Cuzco noch Gemälde aus der Zeit der spanischen Eroberung, auf denen die Incas in vollem Costüm dargestellt sind. Sie tragen überall eine Tunika von feinem Baumwollengewebe, einen Gürtel von Tuch, der mit Figuren gemustert ist, einen goldenen Brustharnisch oder eine goldene Sonne um den Hals, und ein langes, fliegendes Gewand, das von den Schultern bis zum Boden herabfällt. Einige zeichnen sich durch einen Kopfputz von Reiherfedern aus, der regierende Inca aber ist stets mit der karmoisinrothen llautu (Franse) und den schwarz und weißen Flügel-

*) Die Conopas waren Hausgötter in der Gestalt von Lamas, Maiskolben u. dergl.

federn des majestätischen Falken Coraquenque dargestellt. Die Nustas, Prinzessinnen, trugen den Iliella, einen langen Mantel, der über der Brust mit einer großen goldenen Nadel befestigt war.

Die Zeuge, die zur Zeit der Incas fabricirt wurden, bestehen aus Geweben von Baumwolle oder der seidenartigen Vicunawolle. Die Fäden wurden auf kleinen Handspindeln gesponnen, und man verstand sich gut auf die Kunst, in verschiedenen Farben schön zu färben.

Sie fertigten goldene, silberne, irdene und steinerne Gefäße von sinnreicher Gestalt und eleganter Form; viele waren, nicht selten doppelt und vierfach, Vögeln, Fischen, vierfüßigen Thieren und menschlichen Figuren nachgebildet.

Nach Inca Rocca gelangte sein schwermüthiger Sohn Yahuar-huaccac, der bei seiner Geburt blutige Thränen vergoß, auf den Thron. Unter seiner Regierung trat eine Krisis im Inca-Reiche ein, die zu Steigerung seiner Größe ausschlug. Die benachbarten west-lichen Indianerstämme, bis zu den Küstencordilleren, traten in ein Bündniß, um die Inca-Herrschaft zu stürzen. Der Zeitpunkt war gut gewählt. Denn die Regierung lag in der Hand eines schwachen Fürsten, und der Sohn desselben, der Kronprinz, war irgend einer Verschuldung wegen vom Hofe verbannt und von allen Staats-angelegenheiten fern gehalten worden. Der Prinz war aber kein Mann von gewöhnlichem Schlage. Auf die Hochebenen von Chita verbannt, wo er der zum Sonnendienste bestimmten Lamas warten sollte, verbrachte er seine Zeit in Betrachtungen. Das Tafelland von Chita, in der Nähe Cuzco's, besteht aus weitgedehnten, hie und da mit kleinen Seen bedeckten, grasigen Abdachungen. Ueber die ruhigen Seeflächen streichen zahlreiche Wasservögel hin, und ein tief-blauer, meist wolkenloser Himmel hängt darüber. Unter diesem lieblichen Gewölbe, am Fuße eines der gigantischen Granitblöcke, welche auf der Hochebene zerstreut umherliegen, streckte sich der junge Prinz auf den Boden und blieb stundenlang in tiefes Nach-sinnen versenkt. Da erschien ihm eines Tages, als die Sonne am höchsten stand und die ganze Natur in tiefes Schweigen versenkt war, eine hehre Lichtgestalt mit fliegendem goldenen Haar, offenbarte ihm den mächtigen Bund, von dem das Reich bedroht werde, und befahl ihm, sich aufzumachen und sich an die Spitze des Inca-Heeres zu stellen. Der Prinz, zur Entfaltung seiner ganzen That-kraft gespornt, nahm den Namen der Erscheinung, Viracocha, Schaum des Meeres, an, stieg nach Cuzco hinab und brachte die Kunde von dem bevorstehenden Kampfe.

Inzwischen näherten sich die mächtigen Heerschaaren der Auf-ständischen, verstärkt durch den tapfern Anco-huallue, den Fürsten der Pocras, durch die Fürsten von Antahuayles und Huancarania sammt ihrem Gefolge, und durch die Stämme von Huancas und Chancas, mit reißender Schnelligkeit der Stadt der Incas und drohten ihr den Untergang. Der feigherzige Yahuar-huaccac flüch-tete sich wehklagend, von einigen alten Räthen gefolgt, nach Muyna; Viracocha aber sammelte die Ritterschaft der Incas, entfaltete das Regenbogen-Banner und zog den Feinden seines Hauses entgegen. Das Heer der Incas war in Abtheilungen von Zehn, Hundert, Fünfhundert und Tausend geordnet, und jede Abtheilung hatte ihren besondern Officier. Je Fünftausend standen unter einem Hatun-apu, dem General.

Die verschiedenen Stämme, aus denen das Heer gebildet war, unterschieden sich durch Turbane von verschiedener Farbe; Tuniken von grobem Baumwollenzeug und Sandalen erhielten sie von der Regierung. Ihre Waffen bestanden in Keulen oder einer Art Morgen-sternen, Bogen und Pfeil, Schleudern und kupfernen, durch Zinn oder Kieselerde verhärteten Aexten.

Die Streitkräfte der Insurgenten zogen sich auf der großen Ebene bei Lima-tambo zusammen. Dort entbrannte ein heißer Kampf, und die Pocras und Chancas fochten mit so verzweifelter Tapferkeit, daß die Schlacht lange unentschieden blieb. Aber die treuen Männer von Chumbivilices brachten dem Inca-Fürsten schleunige Hülfe. Von den südlichen Bergen herabkommend, machten sie einen stürmischen Angriff auf den rechten Flügel der Feinde; und diese, nun die Felsen selbst im Bunde gegen sich wähnend, flohen in Verwirrung nach dem Apurimac hin. Tausende blieben todt auf der Wahlstatt, die seitdem Yahuar-pampa, das Blutfeld,

genannt wurde. Der siegreiche Viracocha übte Großmuth gegen
die Besiegten und setzte selbst den Heerführer Anco-Huallue wieder
zum Fürsten der Poeras ein, die damals den Landstrich bewohnten,
wo jetzt die Stadt Ayacucho steht. Dann wandte sich das Inca-
Heer nach Westen, unterwarf alle zerstreuten Stämme bis zum
Fuße der Küstencordillere und stellte Ordnung und Ruhe her.

Diese großen und unerwarteten Erfolge erhoben den jugend-
lichen Viracocha auf den höchsten Gipfel der Volksgunst. Yahuar-
huaccac legte die Krone zu seinen Gunsten nieder, und Viracocha
bestieg den wohlbefestigten Thron. Er vermählte sich mit der
Prinzessin Ruatu (Ei), wie sie von ihrer weißen Gesichtsfarbe genannt wurde, und erbaute zu Ehren der göttlichen Erscheinung,
die ihn zu dem siegreichen Kampfe aufgemuntert hatte, an den
Ufern des Vileamayu, zwanzig Meilen von Cuzco, bei dem jetzigen
Cacha, einen Tempel, dessen Ruinen noch gegenwärtig zu sehen
sind. In der Mitte des Tempels stand das Bild der Gottheit, in
langem, fliegendem Gewande, ein seltsames Thier an der Kette
führend. Von jener Zeit an wurde der Name Viracocha vergöttert,
und das Wort bedeutet noch heute in der Quichuasprache dasselbe,
was der Engländer durch den Ausdruck gentleman bezeichnet.

Viracocha erkannte aber die Rothwendigkeit, gegen künftige
Angriffe einen starken Schutz zu errichten; und so erbaute er die
große Festung auf dem Berge Sacsahuaman, deren kolossale Ruinen
ein dauerndes Denkmal gefallener Größe sind und für den kühnen
Unternehmungsgeist, mit dem die Kinder der Sonne ausgestattet
waren, ein stummes Zeugniß ablegen.

Am östlichen Ende des Berges, unmittelbar über dem Palaste
des Manco Capac, krönen drei gemauerte Terrassen, eine über
der andern, den Gipfel. Sie sind von lichtfarbigem Stein wie die
Terrassen von Colcompata. Die erste Mauer, 14 Fuß hoch, umgiebt
den Berg in einem Halbkreis von 160 Schritten; zwischen der
ersten und zweiten von 12 Fuß Höhe ist ein Raum von 8 Fuß;
die dritte umgiebt den Berg in einer Ausdehnung von 90 Fuß.
Höher hinauf liegen noch viele sorgfältig behauene Steine; auf
einigen davon hat man drei hohe hölzerne Kreuze errichtet. Dies

war die Citadelle der Festung, welche in ihren glorreichen Tagen mit drei großen durch unterirdische Gänge verbundenen Thürmen prangte, die jetzt gänzlich zerstört sind. Die Umrisse des einen, des Paucar-marca, waren nahe bei dem nördlichen Ende der dritten Terrasse noch zu erkennen; der runde Thurm, Moyoc-marca, stand in der Mitte und der dritte, Saclac-marca, am südlichen Ende. Die Hochebene des Sacsahuaman erstreckt sich bis zu ihrem westlichen Ende von der Citadelle aus 535 Schritte lang, ihre größte Breite mißt 130 Schritte. Von der Südseite ist die natürliche Befestigung so stark, daß es keiner künstlichen bedurfte; der Berg fällt senkrecht in eine steile Schlucht ab, durch welche der kleine Fluß Huatanay seinen Lauf zur Stadt nimmt. Dasselbe gilt von der Nordseite, wo die steil abfallende Schlucht vom Flusse Rodadero durchströmt wird. Hier bedurfte es nur einer einfachen kleinernen Brustwehr, welche noch im guten Stande erhalten ist. Allein vom Ende der Nord- bis zu dem der Westseite ist der Punkt von Natur ganz unvertheidigt, indem sich hier bis zu den Felsenhöhen des Rodadero eine ganz sanft ablaufende Ebene in einer Ausdehnung von 400 Schritt hinzieht. Von diesem Punkte an errichteten die Incas eine cyclopische Fortifications-Linie, ein Werk, bei dem die Kühnheit des Entwurfs ebenso sehr wie die Vortrefflichkeit der Ausführung das Gemüth mit Bewunderung erfüllt. Es besteht aus drei Mauern, von achtzehn, sechzehn und vierzehn Fuß Höhe, durch welche zwei Terrassen von zehn und acht Fuß Breite gebildet werden. Diese Werke sind mit vorgeschobenen und zurückspringenden Winkeln aufgeführt, und zwar so, daß die Winkel der drei Werke mit einander correspondiren, und daß kein Punkt angegriffen werden kann, ohne von den übrigen beherrscht zu werden. Der Zugang zur Fortification wird durch drei Thore gebildet, die so schmal sind, daß sie nur einem einzigen Manne auf einmal Raum geben. Das eine ist auf der Ost-, das zweite auf der Westseite und das dritte in der Mitte angebracht.

Das Merkwürdigste an dieser Fortification sind die mächtigen Felsblöcke, aus denen sie aufgebaut ist. Einer hat sechzehn und verschiedene andere haben zwölf und zehn Fuß Höhe; alle aber paffen ganz genau in einander und bilden ein Mauerwerk, das in seiner Solidität, Schönheit und Eigenthümlichkeit der Construction einzig in der Welt dasteht. Die ungeheuren Massen von Stonehenge, der große Block im Grabmale des Agamemnon zu Argos und die Blöcke in den cyclopischen Mauern zu Volterra und Agrigent sind wundervolle Denkmäler der Ausdauer und Energie des Volks, das sie herstellte; aber sie stehen in Schönheit der Ausführung unermeßlich weit hinter den Festungswerken von Cuzco zurück, wo die ungeheuren Bauflücke, ungleich von Gestalt und Umfang, mit so minutiöser Genauigkeit in einander gefügt sind, wie die Mosaiken des alten Rom.

Der Riesenbau nahm lange Jahre in Anspruch und erstreckte sich durch die Lebenszeit von vier Baumeistern, Apu Hualpa Rimachi (der große sprechende Hahn), Inca Maricancha, Acahuana Inca und Callacunchay; der Begründer aber, der regierende Inca Viracocha, dessen Herrschaft in das 14. Jahrhundert fällt, erlebte die Vollendung.

Die mächtigen Festungswerke sind nun mit Cactus, Iris, Calceolarien, Ginster und andern Blüthenpflanzen überwachsen, und Lama- und Schafheerden streichen durch die öden Terrassen.

Die drei Fortificationslinien wurden, eine nach der andern, mit unerschrockener Tapferkeit gegen die wilden spanischen Eroberer unter Juan Pizarro vertheidigt; und als die braven Patrioten sich auf das zweite und dritte Werk zurückzogen, bezeugten die zu Haufen aufgethürmten Leichen ihrer Kameraden, die hier den Tod fürs Vaterland gefunden hatten, die Ausdauer und den Muth, mit welchem diese Stellungen behauptet worden waren.

Endlich sah sich die wackere Heldenschaar auf die Vertheidigung der Citadelle beschränkt. Hier hielt sie den Spaniern zum letzten Male Stand. Der ehrwürdige Inca-Fürst, der sie befehligte, verrichtete Wunder von Tapferkeit mit seiner gewaltigen Streitaxt; und als er sah, daß Alles verloren, und daß Hernando Pizarro Meister des Platzes war, verschmähte er es, sich zu ergeben, schlug den Mantel um sein Haupt und stürzte sich in den Abgrund.

Die kleine Ebene im Norden der Festung ist von großen Kalksteinlagern umgeben, welche man die Felsen von Rodadero nennt. Die Schichten des Gesteins haben sich hier im Laufe der Jahrhunderte zu polirten Rinnen ausgebildet und verdanken ihre völlig glatte Oberfläche den Spielen der Kinder, die sich in denselben herabkugeln. Es ist dies eine Lieblingsbeschäftigung der kleinen Welt von Cuzco, der Mädchen wie der Knaben. Auch die Erwachsenen finden sich häufig zu Lustpartien auf den Felsen von Rodadero zusammen. Sie lagern sich unter die schönen wilden Blumen, trinken Chicha (Bier) aus großen Humpen, singen Quichua-Lieder und blicken hinab auf die Festung ihrer Ahnen.

Auf dem Gipfel des Rodadero sind eine Reihe Stufen und zwei steinerne Sitze aus dem massiven Felsen herausgehauen. Von hier aus sollen die Incas den Fortschritt ihres riesigen Unternehmens überwacht haben.

Dieser nördliche District diente wahrscheinlich zum Steinbruche, aus welchem die Felsblöcke zum Bau der Festung entnommen wurden; denn noch liegen Massen von großen Bruchsteinen herum, die zu Stufen, Sesseln und andern Dingen zugehauen sind, als ob das gigantische Geschlecht nach Vollendung des übermenschlichen Werks das übriggebliebene Material wie Thon zu Spielen benutzt habe, um seine Geschicklichkeit daran zu zeigen. Ein Volk, das Blöcke von so ungeheurer Last nicht nur große Strecken weit fortzuschaffen, sondern auch so fein wie Mosaikstückchen zusammenzusetzen verstand, muß, nach seinen mechanischen Kenntnissen und Kunstfertigkeiten zu schließen, schon eine hohe Stufe der Civilisation eingenommen haben.

Viertes Capitel.

Pachacutec, der kaiserliche Reformator, und seine
Nachfolger.

Religion, Sitten und Gebräuche unter den Incas. — Das heutige Cuzco.

Pachacutec (was so viel bedeutet als Reformator), der
Nachfolger Viracocha's, gilt für denjenigen Inca, der eine verbesserte Zeitrechnung, ein vollständigeres religiöses Ceremoniell
und eine Umgestaltung der vom Inca Rocca gestifteten Schulen
ins Leben rief.

Die Incas mußten das Volk für ihre theokratische Herrschaft
durch eine gewandte Politik zu gewinnen. Man identificirte den
Ahnherrn und Wohlthäter der Incas mit der am höchsten verehrten
Gottheit. Ynti, der Sonnengott, war die Seele des Universums,
der Quell alles Segens, dessen das Volk sich erfreute, der Ernäh-
rer, der seinen Ernten die Reife gab, der freundliche Förderer seiner
Arbeiten, der Schöpfer seiner schönen Blumen, der Vater seiner
geliebten Incas.

Wenn man von dem großen Marktplatze in Cuzco eine lange
enge Straße hinabgeht, kommt man auf den einst so berühmten Platz
Yntip-pampa. Hier erhebt sich auf den Grundmauern des früheren
prachtvollen Sonnentempels Curi-cancha die jetzige Kirche von
San Domingo. Das Einzige, wodurch sie sich auszeichnet, ist ihr
schöner Thurm mit seinen künstlich aus Stein gehauenen Säulen.
Hinter der Kirche befindet sich ein Kloster sammt Refectorium, sowie
ein zweites kleineres Kloster; der ganze Platz schwärmt von Do-
minicanern. Noch haben sich einzelne Bruchstücke aus der Inca-
Zeit erhalten; namentlich eine achtzehn Fuß hohe Wand an der
Westseite der Kirche, jetzt die Sacristei, und eine ganze Seite des
Sonnentempels, 70 Schritte lang und 19 bis 20 Fuß hoch, welche

mit dem östlichen oberen Stocke des größeren Klosters überbaut ist. Diese Ueberreste gehören zu den vollendetsten Mustern der Inca-Architektur. Die Steine sind in der schon beschriebenen Weise so scharf und künstlich an einander gepaßt, daß der Zusammenschluß durch nichts weiter als durch eine höchst feine kaum für das Auge bemerkbare Linie kenntlich gemacht wird; und man muß der Größe des architektonischen Gedankens, der durch die symmetrische Combination des einfachsten Materials so vollendet Schönes hervorbrachte, und der unermüdeten Ausdauer und Geschicklichkeit, die dazu gehörte, die Werkstücke mit so fehlerfreier Genauigkeit zu bearbeiten, daß am ganzen Baue kein Rißchen entdeckt werden kann, gleich hohe Bewunderung zollen.

Außer dem Sonnentempel befanden sich auf dem Ynlip-pampa noch mehrere Tempel anderer, niederer Gottheiten, deren Räume jetzt von Frucht- und Obstläden, Heuschuppen und Hufschmiedewerkstätten eingenommen werden. Es ist ein trauriger öder Platz; die Stille wird nur durch die auf den Ambos niederfallenden Hammerschläge unterbrochen, und die einst glänzenden Mauern schwärzt der Ruß aus den Schmieden. Hier, unter den düster flimmenden Trümmern einstiger Größe konnte ich mir den Wechsel, der über die Tage der Inca-Herrlichkeit gekommen war, recht deutlich ausmalen. Hier stand er, der glorreiche Sonnentempel, mit seinem großen Portale im Mittelpunkte und dem massiven Karnieße von reinem Golde. Und welche Pracht im Innern! Eine große goldene Sonne, mit Smaragden und Türkisen besetzt, bedeckte die Seite dem Portale gegenüber; vor diesem stellvertretenden Bilde der Gottheit brannte die heilige Flamme, und Gefäße von Gold, dem Metall, das die Incas für die Thränen der Sonne hielten, mit den zum Opfer dargebrachten Erstlingsfrüchten gefüllt, standen der Flur des Tempels entlang. Und dann gegenüber und zu beiden Seiten, in ähnlichem Glanze, die andern massiven Bauwerke: der Quilla- oder Mondtempel, wo alle Geräthschaften von Silber waren; der Tempel der Coyllur-cuna, der himmlischen Heerschaaren; der Tempel des Chasca, des Abend- und Morgensterns, des „Jünglings mit den goldenen Locken"; der Cuicha-

oder Regenbogentempel und der Yllapa, der Tempel des Donners und Blitzes. Im Mittelpunkte des heiligen Platzes endlich die steinernen Säulen, welche die Tag- und Nachtgleichen, eines der Hauptfeste im Inca-Kalender, verkündigten und die Zeitmesser des Reichs waren.

Pachacutec theilte das Jahr in zwölf Monate und verbesserte das Mondjahr durch Berücksichtigung der Sonnenwenden und Tag- und Nachtgleichen. Das Jahr begann zur Sommersonnenwende, den 22. December, mit dem Monat Raymi, dessen Eintritt durch Tanz, Musik und Gesang gefeiert wurde. Es war das wichtigste Fest im Sonnencultus der Incas. Zu Tausenden strömte das Volk, Vornehm und Gering, Alt und Jung, in die heilige Stadt. Man bereitete sich durch dreitägiges strenges Fasten zu dem Freudentage vor, und wenn er nun erschien, wogten die glücklichen Sonnenverehrer dichtgedrängt in ihren malerischen Trachten auf dem Yntip-pampa umher; die Männer in ihrer weißen, durch einen Edelstein zusammengehaltenen Tunica mit Armlöchern ohne Aermel, das Haupt mit der nach den Provinzen verschiedenfarbigen Kopfbinde geschmückt; die Frauen in ihren langen buntfarbigen Mänteln, die gleich denen der Männer aus Baumwollengeweben bestanden, und die leichtfüßigen Mädchen mit Blumen und Guirlanden in den Händen, um die Säulen zu bekränzen, welche die Freudenbotschaft von der Rückkehr des Gottes verkündet hatten. Durch dieses muntere und fröhliche Gedränge bewegte sich der Inca-Festzug nach dem Tempel. In der Tiana, der goldenen Sänfte, auf den Schultern seiner Unterthanen getragen, nahte sich der Inca-Kaiser, um dem Schutzgotte seines Geschlechts das Opfer darzubringen. Auf dem Haupte trug er den vielfarbigen Turban mit der carmoisinrothen Franse und den Coraquenque-Federn, den Abzeichen seiner Würde. Seine Tunica bestand aus hellblauem, mit goldenen Fäden durchzogenem Baumwollengewebe und war durch goldene, mit Smaragden ausgelegte Platten an den Schultern befestigt; Handgelenke und Knöchel waren mit Bändern von reinem Golde geschmückt, der Leibgürtel bestand aus demselben edlen Metalle, und als Oberkleid trug er den langen, in den

Strahlen der Mittagssonne blitzenden Goldperlenmantel. Umringt von einem großen Gefolge des in prachtvolle Gewänder gekleideten Inca-Adels und unter dem Beistande des Huillac Umu, des Hohenpriesters, opferte er dem Sonnengott; zwei goldene Gefäße mit geweihetem Chicha ergreifend, goß er das eine, das in der rechten Hand, als Libation vor dem Gotte aus, und der Kelch in der linken Hand machte dann vom Kaiser zu seinen Paladinen die Runde und wurde mit Andacht geleert.

Darauf wurde die heilige Flamme, Mosoc nina, vermittelst der in einem Metallspiegel aufgefangenen Sonnenstrahlen entzündet und unter die Obhut der Sonnenjungfrauen gestellt, welche sie das ganze Jahr hindurch zu unterhalten hatten. Diese Jungfrauen hatten ihr Kloster, dessen Ueberreste einen Theil des Klosters Santa Catalina bilden, in der Nähe des Jntip-pampa; sie waren streng auf den Umkreis des heiligen Platzes beschränkt, durften sich aber der heiligen Gärten und Haine erfreuen, die sich, wahrscheinlich in Terrassen, bis zum Flusse Hualanay hinabzogen. Ein Quartier in diesen Gärten war mit künstlichen, bewunderungswürdig schön gearbeiteten Blumen aus Gold besetzt, von denen sich manche erhalten haben. Ich selbst hatte Gelegenheit, beim General Echenique unter andern Inca-Alterthümern, namentlich goldenen Brust-harnischen und Busennadeln mit eingeprägten und eingeschnittenen Figuren, auch einige dieser Blumen in Augenschein zu nehmen. Jetzt sind jene Gärten ganz verwildert.

Das Raymi-Fest schloß mit einem allgemeinen Schmause von Zuckergebackenem und Chicha, mit Absingung von Jubelliedern und mit einem Figurentanze, der fast ganz dem schottischen Reigen ähnelte.

Der zweite Monat, Huchuy-poccoy, der kleine reifende, hatte seinen Namen davon, daß der Mais in diesem Monat kleine Aehren zu treiben anfängt; der dritte, Hatun-poccoy, der große reifende, davon, daß nun die Körner in den Kolben größer wurden. Am vierten, Pancar-huaray, d. h. ein blumiger Wiesenteppich, wurde das zweite große Jahresfest gehalten, Situa, das Fest der Herbst-nachtgleichen. Es wurde mit Tanzen, Guirlandenwinken und

Krankheitsbeschwörungen gefeiert. In diesem Monate prangen die Andenabhänge in ihrer größten Blumenpracht.

Im fünften Monat, Arihuay, April, wurde unter Musik und Chicha-Trinkgelagen die Maisernte begonnen; im sechsten, Aymurray, Mai, wurde die Ernte in Scheuren gebracht, und die Feldarbeiter lockerten das Feld mit der Haue. Im siebenten, Cusquic-Raymi, Juni, fand das dritte große Jahresfest statt, an welchem man die Sonne anflehte, die Saaten vor Frost und Kälte zu schützen. Am achten, Anta Situa, wörtlich „der Kupfertanz", hielt das Inca-Heer seine Waffentänze und zog mit Triumphgesängen durch die Straßen. Im neunten, Ccapac Situa, August, dauerten die Festlichkeiten des vorigen Monats noch fort, und die Kartoffel-, Mais- und Quinoa-Saat*) ward vollendet.

Im zehnten, Umu Raymi, September, wurde das vierte große Jahresfest, Huaracu, gefeiert. Es war das Fest des Gürtels, durch dessen Beleihung die jungen Sonnensöhne in den Inca-Adel aufgenommen wurden, nachdem sie ihre Prüfungen unter Fasten bestanden und verschiedene Waffenthaten verrichtet hatten. Zur Ceremonie gehörte noch, daß ihnen die Ohren mit einer goldenen Nadel durchstochen wurden, und daß sie Kränze von Bartnelken, Calceolarien und Immergrün, den Sinnbildern von Milde, Frömmigkeit und Güte, auf dem Kopfe trugen. Die Blumen, wie der Inca-Historiker uns erzählt, sollen bedeuten, daß, wie die Sonne die Blumen zur Freude der Schöpfung sprießen lasse, auch die jungen Inca-Ritter die entsprechenden Tugenden zu üben haben, um des Namens Huaccha-cuyac, Wohlthäter der Armen, würdig zu werden. Bemerkenswerth ist es, daß die Ceremonie der Gürtelverleihung an die Jünglinge auch unter den alten Persern gebräuchlich war und von den Ghebern bis auf den heutigen Tag beibehalten worden ist.

Der Umu Raymi ist auch der Monat, in welchem die jungen Mädchen im ganzen Reiche verheirathet wurden, was natürlich zu allgemeinem Jubel Veranlassung gab. An dem bestimmten Tage

---

*) Quinoa, eine Art Reis.

erschienen die Paare vor den Statthaltern der Provinzen. Diese legten die Hände von Braut und Bräutigam in einander und erklärten damit die Ehen für gültig geschlossen. Bei der Geburt der Kinder wurde das Namengeben unter der Ceremonie verrichtet, daß sich die Eltern Haarlocken abschnitten und sie unter die versammelten Verwandten austheilten, welche Gabe diese mit kleinen Geschenken erwiederten.

Im elften Monat, dem October, Aya Marca, wurde das Todtenfest gefeiert, an welchem fromme Kinder die Gräber ihrer Eltern mit neuen Vorräthen von Nahrung und Kleidern versorgten. Die Gräber bestanden in kleinen ausgemauerten oder in Felsen ausgemeißelten Höhlen, an beinahe ganz unzugänglichen Plätzen, und gerade groß genug, um den Körper in einer zusammengedrückten sitzenden Stellung anzunehmen. Ein Felsen in der Nähe von Urabamba in den östlichen Anden ist von diesen kleinen Gräbern so durchhöhlt, daß er dem Felsen von Gibraltar mit seinen zahlreichen Stückpforten gleicht; und ebenso finden sich unzählige Felsengräber in der malerischen Bergschlucht bei Calca, welche Huaccan-Huaycen, das Thal der Klagen, genannt wird.

In diesem Monat machte das Volk aber auch schon emsige Vorbereitungen auf den folgenden und beschäftigte sich namentlich mit dem Brauen der Chicha für die kommenden Festlichkeiten. Diese bestanden im zwölften Monat, dem Ccapac Rahmi, in der Aufführung von Schauspielen auf dem großen Markte zu Cuzco, bei denen sich auch der Hof einfand, während das Volk schmauste und tanzte. Die Lieblingsvergnügungen zu dieser Jahreszeit waren Ballspiel, Würfelspiel und Räthsel. Die Zeit zwischen dem Ende des Mond- und dem Anfang des Sonnenjahrs galt als feiertägliche.

Alle diese Feste hingen mit dem Gottesdienste genau zusammen, wurden auf das gewissenhafteste durch das ganze Reich beobachtet und brachten den Indianern viele glückliche und frohe Tage.

Obschon der Inca-Sonnencultus als die ausschließliche Nationalreligion der Peruaner bezeichnet werden muß, so war doch ihr Glaube durch die Idee von einer höchsten Macht vergeistigt. Es geht dies ganz deutlich aus den Denksprüchen verschiedener Incas hervor.

So wird erzählt, bei dem großen Raymi-Feste habe der berühmte Huayna Capac seine Augen mit unehrerbietiger Kühnheit auf das große sichtbare Bild des Sonnengottes, die strahlende Sonne, gerichtet.

„O, Inca!" sprach der Oberpriester vorwurfsvoll, „was thust Du? Du giebst dem Hofe und dem Volke ein Aergerniß, indem Du den erhabenen Ynti in solcher Weise anschauest."

Huayna Capac wandte sich nach dem Hohenpriester um und fragte: „Ist hier Jemand, der mir befehlen könnte, hinzugehen, wohin es ihm gefiele?"

„Wer dürfte so kühn sein?" erwiederte der Oberpriester.

„Ist ein Häuptling hier," fragte der Inca weiter, „der meinem Befehle nicht gehorchte, wenn ich ihn bis in die fernsten Provinzen von Chile senden wollte?"

„Nein; sie müssen Gehorsam leisten, selbst bis in den Tod," antwortete der Priester.

„So erkenne ich," versetzte der erleuchtete Monarch, „daß noch ein höherer, gewaltigerer Herr da sein muß, den unser Vater, der Sonnengott, für größer achtet als sich selbst, auf dessen Befehl er Tag für Tag den himmlischen Bogen umschreitet, ohne je abzuweichen oder nachzulassen."

Und unter der Regierung Pachacutecs war es, wo der Platz zu einem Tempel für das höchste Wesen, Pachacamac, den Schöpfer der Welt, auserwählt wurde. Die Ruinen dieses Tempels, an der Küste des Stillen Meeres, haben wir bereits kennen gelernt.

Auch an ein böses Princip, Teufel, Supay, glaubten die Peruaner. Es wurde ihm jedoch kein Cultus erwiesen, und er stand mehr auf einer Stufe mit dem verachteten bösen Geiste der Parsen, als mit dem gefürchteten Ahriman ihrer Vorfahren.

Die Incas begruben mit ihren Todten große Schätze und erhielten die Paläste jedes einzelnen Inca-Kaisers in völlig unberührtem Zustande. Dies, sowie das sorgfältige Austrocknen und

Einbalsamiren ihrer Leichname, beruhte auf ihrem Glauben an ein künftiges Leben mit Belohnung und Strafen.

Unter der großen Volksmasse erhielten sich viele abergläubische Gebräuche von ihrer eigenen Vorzeit her, und die Sonnenreligion in ihrer vollen Reinheit war auf die kaiserliche Familie, den Adel und den Gelehrtenstand des Hofes beschränkt. Der Glaube an eine leitende göttliche Vorsehung war aber allgemein. Noch jetzt sieht man große Haufen von Steinen auf den höchsten Punkten der Andenpässe neben der Straße liegen, welche Generationen hindurch von den vorüberkommenden Wanderern hier aufgehäuft wurden, indem jeder, der die Spitze des Passes erreicht hatte, einen Stein bei der Straße hinlegte und ausrief: „Apachicta muchhari," d. h. „Ich danke Gott, daß ich bis hieher gekommen bin."

Die Indianer nahmen auch allgemein an, daß jedes geschaffene Ding sein Mama*) oder geistiges Wesen (spiritual essence) habe, ein Glaube, der beinahe allen Völkern der Welt gemeinsam geworfen zu sein scheint.

Man hatte im alten Peru Huacas, wunderthätige Heldengräber, und Canopas, Hausgötter. Die letzteren waren zahllos; es gab besondere für jeden District, jedes Dorf, jede Familie. Viele findet man noch heutzutage, von Thon, Stein, Silber, Gold; der Gott der Ernte wird durch eine kleine Figur, die Maiskolben trägt, dargestellt. Der Glaube an die Hausgötter erhielt sich bis lange nach der spanischen Eroberung und ist aus dem phantastischen Gemüthe des Indianers noch immer nicht völlig auszurotten gewesen, so daß in manchem verborgenen Andenthale die Canopas fort und fort gehegt und gepflegt werden.

---

*) Mama heißt in der Quichua-Sprache Mutter. Der Verf. erinnert hier an die römischen Penaten und Laren, an die griechischen Naturgötter und mehrere mythische Wesen der germanischen Sage. Dagegen möchte man eher an Zoroasters Ferver denken, jene Urbilder alles Geschaffenen, die der reinste Ausfluß des Gedankens von Ormuzd sind, dem Nachbild völlig gleich, aber reiner, herrlicher und unvergänglich. Dies entspräche, gleich den Platonischen Ideen, dem Begriffe „Mutter" oder „spiritual essence" des geschaffenen Dinges.

Den Incas war es gelungen, ihrem reineren Cultus bei den
Eingebornen dadurch großen Eingang zu verschaffen, daß sie mit
demselben beständige Ceremonien und Feste in Verbindung setzten,
an denen die Indianer mit Freude Theil nahmen.

Besonders viel scheint der Inca Pachacutec für diesen Zweck
gethan zu haben. Derselbe verschaffte auch den Schulen eine ein-
flußreichere Wirksamkeit, unterstützte freigebig Gelehrte und Dichter
und wandte der bürgerlichen Staatsverwaltung große Aufmerksamkeit zu.

Daneben war er der erste Inca, der seine Waffen bis zu den
Küsten des Stillen Meeres trug. Er eroberte die Thäler Nasca,
Yca, Canete, Pachacamac und Rimac, und es gelang ihm, den
großen König Chimu, der den Mittelpunkt seiner Herrschaft in der
Gegend, wo jetzt Trujillo liegt, aufgeschlagen hatte, zu unter-
werfen.

Pachacutec war der Salomo Peru's, ebenso berühmt durch
seine Weisheit wie durch seine Kriegsthaten. „Der Neid", sagte er,
„ist ein Wurm, der an den Eingeweiden des Neidischen nagt; und
wer den Weisen und Guten beneidet, gleicht der Spinne, die aus
den lieblichsten Blumen Gift saugt." — „Wer die Sterne zählen
will und den Quipus*) nicht zählen kann, macht sich lächerlich." —
„Zorn und Leidenschaft lassen Besserung zu, aber Narrheit ist unverbesserlich." — „Heiligkeit ist das Anzeichen eines niedrigen
Gemüths." —

Dieser Fürst soll das hohe Alter von hundert Jahren erreicht
haben. Er starb ums Jahr 1400 und hinterließ den Thron seinem
ältesten Sohne, dem Inca Yupanqui, der sich schon als Krieger
berühmt gemacht hatte.

Yupanqui brachte unermeßliche Strecken tropischen Waldes
östlich von der Hauptstadt unter seine Gewalt und machte erfolg-
reiche Versuche zu Colonisation mehrerer von jenen fruchtbaren
Thälern, die von Nebenflüssen des Amazonenstroms bewässert
werden. Besonders ist das Paucar-tambo-Thal hieher zu rechnen.

---

*) Eine Art Rechenknecht, von dem weiter unten die Rede sein wird.

Sein Sohn, der berühmte Tupac Inca Jupanqui, führte i. J. 1453 ein Heer über die Sandwüste von Atacama, jagte durch ganz Chile bis zu den Ufern des Maule siegreich Alles vor sich her, führte das Heer über die chilenischen Alpen auf einem Passe voll unerhörter Schwierigkeiten und Gefahren und kehrte im Triumphe nach Cuzco zurück.

Inzwischen hatte der Thronerbe, der junge Huayna Capac, den Ruhm der Inca-Waffen bis zu den Ufern des Amazonenstroms getragen und nach einer Reihe siegreicher Feldzüge im Umkreise des Chimborazo und Cotopaxi das Königreich Quito erobert.

Beim Regierungsantritte Huayna Capacs hatte das Reich der Incas seine größte Ausdehnung gewonnen. Von den heißen Thälern des Amazonenstroms bis zu den gemäßigten Ebenen von Chile, von den Küsten des Stillen Meeres bis zu den sumpfigen Quellen des Paraguay hatte sich ihre Herrschaft verbreitet. Mit den Waffen machten Ordnung und Civilisation gleiche Fort-schritte, und gute Straßen verbanden die entferntesten Theile des Reichs.

Die Stadt Cuzco war beim Regierungsantritt des Inca Huayna Capac im Zenithe ihres Glanzes und Wohlstandes. In der Mitte befand sich der große freie Platz Huacaypata (Freuden-berg), der die drei öffentlichen Plätze des jetzigen Cuzco in sich schloß. An der Ostseite lagen die Paläste des Viracocha, Pacha-cutec und Inca Rocca, sowie die Schulen; im Süden, da, wo jetzt die Jesuitenkirche steht, der Palast des Huayna Capac. Auf den andern Seiten befanden sich die Häuser des Inca-Adels. Auf dem Huacaypata fanden die dramatischen Vorstellungen statt, und hier hielt das Volk den Reihentanz, der sich rings um den ganzen Platz herum bewegte, und bei welchem jeder Tänzer ein Glied der unge-heuren goldnen Kette hielt, welche zum Andenken an die Geburt des ältesten Sohnes des Inca Huayna Capac hergestellt wurde, der davon später den Namen Huascar, die Kette, erhielt. Eine merkwürdige Abbildung dieses Tanzes findet sich auf einem aus der Zeit kurz nach der spanischen Eroberung herstammenden Gemälde in der Kirche Santa Anna zu Cuzco.

Dieser Platz bildete die eigentliche Inca-Stadt. Rund um dieselbe schlossen sich die von verschiedenen Stämmen bewohnten Vorstädte, unter denen eigenthümliche Namen vorkommen, wie Pumapchupa, Löwenschweif, Munay-sencca, liebende Nase, Tococachi, Salzfenster, Cantut-pata, der Blumenhügel, und Puma-curcu, Löwenstrahl, wo sich die Menagerien der Incas befanden. In diesen Vorstädten wohnten Indianer aus allen Theilen des Reichs; sie standen unter ihren eingebornen Kaziken, zeichneten sich in ihren Trachten durch charakteristische Merkmale aus und stellten so für das gesammte Reich ein Bild im Kleinen dar, welches der schönen Kaiserstadt und ihren belebten Straßen ein buntes und interessantes Ansehen verliehen haben muß.

Cuzco war der Mittelpunkt, von welchem aus ein vollständiges Straßensystem sich durch das ganze Reich verzweigte. Vier Haupt- und Heerstraßen liefen nach Ost, West, Nord und Süd in die vier Provinzen des Reichs. Die sorgfältig macadamisirte Nordstraße von Cuzco nach Quito, zu deren Herstellung Flüsse und Schluchten überbrückt, Thäler ausgefüllt und Berge durchstochen werden mußten, ist seit Zarate bis Prescott ein Gegenstand der Bewunderung für Europa gewesen. Die Weststraße nach dem Stillen Meere und die beiden andern Hauptstraßen nach Ost und Süd waren von derselben Construction. Von Station zu Station in angemessener Entfernung befanden sich Gasthäuser und kaiserliche Vorrathshäuser. Die letztern waren theils Militärmagazine, theils wurden daraus die Regierungsboten verpflegt, die ihre Reise mit unglaublicher Schnelligkeit zu Fuße zurücklegten. Man erzählt von Huayna Capac, daß er in Cuzco frische Seefische gegessen habe, die Tags zuvor in Lurin am stillen Meere gefangen worden. Die Entfernung beträgt 65 Meilen, und der Weg führt über eins der höchsten Gebirge der Welt.

In der öffentlichen Verwaltung herrschte die größte Ordnung. Ueber die Provinzen waren Inca-Statthalter gesetzt, und unter diesen standen die Oberaufseher der Straßen, der Brücken und so durch alle Departements. Namentlich Huayna Capac war es, der das Administrations-System zur größten Vollkommenheit brachte und das Reich in blühenden Wohlstand versetzte. Das Volk war zufrieden und glücklich; die Inca-Familie war zu mehreren Tausenden angewachsen und zollte ihrem Oberhaupte hohe Achtung und Verehrung.

Die Nachkommenschaft eines jeden auf den Thron gelangten Inca bildete unter dem Namen Ayllu einen besondern Zweig der kaiserlichen Familie; alle aber erklärten Manco Capac für ihren gemeinschaftlichen Ahnherrn. Die Söhne oder kaiserlichen Prinzen, Auqui, wurden Statthalter in den Provinzen, führten Colonisten in entfernte Gegenden des Reichs, beförderten die Künste oder wurden Sonnenpriester; die Prinzessinnen, welche als Mädchen Nustas, als verheirathete Frauen Pallas hießen, wurden Sonnenjungfrauen oder schmückten, wenn sie nicht einem Gemahle in die Provinzen folgten, den kaiserlichen Hof zu Cuzco. Die Gemahlin des regierenden Inca hieß Coya.

Huayna Capac war der ritterlichste aller Fürsten und rühmte sich, seinem Weibe je eine Bitte abgeschlagen zu haben. Wie in frühester Zeit bei den Persern und bei den Normannen, herrschten bei den Incas die Gesetze der Courtoisie gegen das schöne Geschlecht. Leider wurde Huayna Capacs Liebe zu Zulma, der reizenden Königstochter von Quito, die Hauptursache zum Untergang des Inca-Reichs. Seine erste Gemahlin, Rava Dello, hatte ihm den Thronerben Huascar, den Prinzen Manco und noch mehrere Söhne und Töchter geboren. Auf Antrieb Zulma's traf er kurz vor seinem Tode (1525) die Bestimmung, daß das Reich zwischen Huascar und seinem und Zulma's Sohne, Atahualpa, getheilt werden sollte. Diese verderbliche Maßregel führte zur innern Zerrüttung. Der rücksichtslose, freche Atahualpa fiel in das Gebiet seines Stiefbruders ein, stieß ihn vom Throne und suchte durch fortgesetzte blutige Schlächtereien das Kaisergeschlecht auszurotten. Bis zum heutigen Tage ist sein Name unter den Indianern verabscheut, und er heißt noch immer allgemein der Aucca, Verräther.

Schon zogen die Wolken herauf. Fremde Männer, im Besitze geheimnißvoller Macht, waren an der Küste gelandet. Der tapfere, aber grausame Pizarro drang bis in das Herz des Reichs vor, er-

mordete den Verräther Atahualpa und brachte durch die Ueber-
legenheit der Spanier in Waffen und Kriegskunst das geschwächte
Reich schnell unter seine Gewalt. Golddurst war der Sieger herrschende Leidenschaft, Mord und Raub ihr tägliches Geschäft.

Nach Unterjochung der armen Indianer wütheten die Spanier
gleich reißenden Wölfen gegen einander selbst. Pizarro schlug und
ermordete seinen alten Waffengefährten Almagro und wurde von
Almagro's Sohn ermordet. Noch ehe ein Jahr vergangen, wurde
auch dieser enthauptet. Im darauf folgenden Jahr mordete Gonzalo
Pizarro den spanischen Vicekönig Nunez de Vela, und Gonzalo's
Haupt fiel auf Befehl Pedro de Gasca's, eines Priesters, den der
König von Spanien gesandt hatte, um in den neuerworbenen
Colonien die Ruhe herzustellen. Doch wenden wir den Blick ab von
diesen elenden und barbarischen Fehden, und verfolgen wir die Ge-
schicke der letzten Incas.

Nach des unglücklichen Huascar Tode waren die eiteln Ehren
des geraubten Throues auf Inca Manco übergegangen. Die Spanier hatten ihn Anfangs als Puppe benutzt, und Pizarro hatte
ihn als Vasallen Karls V. gekrönt. Aber die Mißhandlungen wurden unerträglich. Der wilde, grausame Gonzalo Pizarro ließ die
schöne junge Gemahlin Manco's entkleiden, von den Soldaten auf
das unmenschlichste auspeitschen und sie mit Pfeilen, die auf sie
abgeschossen wurden, zu Tode foltern. Da erhob der empörte Manco
noch einmal das Panier der Incas. Würdig seines großen Namens-
vetters und Ahnherrn, des Gründers des Reichs, vertheidigte er
die Festung Cuzco mit heldenmüthiger Ausdauer gegen die Spanier,
belagerte diese in der Stadt und lieferte ihnen drei glorreiche
Schlachten im Thale von Bilcamayu. Aber endlich mußte er den
ungleichen Kampf aufgeben und zog sich mit wenigen Getreuen in
die Wälder von Bilca-pampa zurück, wo er seine Unabhängigkeit
behauptete. Der brave junge Prinz fiel im J. 1553 durch die selge
Hand eines spanischen Deserteurs, der sich unter seinen Schutz begeben und seine Gastfreundschaft genossen hatte.

Im J. 1565 wurde der Marquis von Canete, ein Sprosse
aus der altadligen Familie der Mendoza, Vicekönig von Peru.

Das zerrüttete Land, das seit Jahren unter den gegenseitigen erbärmlichen Fehden der wilden Eroberer geblutet hatte, war endlich
durch die Niederlage des Rebellen Fernando Giron im J. 1554
einigermaßen zur Ruhe gekommen, und der Marquis trat seine
Regierung unter günstigeren Auspicien als seine Vorgänger an.
Nachdem er zahllose gegen einander streitende Ansprüche auf Grund-
besitz und Aemter Seiten der Spanier unter sich erledigt und gegen
die Aufrührer strenge Justiz gepflogen hatte, wendete er seine Aufmerksamkeit den Indianern und ihren gefallenen Fürsten zu, weil
er noch nicht frei aufathmen zu können glaubte, so lange der Thronerbe frei in den Wäldern von Vilca-pampa hauste. Der Marquis
war im Gegensatze zu den meisten seiner Landsleute ein menschlicher und redlicher Mann. Die Prinzessin Beatriz Coya, eine ge-
taufte Inca, Tochter Huayna Capacs, hatte den spanischen Ritter
Marcio Serra de Leguisano geheirathet; an diese Dame wandte
er sich und ersuchte sie, die delicate Mission nach Vilca-pampa zu
übernehmen und ihren Neffen, den Inca Sayri Tupac, der als
Nachfolger seines Vaters, des Inca Manco, den Kaisertitel führte,
dahin zu bestimmen, daß er sich unter den Schutz des Stellvertreters
seiner katholischen Majestät begebe.

Die Ueberredungskunst der Botschafterin scheiterte Anfangs
an der Opposition der alten, vielgeprüften Räthe des Inca; endlich
aber ließ sich der mildherzige Sayri Tupac doch erweichen und begleitete sie nach Lima. Hier wurde er vom Vicekönig und dem Erz-
bischof mit fürstlichem Pomp empfangen und ließ sich bewegen,
gegen eine Belehnung mit Ländereien und eine Pension auf seine
Souveränitätsrechte Verzicht zu leisten. Als der junge Fürst, einer
harten Nothwendigkeit sich fügend, die Entsagungsurkunde unter-
zeichnete, fiel ihm eine Thräne vom Auge, er ergriff eine Quaste
der goldenen Franse, mit der die Tafeldecke besetzt war, und rief
aus: „Siehe, die ganze purpurne Sammetdecke gebührt mir als
das glorreiche Erbe meiner Väter, und nun wollen sie mich mit
dieser Trobbel von der Franse abspeisen!"

Später kehrte Sayri Tupac wieder nach Cuzco zurück und
lebte im schönen Vilcamayu-Thale in Yucay, dem Lieblingspalaste

seines großen Ahnen Biracocha. Aber niedergebeugt durch Scham und Schwermuth, fand er in den herrlichen Gärten und erfrischenden Bädern von Yucay keine Stärkung für seine gesunkenen Lebensgeister und starb nach wenigen Jahren.

Sein Bruder, der Inca Cufi Titu Yupanqui, folgte ihm bald in die Gruft nach, und der jüngste Sohn des Inca Manco, Tupac Amaru, ward nun der Erbe der ihm angefallenen leeren Titel. Von ganz anderem Charakter als Sayri Tupac, zog er die Freiheit des Urwaldes von Wilca-pampa dem entwürdigenden Golde der Eroberer vor und bewahrte sich seine Unabhängigkeit.

Der Marquis von Canete war 1561 gestorben, und sein Nachfolger Lope de Castro war 1569 durch Don Francisco de Toledo ersetzt worden. Toledo war der zweite Sohn des Grafen von Oropesa und von Einem Stamme mit Alba, dem Henker der Niederlande. Kalt und grausam, von großem bleichen Angesicht mit massivem Unterkinnbacken, Habichtsnase und kleinen schwarzen Augen, heuchelte er tiefe Religiosität und hatte damit Gnade bei Phillipp II. gefunden.

Toledo begab sich nach Cuzco. Er hatte beschlossen, den unglücklichen jungen Inca nicht länger die Freiheit genießen zu lassen, und sandte Don Martin Loyola, einen Neffen des Ignatius Loyola und Gemahl der Inca-Prinzessin Beatrix Nusta, einer Nichte des auserlesenen Opfers, mit einer Schaar von 250 Mann ab, um Tupac Amaru gefangen zu nehmen. Tupac floh den Strom weiter hinab, ward aber von seinen Verfolgern eingeholt, ergab sich an Loyola und wurde gefangen nach Cuzco abgeführt. Toledo verurtheilte ihn zum Tode. Alles Bitten und Flehen, sowohl von Seiten der spanischen Cavaliere als der Eingebornen, daß er das Leben des jungen Inca, dem keine Schuld zur Last gelegt werden könne, schonen solle, war vergeblich. Das Schaffot wurde auf dem großen Hauptplatze zu Cuzco errichtet. Der Vicekönig postirte sich vor ein Fenster, welches die volle Aussicht auf die Bühne gewährte. Als Tupac Amaru, von vielen Priestern begleitet, auf derselben erschien, erhoben die Indianer, die den Platz und die angrenzenden Straßen in dichtem Gedränge füllten, ein lautes Wehklagen. Der

Inca erhob seine Hand, und es ward stille. Es war der letzte Befehl, den er ertheilte, und man gehorchte ihm. Er sprach mit lauter
Stimme: „In alle Welt sei es hinausgerufen, daß ich mir keiner
Schuld bewußt bin. Ich sterbe, weil es dem Tyrannen so gefiel."
Dann kniete er nieder, faltete seine Hände und rief: „O Gott!
siehe, wie meine Feinde mein Blut vergießen!" Nach diesen Worten
fiel sein Haupt, und ein wilder verzweiflungsvoller Schrei hallte
durch die weite Versammlung wieder und trug Schmerz und Trauer
bis tief hinein in die fernsten Andenthäler. So fiel, im J. 1571, der
junge Tupac Amaru, der letzte Repräsentant einer glorreichen
Dynastie, die fünfhundert Jahre über Peru geherrscht hatte. Kein
Rachegebet war über die Lippen des Sterbenden gekommen; er hatte
keinen Handschuh unter die Menge geworfen; aber nach Jahren
noch ging bei seinem Namen ein Schrei durch Peru, der die Spanier
erzittern machte.

Toledo legte im Jahre 1581 die Regierung nieder und begab sich an den spanischen Hof, fand aber bei Phillpp II. eine
Aufnahme, die ihm zeigte, daß er sich verrechnet hatte. Der Monarch
sagte ihm streng, „er sei nicht nach Peru gesandt worden, um
Könige zu köpfen," und wandte ihm kalt den Rücken. Toledo soll
vor Kummer und Gewissensbissen wenige Monate darauf gestorben
sein.

Von dem Schicksal der überlebenden Glieder der großen Inca-
Familie bleibt wenig zu sagen übrig. Viele wurden gezwungen,
ihren Aufenthalt in Lima zu nehmen, und erlagen dort bald dem
schädlichen Einflusse des Klima's. Im Jahre 1602 machten Mehrere
noch einmal ihre Ansprüche bei Philipp III. geltend und überreich-
ten einen Stammbaum, der bis zu Manco Capac hinaufging,
1½ Elle lang und auf weißen Taffet künstlich gemalt, natürlich
ohne etwas zu erreichen. Die einzigen jetzt noch lebenden Incas,
die ich mit Bestimmtheit ausfindig zu machen vermochte, sind Don
Clemente Tisoc zu Geronimo bei Cuzco, und sein Sohn, der erstere
ein erfahrener Botaniker, sowie Don Luis Ramos Titu Atauchi,
ein Rechtsgelehrter in Cuzco und Neffe des kürzlich verstorbenen
Dr. Don Justo Sahuaraura Inca, der ein genealogisches Werk mit

den Bildnissen der Incas unter dem Titel La Monarquia Peruana,
so viel ich weiß mit Hülfe des General Santa Cruz, verfaßt hat,
welches im Jahre 1850 zu Paris erschienen ist.

Aber auch unter den alten spanischen Adelsfamilien giebt es
viele, die Inca-Blut in ihren Adern haben. In der ersten Zeit nach
der Eroberung kamen nur wenige Spanierinnen nach Peru. Die
spanischen Cavaliere suchten sich daher ihre Gemahlinnen unter den
Inca-Prinzessinnen, deren glorreiche Ahnen sie ehrten, und deren
Schönheit sie entzückte. Franzisko Pizarro ging mit seinem Bei-
spiele voran, und die Montemina, Justiniani, Oropesa, Lopayna
und Sandia stammen alle von Inca-Ahnfrauen ab. Auch der edle
Ritter Garcilasso de la Vega, der einem der berühmtesten spanischen
Granden-Geschlechter angehörte, vermählte sich mit einer schönen
Inca, der Nichte des Kaisers Huayna Capac und Enkelin des
großen Tupac Inca Yupanqui; der Sohn, den er mit ihr erzeugte,
war der später als Geschichtschreiber berühmt gewordene Garcilasso
Inca de la Vega.

Sobald die Nachrichten von der Eroberung Peru's und von
den unerschöpflichen Schätzen des reichen Landes an den spanischen
Hof gelangten, strömten tausende von Abenteurern in das ferne
Eldorado, und unter diesen befanden sich nicht wenige nachgeborne
Söhne aus den edelsten Geschlechtern des Königreichs. Diese stolzen
Cavaliere setzten sich in den Inca-Palästen fest, überbauten sie mit
zweiten Stockwerken und breiten vergitterten Balconen und ließen
ihre Wappen über den steinernen Schwellen der Thore einschneiden.
Kloster- und Weltgeistliche folgten in Schwärmen nach, raubgierig
und blutdürstig über die armen Indianer herfallend. Zuerst kamen
die Dominikaner; sie breiteten das Christenthum mit Feuer und
Schwert aus, und einer dieses Ordens, der grausame Valverde, der
Mitschuldige an Pizarro's Abscheulichkeiten, war der erste Bischof
von Cuzco. Sie errichteten ihr Kloster auf den Trümmern des
Sonnentempels im Jahre 1534; und bald darauf ward der Bau
der Kathedrale begonnen, die auf der Ostseite des Hauptplatzes die
Stelle einnimmt, wo sich der Palast des Inca Viracocha befand.

Sie hat eine schöne Façade mit zwei massiven steinernen Thürmen und ist noch immer eine der größten Zierden der Stadt.

Den Dominicanern folgten die Franziscaner, die Augustiner, die Mercedarier, die sich sämmtlich große Klöster bauten, und zuletzt die Jesuiten. Sie wurden 1565 durch den Vicekönig Castro eingeführt, und ihre Kirche, mit ihrem reichen Steinbildwerk an der Hauptfaçade, ihren hohen Thürmen und ihren weiten Klostergängen ist das schönste Bauwerk dieser Art nicht nur in Cuzco, sondern in ganz Peru. Ebenso wenig säumte man, Frauenklöster zu errichten, und an die Stelle der Sonnenjungfrauen traten die Nonnen von Santa Clara, Santa Teresa and Santa Catalina.

Nach der Hinrichtung Tupac Amaru's war der Muth der Indianer völlig gebrochen, und die Spanier erlangten eine unumschränkte Herrschaft über ihre Opfer. Cuzco wurde die zweite Stadt in Peru, blieb aber von vielen vornehmen Spaniern bewohnt, die ihre Paläste auf das prachtvollste einrichteten. Der fünfte Bischof von Cuzco gründete im J. 1598 eine hohe Schule, die im J. 1692 vom Papst Innocenz XII. zur Universität erhoben wurde und gegenwärtig etwa 90 Graduirte zählt. Auch die Jesuiten errichteten ein Erziehungsinstitut für den jungen indianischen Adel, mit sehr schönen Gebäuden und mehreren Hallen, deren Wände mit den Bildnissen der Incas geschmückt sind. Das Institut ist aber schon lange aufgehoben und eine kleine Knabenschule in seine Räume eingezogen.

Seit der Unabhängigkeitserklärung ist Cuzco von vielen reichen Familien theils verlassen worden, theils sind dieselben herabgekommen, und hinter manchem künstlich ausgeschnittenen Steinwappen, wo sonst die Pracht eines spanischen Granden geherrscht hatte, wohnt jetzt die Armuth. Doch zählt es noch immer mit seinen Vorstädten 58,300 Einwohner und ist die Hauptstadt des Departements Cuzco und Sitz des Präfecten.

Ich kam am ersten Osterfeiertage in Cuzco an. Am Morgen des zweiten fand eine große Procession statt, die Hauptfeier des Osterfestes, zu der Tausende von nah und fern herbeigeströmt waren. Ich saß mit der Familie des Präfecten General Guarda.

in deffen Haufe ich die gaftfreundlichste Aufnahme gefunden, und
mit mehreren andern Damen auf dem Corridor, und vor uns standen große Körbe, mit Salvia-Blüthen gefüllt, die, wie es die Sitte
heischt, auf den vorüberkommenden Festzug herabgestreut werden
sollten. Der ganze Hauptplatz und die benachbarten Straßen glichen
einem wogenden Meere von Köpfen, alle voll gespannter Erwartung.
Endlich näherte sich die Procession. Voran marschirte ein Regiment Soldaten, dann kamen die Mitglieder des Obergerichts, die
Studenten, die Mönchsorden, der Dechant und das Kapitel. Hinter
dem letzteren wurde das Bild dessen getragen, zu dessen Ehren das
Fest gefeiert wurde: „Nuestro Senor de los tremblores" — „der
Herr des Erdbebens" — nämlich ein colossales hölzernes bunt-
bemaltes Crucifix, das Karl V. der Kathedrale zu Cuzco zum Ge-
schenk gemacht haben soll. Das Gestell war eine einzige Masse
von Scharlach-Salvia-Blüthen, und denselben Anblick gewährten
die Köpfe und Schultern der die Procession bildenden Männer.
Auch wir trugen, als der Zug bei uns vorüber kam, das Unsrige
dazu bei, diesen Schmuck zu vermehren. Die armen Indianer
geben sich dem Anschauen dieses Pompes mit der größten Andacht
hin und finden darin einen Ersatz für ihren Sonnendienst. Es ist
die Frage, ob bei dem letzteren mehr Abgötterei getrieben wurde als
gegenwärtig.

In den höhern Würdenträgern der Kirche zu Cuzco lernte ich
Männer von vorzüglicher Bildung kennen. Vom niederen Clerus
läßt sich nicht wohl dasselbe behaupten. Die Mönche, namentlich
die Dominicaner, sind schmutzige Menschen; und die Weltgeistlichen
sind, mit wenigen ehrenwerthen Ausnahmen, ohne Bildung und
häufig auch unsittlich.

Abgesehen von den Geistlichen, ist die höhere Gesellschaft zu
Cuzco gegenwärtig nicht sehr zahlreich. Der Präfect, der Polizei-
director, die Mitglieder des Gerichtshofs und einige Sachwalter
bilden mit ihren Familien die regelmäßigen Bestandtheile derselben.
Bei weitem am zahlreichsten aber ist sie durch die großen Grundbesitzer der Umgegend vertreten, die jedoch den größten Theil des
Jahres auf ihren Gütern zubringen.

Die jungen Damen von Cuzco sind fast durchgehends schön, von regelmäßigen Gesichtszügen, frischer, olivenbrauner Farbe, hellen und lang gewimperten intelligenten Augen und fülereichem, schwarzem Haar, das sie in zwei Zöpfe geflochten zu tragen pflegen. Sie sind fein gebildet; wie denn auch Cuzco eine von Bolivar gegründete hohe Schule für junge Damen hat, an deren Spitze eine Frau Rectorin und Professorin der Religion, Moral, Arithmetik und Stickerei steht — ihre völlige Abgeschiedenheit aber hat ihnen ein einfaches und offenes Wesen bewahrt, mit welchem sie sich im geselligen Umgange bei herzlicher Freundlichkeit höchst liebenswürdig zu machen wissen. Dasselbe günstige Urtheil kann ich von den jungen Männern fällen, die ich als höfliche, anständige und intelligente Leute kennen gelernt habe. Außer der Universität besteht in Cuzco eine hohe Schule für Kunst und Wissenschaft, an welcher Theologie, Jurisprudenz, Mathematik, Philosophie, Lateinisch, Spanisch, Französisch, Geographie und Zeichnen gelehrt wird. Die Studirenden tragen schwarze Fracks mit Mäntelchen und auf gekrämpte Hüte.

Im J. 1848 wurde in Cuzco ein Museum und eine Bibliothek errichtet; das erstere enthält viele Inca-Alterthümer, die letztere zählt 9000 Bände.

Die Häuser der Stadt sind im Erdgeschoß meist zu Läden verwendet. In der ersten Etage wohnt die Familie. Vom Hauptgemache nach der Straße zu führen Flügelthüren auf den Balkon heraus. Die eigentlichen Wohnzimmer befinden sich um den Hof herum. Das Zimmergeräth ist elegant. Man sieht viele schöne altmodische Stühle, mit Perlmutter ausgelegte Schränke und fast überall ein Pianoforte. Das letztere gehört zu den überseeischen Artikeln und ist wegen des Transports kostbar. Denn da es für diesen kein Fuhrwerk irgend einer Art giebt, so müssen die Instrumente von der Küste ab auf den Schultern der Indianer in das Innere und über die Andenpässe geschafft werden. Die mittleren und niederen Klassen der Einwohnerschaft von Cuzco sind kunstreich und betriebsam; besonders große Geschicklichkeit besitzen sie in Tischlerarbeiten und im Holzschneiden. Sophas,

6*

Tische und Schränke von den köstlichen Hölzern aus der Montana
gefertigt und mit reichem Schnitzwerk geziert, können nach Zeichnung und Ausführung mit dem Ameublement der Staatszimmer
zu London und Paris wetteifern. Außerdem werden viele grobe
Zeuge gewebt, und es wird mit Cacao, Gummi und andern Erzeugnissen der benachbarten Wälder ein lebhafter und ausgebreiteter
Handel betrieben.

Die Indianer in ihren malerischen Trachten, wenn sie die
großen Lamaheerden durch die Straßen treiben oder mit ihren
jungen Frauen auf berasten Bergabhängen sitzen, gewähren einen
reizenden Anblick. Ihre wehmüthigen Lieder, die sie mit einer kleinen
Guitarre begleiten, und die so traurig durch das stille Gefild hin-
tönen, und die trüben, niedergeschlagenen Blicke, mit welchen sie
beim Weiden ihrer Heerden das Auge auf den Festungstrümmern
ihrer Ahnen ruhen lassen, verleihen diesen schwer verletzten Stämmen
ein Interesse, wie man es manchem glücklicheren Volke nicht zu-
wendet.

Cuzco kann aber doch eine Zukunft haben, die ihm die alte
verlorne Herrlichkeit noch einmal zurückbringt: die Hoffnung weist
nach Osten hin, auf die unerschöpfliche Fruchtbarkeit seiner riesigen
Wälder, auf seine breiten, dem Amazonenstrom zufließenden Wasser-
straßen und auf den Unternehmungsgeist des sächsischen Volks-
stammes — alles vielversprechende Quellen eines künftigen Wohlstandes. Wenn einst die mächtigen Gewässer, deren Cordilleren-
zuflüsse Cuzco von allen Seiten umgeben, gehörig durchforscht und
für die Schifffahrt eröffnet sein werden, welche Aussichten lichten
sich dann für die Industrie und das Aufblühen der alten Inca-
Stadt! Das innere Peru ist dann nicht länger mehr durch die
eherne Andenschranke von der Welt abgeschnitten, es kann seine
Producte auf kurzem, geradem und bequemem Wege nach Europa
senden, und Cuzco erhebt sich noch einmal zur Hauptstadt von Peru.

So sehr sich auch die Einbildungskraft in die großartigen
Entwickelungen, die sich hieran knüpfen würden, verlieren mag, so
gehören diese Hoffnungen doch keineswegs in das Reich der hohlen
Träume. Die südamerikanischen Regierungen und die Vereinigten

Staaten von Nordamerika haben der Frage gleichmäßig ihre Aufmerksamkeit zugewendet, und der Tag ist vielleicht nicht allzufern,
wo die alte Inca-Stadt sich zu einem Platze ersten Ranges und zu
einem Hauptemporium für den innern Handel von Südamerika
aufschwingt.

Fünftes Kapitel.

Quichua-(Kochua)-Sprache und Literatur der Incas.

Die amerikanischen Dialekte. — Allgemeiner Charakter der Quichua-
sprache. — Chroniken, Balladen, Dramen. — Inhalt und Proben des
Drama's „Apu-Ollantay". — Andere Proben peruanischer Poesie. —
Gemischte Poesie. — Verfall der Quichuasprache.

Das Thal von Vilcamayu, das Paradies von Peru, der Lieb-
lingsaufenthalt der Incas, gehört zu den reizendsten Partien in
diesem von der Natur hoch begünstigten Lande. Der reißende Strom,
der es bildet, entspringt in den Bergen von Vilcanota, bewässert
die Provinz Cuzco, fließt etwa vier Meilen westlich vor der Stadt
Cuzco vorbei und verbindet sich nach einem Laufe von 80—90
Meilen mit dem Apurimac.

Das Thal ist selten über eine Stunde breit, wird östlich von
der schneebedeckten Andenkette, westlich von einer niedrigeren, aber
steilen und felsigen Bergreihe begrenzt und erfreut sich innerhalb
seiner engen Schranken eines himmlischen Klimas. Malerische
Landgüter, mit ihren Maisthürmen, von kleinen Obstwäldern umgeben, wechseln mit den an den Ufern des reißenden Stromes sich
weithin ausbreitenden Dörfern; dunkle Waldungen ziehen sich bis
an die steileren Wände der aus dem Thale aufsteigenden Berge
hinan, und über das Alles wölbt sich ein immer klarer tiefblauer
Himmel.

Einen der lieblichsten Punkte in diesem herrlichen Thale bildet die kleine Stadt Urubambo mit ihrer Pappelallee, ihren Obstgärten und ihren prangenden Wiesen; und hier, in einem Hause

mit großen luftigen Zimmern und einem steinernen Säulengange, mit
dem Garten dahinter, deſſen beſchnittene Buchsbaumhecken eine Ueberfülle von Roſen, Jasmin und andern Blumen umgaben, und den
die glänzenden gelb und ſchwarzen Finken und die Choccla-poccochis,
die peruaniſchen Nachtigallen, mit ihrem Geſang erfüllten, ſowie
mit dem Wachtthürmchen und Sommerhaus auf der Höhe, wo
man im Vordergrunde einen weiten Pfirſichen- und Nectarinenhain
und darüber hin die ſich aufthürmenden Anden und ihre in den
blauen Himmel hineinragenden Schneegipfel vor Augen hatte, —
hierher hatte ich mich zurückgezogen, um im Schooße der herrlichen
Natur und eines gaſtfreundlichen Völkchens, das ſeine Mutterſprache
in höchſter Reinheit redete, die Literatur der alten Peruaner zu
ſtudiren.

Die Sprache, die im ganzen Reiche geſprochen und von
den Spaniern La Lengua General genannt wurde, war die
noch jetzt im Lande gebräuchliche Quichuaſprache. Zwar berichtet die Sage aus der Inca-Zeit von einer andern Sprache,
die nur am Hofe in Gebrauch geweſen und ſeitdem ver-
ſchwunden ſei; allein wahrſcheinlich war dies nur ein reinerer
Dialekt des Quichua, und ſoviel iſt gewiß, daß das letztere ſeit den
älteſten Zeiten von den Dichtern und Gelehrten ausgebildet, von
der Regierung allenthalben angewendet und in den eroberten Provinzen eingeführt wurde.

Von Darien bis zum Cap Horn ſoll es an 300 Sprachen geben,
die bei ſtarker Wortverſchiedenheit doch in der grammatiſchen
Conſtruction ſämmtlich mit einander verwandt ſind. Unter dieſen
ſind die beiden ausgebreitetſten das Guacani, das in Paraguay geſprochen und in mehr oder weniger verſchiedenen Dialekten durch
ganz Braſilien und an den Ufern des Amazonenſtromes gefunden
wird, und das Quichua, die Sprache des ehemaligen Inca-Reichs, die
noch jetzt von Quito bis Tucuman entweder in völliger Reinheit
oder im Aymara-Dialekt gebräuchlich iſt. Der letztere wird an den
Ufern des Titicaca-Sees und im nördlichen Bolivien geſprochen; doch
giebt es auch noch einige andere Quichua-Dialekte, wie z. B. das
Quiteno, das ſehr unrein und voll fremder Worte iſt; das Yunca,

das Chinchasuyu in der Provinz Junin; das Cauqui in Yaupos; endlich das Calchaqui in Tucuman.

Die Quichua-Sprache besitzt eine große Leichtigkeit des Ausdrucks, eine verwickelte Grammatik und, trotz einer Menge zusammengesetzter Worte, die Mittel zu einem höchst energischen und gedrängten Style. Sie hat mit den agglutinirenden asiatischen Sprachen das gemein, daß sie sich nicht gleich den Indogermanischen Sprachen der innern Abwandelung und Beugung der Wurzel bedient, sondern zu dieser letzteren gewisse Partikeln hinzufügt und dadurch der Wurzel oder dem Bedeutungslaute seine Beziehung giebt. Außerdem hat sie die Eigenthümlichkeit, daß sie mit der Wurzel selbständige Bedeutungslaute in Verbindung bringt (einverleibende Sprache) und so ganze Sätze in Ein Wort zusammenfaßt, z. B. ich liebe Sie: munayqui, er liebt mich: munahuanmi; noch merkwürdiger aber ist der in ihr vorkommende Zug, daß für einen und denselben Begriff, je nachdem das sprechende Subject ein anderes ist, ein verschiedenes Wort gebraucht wird. So sagt der Bruder, wenn er von seiner Schwester spricht: Panay; die Schwester, wenn sie von ihrer Schwester spricht: Nanay; die Schwester nennt ihren Bruder Huanquey, der Bruder nennt den Bruder Aocsimasiy; der Vater nennt den Sohn Churiy; die Mutter nennt den Sohn Ceary huahuay; der Vater nennt die Tochter Ususiy; die Mutter nennt die Tochter Huarmi huahuay; und ähnliche Unterschiede finden statt, je nachdem Onkel oder Tante sprechen, oder je nachdem von Vater oder Mutter gesprochen wird.

Die Incas besaßen keine Schriftsprache. Doch scheinen ihnen gewisse Hieroglyphen nicht unbekannt gewesen zu sein. Garcilasso de la Vega thut derselben Erwähnung, und Rivero und von Tschudi haben dergleichen, der erstere an Felsen in der Nähe von Arequipa, sowie in Huaptara in der Provinz Castro-Vireyna, der letztere in der Nähe von Huara an der Meeresküste aufgefunden. Doch sind dies nur vereinzelte Erscheinungen. Allgemein gebräuchlich war der bekannte Quipus, ein sinnreiches und originelles Instrument, das ihnen ursprünglich zum Rechnen diente, aber auch zugleich zur urkundlichen Verzeichnung und Aufbewahrung von Thatsachen gebraucht wurde.

Der peruanische Quipus wurde aus Wollengarn geflochten. Das Hauptstück bildete eine dicke Schnur oder ein Seil von verschiedener Länge; man hatte Quipus von einem bis zu zwanzig Fuß. An diese dicke Schnur wurden stärkere und schwächere Fäden befestigt und in die letzteren verschiedenartige Knoten geschlungen. Die Fäden hatten eine Länge von höchstens drei Fuß. Bei Curia an der Küste fand man einen Quipus von zwölf Pfund Gewicht. Ein einfacher Knoten bedeutete zehn, zwei einfache Knoten zwanzig; ein doppelter hundert, ein dreifacher tausend. Die verschiedenen Farben der Fäden drückten Begriffe aus: roth z. B. bedeutete Soldat oder Krieg; gelb Gold; weiß Silber oder Frieden. Aber nicht bloß die Farbe, sondern auch die Art und Weise, wie die Knoten unter einander verbunden wurden, und die Lage und Stellung, die man dem ganzen Instrument gab, dienten zu einer Art von Zeichensprache, und die Eingeweihten waren im Stande, geschichtliche Nachrichten, Gesetze und Befehle in den Quipus einzuknüpfen, so daß diese Instrumente die großen Begebenheiten des Reichs auf die Nachwelt übertrugen und die Stelle von Chroniken und Reichsarchiven vertraten. Auch die Steuerregister, die Armeelisten, die Volkszählungen, die Magazin-Inventarien wurden in bewunderungswürdiger Genauigkeit vermittelst der Quipus geführt, und in jeder bedeutenderen Stadt befand sich ein Beamter, der Quipu-camayoc, dessen Beruf es war, diese Urkunden zu knüpfen und zu lesen.

Die Quichua-Literatur zeigt sich aber in ihrer Schönheit und Eleganz besser in den überlieferten Balladen und Dramen der alten Sänger als in den Chroniken der Quipu-camayocs. Die lyrischen und elegischen Dichter hießen Haravecs. Ihre Gesänge zeugen von hohem Alter und behandeln meistens vergessene Liebe oder irgend ein trauriges Ereigniß. Garcilasso de la Vega hat ein paar sehr alte Fragmente aufbewahrt. Sie bestehen aus vierfilbigen Zeilen, mit denen manchmal eine dreifilbige wechselt. Das erste ist an den Mond gerichtet, der bei den Incas eine Göttin ist; ihr Bruder, der

Sonnengott, hat ihr die Urne zerbrochen, und davon kommen
Gewitter, Regen und Schnee:

> Schöne Fürstin!
> Deine Urne
> Hat Dein Bruder
> Dir zerbrochen!
> Und in diesem
> Schlage waren
> Blitz und Donner.
> Aber, Fürstin,
> Du vergießeft
> Regenströme;
> Und Du sendest
> Hagel nieder,
> Sendest Schnee.
> Erdenschöpfer
> Viracocha
> Hat gegeben,
> Hat vertraut Dir
> Dieses Amt.

Das zweite Fragment enthält nur einige Zeilen aus einem
Liebesliede:

> Beim Gesange
> Schläfst Du ein.
> Und ich komme
> Mitternachts.

Die alten Peruaner waren große Musikfreunde; sie bedienten
sich der Castagnetten und Trommeln bei ihren Ceremonien und
Festaufzügen und der Flöte, sowie der Tinya, einer Art Guitarre,
bei den Haravis oder Liebesliedern ihrer Dichter.

Einen höheren Flug nahmen die Epiker und Dramatiker, die
Amautas, die am kaiserlichen Hofe in hohen Ehren standen.
Glücklicher Weise haben sich einige ihrer Dramen, die man kurz
nach der Eroberung nach der mündlichen Recitation der Indianer
aufzeichnete, bis auf den heutigen Tag erhalten. Das berühmteste ist das Trauerspiel Ollantay, welches in der Zeit des Inca
Yupanqui verfaßt wurde. Ich hatte erfahren, daß sich ein Manuscript davon im Besitze des Priesters von Laris, Don Pablo Justiniani
befinde. Dasselbe ist von einer merkwürdigen alten Handschrift, die ge-

genwärtig Don Narcifo Cuentas zu Tinta befitzt, durch Don Pablo's
Vater copirt worden, und ich hatte später Gelegenheit, es mit einem
andern Manuscripte, dem des Dr. Rosas, und dem Abdrucke, welcher
sich in des Dr. Tschudi großem Werk über die Quichua-Sprache.
(die Kochua-Sprache 2. Bd. Wien 1553) befindet, zu vergleichen.
Um dieses Manuscript einzusehen, machte ich mich an einem
schönen Aprilmorgen nach dem Dörfchen Paris, das wie ein Adler-
horst in die Felsen eingebettet ist, auf den Weg. Ein Zickzackpfad
führte mich von Urubamba aus ins Gebirge. Er war im Anfang
zu beiden Seiten mit blumentragenden Büschen und Bäumen besetzt, und gestattete bei jeder Wendung die herrlichsten Aussichten
in das schöne Vilcamayu-Thal; je höher es aber hinanging, desto
mehr nahmen die Bäume ab, großes Gras trat an ihre Stelle,
und einsame Seen, über deren Oberfläche weiße Wasservögel hin-
streiften, wechselten mit den Weideflächen ab. Der Kamm des
Gebirgs war mit Schnee bedeckt. Nach einem langen Ritte abwärts
kam ich wiederum durch ausgedehnte Weideländereien; hie und da
lag eine Schäferhütte, und in der Nähe derselben weideten kleine
Indianermädchen ihre Alpaca-Herden und sangen eines ihrer traurigen Nationallieder dazu. Manche Meile war ich durch diese öden
Gegenden geritten, als der Pfad in eine lange, zu beiden Seiten
von hohen Bergen umgebene Schlucht einbog, an deren Ende das
Dörfchen Paris mit seinem hohen Kirchthurme aus einem Walde
von blühenden Bäumen und Buschwerk herausschaute. Ich ging
durch den Hof der alten Pfarre und traf den Priester in einem
Rosengärtchen über seinem Brevier; ein Coraquenque, bei den
Incas, von denen der Pater mütterlicher Seits abstammt, ein
heiliger Vogel, saß auf seiner Stange vor ihm, in all dem glänzenden Federschmuck, der einst als Symbol der kaiserlichen Majestät den Turban der Inca-Fürsten zierte.
Die erste Begrüßung von Seiten des alten Mannes war nicht
sehr freundlich; als er aber den Grund meines Besuchs vernahm,
schien er wie umgewandelt und führte mich mit der größten Herzlichkeit und Gastfreundschaft in das Haus. In seinem Staatszimmer waren die Bildnisse der Inca-Kaiser in Lebensgröße aufge-

hangen, und lange Reihen von ausgestopften Vögeln mit prachtvollem Gefieder kreuzten einander.

Don Pablo nahm an Allem, was die Geschichte der Incas
berührte, das höchste Interesse und brachte ein dickes Manuscript
zum Vorschein, das neben vielen Quichua-Liedern die berühmte
Tragödie, die ich suchte, enthielt. Mein freundlicher Wirth, ein
schöner Greis mit feurigem Auge und ein trefflicher Gesellschafter,
ließ mir, da er im Raume sehr beschränkt war, ein Bett im Staatszimmer aufschlagen; und während ich mich den Tag über mit der
Abschrift jenes werthvollen Musterstücks der Quichua-Literatur beschäftigte, benutzte ich die Abende zu Spaziergängen und badete
in den etwa eine halbe Stunde entfernten warmen Quellen, die
durch ihre Heilkraft schon zur Inca-Zeit gleich den übrigen Thermal-
bädern der Anden großen Ruf erlangt hatten.

Don Pablo erzählte mir, daß man noch lange nach der
spanischen Eroberung fortgefahren habe, auf dem großen Markte zu
Cuzco dramatische Vorstellungen zu geben. Auch in andern Städten seien dergleichen zur Aufführung gebracht worden, und er selbst
habe einer solchen, die von Indianern in der Stadt Tinta gehalten
worden, als kleiner Knabe beigewohnt.

Das mehrerwähnte Drama Apu (Ritter) Ollantay wurde
der Sage nach am Hofe des Huayna Capac aufgeführt; die Ereignisse, die ihm zu Grunde liegen, fallen in die Regierung des
Inca Pachacutec, und der Angelpunkt, um den sich die Fabel bewegt, ist die verbotne Liebe zwischen dem Häuptling Ollantay, der
jung, schön und tapfer, aber nicht vom kaiserlichen Geschlechte war,
und der Prinzessin Cusi Coyllur (der freudige Stern), einer Tochter
des Inca. Das Stück beginnt mit einem Gespräche zwischen
Ollantay und seinem Diener Piqui Chaqui (Schnellfuß) in einer
Straße von Cuzco. Ollantay, in goldner Tunica, mit der Kriegs-
keule in der Hand, eröffnet dasselbe.

Ollantay. Piqui Chaqui: sahst Du die Prinzessin?
Sahst Du im Palast den Freudenstern?
Piqui Chaqui. Das verbietet unser Sonnengott.
Eine Incatochter anzuschauen —
Weißt Du nicht? Ist wider das Gesetz.

Ollantay. Meine Liebe für die zarte Taube,
Weißt Du nicht? kann niemand von mir nehmen.
Welche Straße wirst Du gehn, mein Herz,
Wirst Du gehn im Suchen nach der Palla*)?

Piqui Chaqui. Deinen Sinn verwirrt ein böser Geist,
Und Du gehst in Deinen Reden irre.
Giebt es nicht noch viele junge Mädchen,
Die Dich lieben würden, eh Du alterst?
Wenn der Inca Deine Liebe wüßte,
Würd' er Dich in kleine Stücke hacken.

Ollantay. Schweige! Sprich mir nicht von Strafe!
Oder meine Kriegerkeule
Möchte Deine Schultern treffen!

Piqui Chaqui. Fort dann, Piqui! Meide diese Keule!
Laß Dich nicht wie einen Hund erschlagen!
Alle Tage, alle Nächte
Soll umsonst er nach mir spähn;
Und es soll das Jahr mich nimmer
Mehr vor seinem Antlitz sehn.

Ollantay. Gehe denn, verlaß mich, Piqui Chaqui!
Geh' und halte Deine Reigentänze
Mit der Berge leichtgeschürzten Mädchen!
Aber ich — trotz allen Feinden,
Trotz Verräthern nah und fern, —
Aber ich will sie umarmen,
Meine Lust, meinen Stern.

Piqui Chaqui. Wenn der Böse neben Dich sich stellte?

Ollantay. Würd' ich ihn mit Füßen von mir stoßen.

Piqui Chaqui. Hast Du jemals seine Nasenspitze
Nur gesehn? Und wolltest mit ihm reden?

Ollantay. Laß die Thorheit, Piqui, wenn ich rede.
Lieber bring' mir diese schöne Blume
Vor das Antlitz meiner süßen Coyllur,
Daß im Selbstgespräch sie meiner denke.

Piqui Chaqui. Immer noch verwirrt Dich Lust Coyllur.
Könnt' ich helfen!
Tag für Tag bringt sie Dir liefres Leid.
Du vergissest Puil anzubeten
Und der Cuilla Deinen Dienst zu weihn.

---

*) Prinzessin.

Ollantay. Sprich! Dir leuchtete ihr Antlitz?
Freudenvoll ist sie und schön.
Jüngst noch sah ich Dich ihr folgen,
Meinen Stern hast Du gesehn!

Piqui Chaqui. Glaube mir, ich sah sie nimmer.
Am Palast ging ich vorüber,
Aber nie durch seine Pforten,
Nie vor's Angesicht der Palla.

Ollantay. Schwörst Du mir's? Du hast sie nie gesehen?

Piqui Chaqui. Nur des Himmels lichte, heil'ge Sterne
Sah ich leuchten aus geheimen Tiefen.

Ollantay. Geh zu meinem Stern mit dieser Blume,
Zu dem lieblichsten von allen Sternen,
Den an Schönheit Ynil nicht erreicht,
Dem der Himmelssterne keiner gleicht.

Piqui Chaqui. Wenn man nur bestechen könnte
Eine Greisin oder Greis!
Wachen will ich und der Palla
Bringen Deiner Liebe Preis.
Ja, ich will Dein Bote sein,
Bin ich auch nur arm und klein.

. Hier wird das Gespräch abgebrochen, indem Huillac Umu, der Hohepriester der Sonne, eintritt. Er erscheint im schwarzen Mantel, mit einem Opfermesser in der Hand, und hält folgenden Monolog.

Huillac Umu. Heil'ger Sonnengott, ich sehe
Abwärts Dich am Himmel gleiten;
Sehe Dich gerüstet, tausend
Opferlamas zu bereiten.
Fließen soll ihr Blut zu Deinem Ruhme!
Bluten soll für Dich des Feldes Blume!
Sonnengott, voll Herrlichkeit,
Preis sei Dir geweiht.

Ollantay. Ich will mit diesem Träumer sprechen.
Huillac Umu! mächt'ger Inca-Prinz!
Alles Volk ist Deiner Größe voll:
O, vernimm auch meiner Ehrfurcht Zoll.

Huillac Umu. Held Ollantay! Deine Rede weckt mich
Aus des Strahlengottes tiefem Anschau'n.

Ollantay eröffnet nun dem Hohenpriester seine innige Liebe
zur Prinzessin und weist alle guten Rathschläge, die ihm dieser
giebt, mit Entschiedenheit zurück. Endlich macht Huillac Umu den
Versuch, Ollantay durch ein Wunder von seiner Liebe zu heilen.

  Huillac Umu. Reiche mir die welke Blume!
        Sieh, ihr Leben ist geschwunden;
        Sieh, ihr Saft ist ganz vertrocknet;
        Und doch soll sie weinen: — Siehe!
        (Er drückt sie zusammen und es fließt Wasser heraus.)
  Ollantay. Leichter würde eine Quelle
        Aus dem harten Felsen springen;
        Aber auch um dieses Wunder
        Lass' ich meine Liebe nicht.

Er entschließt sich, bei dem nächsten großen Hoffeste den stolzen
Pachacutec um die Hand der Prinzessin zu bitten, und thut es in
den beweglichsten Ausdrücken. Aber der finstere Monarch bleibt
unbeugsam, macht dem jungen General über seine Anmaßung heftige Vorwürfe und läßt ihn, mit dem Hofe vorüber schreitend, auf
das Schmerzlichste verletzt und gebeugmüthig stehen. Auch die unglückliche Cusi Coyllur empfängt harte Worte und wird in das
Kloster der Sonnenjungfrauen in Gewahrsam gebracht. Dort
pflegt sie ihre in Zärtlichkeit sich gleich bleibende Mutter Coya
Anavarqui, sucht aber vergeblich sie zu trösten. Die Prinzessin
bricht in rührende Klagen aus:

  Cusi Coyllur. Weh! Prinzessin! Wehe! Mutter!
        Wehe! Soll mein Herz nicht klagen,
        Soll mein Auge weinen nicht,
        Wenn mein Vater, mein Beschützer,
        Nicht mehr freundlich mit mir spricht?
        Lange Tage, lange Nächte
        Wein' ich mir das Auge blind,
        Und der Vater, der Beschützer,
        Fragt nicht mehr nach seinem Kind.
        Wehe! Mutter! Weh! Prinzessin!
        Weh! mein einziger Geliebter!

        Ach! der Anblick dieser Mauer
        Hüllte mir den Tag in Trauer!
        Dunkel schien die Sonn' am Himmel,

Wie in Asche eingehüllt.
Meinem Grame glich die Wolke,
Die mit Feuer sich gefüllt!
Wehetag! der Stern des Abends
Thal sich auf am Himmelszelt;
Müde waren Luft und Erde:
Müde war die ganze Welt.
Wehe! Mutter! Weh! Prinzessin!
Weh! mein einziger Geliebter!

Ollantay, der an dem Platze, wo eben erst vor allen Edeln
des Landes und einer ungeheuren Volksmenge eine der großartig-
sten Ceremonien des Kaiserhofs begangen worden, einsam zurück-
geblieben war, ruft aus: „Ach Prinzessin! ach, Cusi Coyllur, meine
Taube! Du bist mir für immer verloren!" Dann steigen trotzige
und feindselige Gesinnungen und der Gedanke der Empörung in
seiner Brust auf, und es folgt der Monolog:

Ollantay.   Cuzco, Cuzco, Stadt der Paläste!
Jetzt und bis ans Ende der Tage
Bist Du mir mit Feinden gefüllt!
Deinen Busen will ich zerreißen;
Will den Geiern geben Dein Herz!
O, mein Feind! O, Inca, mein Feind!
Tausend Helden will ich entflammen,
Mustern will ich meine Soldaten
Und die Pfeile geb' ich hinaus!
Sieh! am Sacsahuaman sammelt
Sich wie eine Wolke mein Heer!
Eine Flamme lassen sie steigen,
Schlafen sollst Du im Blute dort.
Meinem Fuße sollst Du Dich neigen,
Inca, wenn gefallen Dein Hort.
Wenn ich meinen Tiefen entfliegen,
Wird vor mir Dein Nacken sich biegen,
Und unmöglich werden das Wort:
„Meine Tochter kann nimmer Dein,
Kann nicht Deine Gemahlin sein!"
O! wie paßte zu flehenden Armen
Solch ein Wort, und zur Bitt' um Erbarmen?

Ollantay begiebt sich zu seinem Heere in Anti-Suyu, schildert
die ihm widerfahrene Zurücksetzung mit kräftigen und beredten

Worten und wird, nachdem er die Soldaten gewonnen, vom General Urco-buarancca zum Kaiser ausgerufen. Die Insurgenten
setzen ihn auf einen Thron, bekleiden ihn mit den kaiserlichen
Insignien, der Robe und dem Diadem, und jubeln:

> Ehre dem Inca Ollantay!
> Ehre dem Inca! Ehre dem Inca!
> Lang lebe der Inca! Er lebe lang!

Während in Anti-Suyu, der östlichen Provinz des Reichs,
der Aufruhr ausbricht, ereilt die Prinzessin ein trauriges Schicksal.
Wenige Monate nach Beginn ihrer Gefangenschaft gebiert sie ein
Kind, die Frucht verbotener Liebe mit Ollantay, das den Namen
Yma Sumac (Wie schön!) erhält.

Der Zorn des alten Inca kennt keine Grenzen. Die Prinzessin wird in einen unterirdischen Kerker des Sonnenjungfrauen-
Klosters geworfen, und alle Bitten ihrer Mutter Anavarqui um
eine Milderung der Strafe werden hart zurückgewiesen.

Ollantay rückt mit dem aufrührerischen Heere bis in das
Thal von Vilcamayu vor und sendet von Urabamba aus drohende
Botschaft an seinen Kaiser. Dieselbe bleibt ohne Erfolg, und Ollantay macht darauf, um seinem Unternehmen eine feste Basis zu
geben, an einem passenden Punkte Halt. Hier war es, wo er die
Riesenbaue begann, die noch späte Jahrhunderte in Erstaunen
setzen und die stets unter dem Namen Ollantay-tambo bekannt waren.

Nachdem ich das Drama bis hieher studirt hatte, verab-
schiedete ich mich von dem guten alten Priester Don Pablo Justiniani, überstieg die Anden noch einmal und begab mich in das
zwischen 4 und 5 Meilen von Urabamba gelegene Ollantay-tambo,
wo ich in dem Hause der vortrefflichen Senora Artajona die gastfreundlichste Aufnahme fand. Das Haus liegt zwischen Obstgärten
und Maisfeldern unmittelbar unter den großartigen Ruinen; und
wenn man sich in seinem schönen Säulengange befindet, genießt
man die reizendste Ansicht.

Hier hatte ich Gelegenheit, meine Studien über das Drama
in unterrichtender Weise mitten unter den Denkmälern seines Helden fortzusetzen.

Das Thal von Ollcamapu ist an dieser Stelle sehr eng und malerisch. Vom reißenden Strome belebt und zu beiden Seiten mit Maisfeldern bedeckt, wird es links und rechts von senkrecht aufsteigenden Bergwänden eingeschlossen, die sich zu einer solchen Höhe erheben, daß nur ein kleiner Theil des azurnen Himmelsgewölbes auf die friedliche Landschaft unten herablächelt.

Ollantay hatte sich zu einer Stadt und Festung den Punkt des Thals ausersehen, wo sich die Schlucht Marca-cocha in dasselbe öffnet. Zwei hohe Felsen steigen zu beiden Seiten der Schlucht schroff und in finsterer Majestät empor; zwischen ihnen im Thale liegt die Stadt Ollantay-tambo, und auf dem westlichen Felsen die Festung, das bewunderungswürdigste Denkmal des alten Peru. Der Felsen selbst besteht aus dunkelm Kalkstein; nach Osten und Süden sind die Zugänge durch Mauerwerk befestigt. Auf einem kleinen etwa dreihundert Fuß hohen Plateau befinden sich eine Menge Trümmer, die offenbar einem noch nicht vollendeten Baue angehören. Bemerkenswerth darunter sind sechs Granitblöcke, jeder volle zwölf Fuß hoch, von ausgezeichnet schöner Arbeit. Sie stehen aufrecht und sind durch kleinere Baustücke mit einander verbunden. Dergleichen liegen auch sonst viele umher und bilden an einer Stelle den Anfang zu einer Mauer. Der Anlage nach scheint dieser Punkt dazu bestimmt gewesen zu sein, die Hauptbefestigung zu tragen. Hinter demselben, an den steilen Wänden des Bergs, befinden sich zahlreiche Ruinen kleinerer Gebäude, die mit Lehm berappt sind und Giebel, sowie Thür- und Fensteröffnungen haben; und weiter westlich zieht sich von der Ebene bis auf die steile Spitze des Bergs eine fortlaufende Befestigungsmauer hinauf. Oestlich, unmittelbar unter der Hauptruine ist der ganze Berg terrassirt. Zur obersten Terrasse führt ein schönes Thor mit großartigen Granitschwellen. Die Terrassenmauern sind von vieleckigen genau in einander passenden Blöcken zusammengesetzt und enthalten kleine, zwei Fuß hohe und einen Fuß tiefe Nischen, deren innere Seiten, wenn man sie mit den Fingern berührt, einen metallartigen Klang geben. Diese Terrassen trugen bis zur Ebene hinab sechzehn Fuß breite hängende Gärten, durch welche die Festung mit Proviant versorgt wurde, die aber jetzt verwildert und mit Cactus und Heliotrop überwachsen sind. Auf der andern Seite steigen die Felsen senkrecht bis zu einer schwindelnden Höhe, und dort ist ein ungeheurer Block angebracht, der den Namen Ynti-huatano führt, d. h. Platz zur Beobachtung der Sonne.

Das Wunderbarste bei den Bauten, von denen diese Trümmer zeugen, ist der Transport der riesigen Blöcke. Der Felsen, auf dem die Festung steht, ist von Kalkstein, die Baustücke, die bei aller Feinheit der Arbeit so großartige Dimensionen zeigen, sind von Granit. Der nächste Granitsteinbruch ist nahe an zwei Stunden entfernt und liegt jenseits des Flusses. Vom Steinbruche, der hoch im Gebirge liegt, mußten also die gewaltigen Massen erst hinab ins Thal, dann über den Fluß und von da wieder auf den Festungsberg hinauf geschafft werden, eine Arbeit, die von unermüdlicher Ausdauer und von großer Geschicklichkeit in Fortbewegung der Lasten mittelst künstlicher Maschinen zeugt.

Was die Werkzeuge anlangt, so hat man aus der Inca-Zeit keine anderen als kupferne, mit einigen Prozenten Zinn oder Kieselerde versetzte gefunden. Es ist offenbar, daß diese zu Bearbeitung von Gneis und Granit völlig unzureichend gewesen sein würden. Höchstens hätte die erste rohe Gestalt damit gegeben werden können. Das Planiren und Glätten ist wahrscheinlich durch Reiben mit andern Steinen und Anwendung eines pulverisirten Materials und die letzte Politur durch Schleifen vermittelst einer an Kieselerde reichen Pflanze bewirkt worden. Wenn man aber erwägt, daß diese ungeheuren Granitblöcke wie eine feine Holzarbeit in schwalbenschwanzförmiger Zusammenfügung auf das genaueste verbunden sind, so kann man nicht umhin, von der sinnreichen Kunst des Inca-Zeitalters eine hohe Meinung zu fassen.

Bei dem Transporte hat man sich wahrscheinlich starker Seile aus den zusammengeflochtenen Fasern der Maguey-Pflanze bedient, denn man sieht an einem der Baustücke, das in der Mitte des Wegs liegen geblieben ist, eine drei Zoll tiefe Rinne, die keinen andern Zweck gehabt haben kann, als ein Seil einzufügen. Tausende von Indianern mögen bei der Fortbewegung thätig gewesen

sein; wie aber dieselbe bewerkstelligt worden, und wie man namentlich die Steine über den sehr tiefen, 32 Ellen breiten und furchtbar reißenden Strom gebracht hat, bleibt immer noch ein Räthsel.

Der vorerwähnte liegen gebliebene Stein ist mit einem zweiten in seiner Nähe befindlichen unter dem Namen der „müden
Steine" bekannt. Er ist 9 F. 8 Z. lang, 7 F. 8 Z. breit und 4 F.
2 Z. tief; der andere ist 20 F. 4 Z. lang, 15 F. 2 Z. breit und
3 F. 6 Z. tief. Diese beiden Steine lassen über den Weg, den
die andern genommen, keinen Zweifel obwalten.

Am Fuße der cyclopischen Festungswerke befindet sich ein mit
Gebäuden umgebener Hof. Dies soll der Palast des Ollantay gewesen sein. Er hat sechzig Schritt im Geviert. Das innere Gebäude, zu dem zwölf Fuß hohe Thore führen, besteht aus großen
Zimmern, die mit einander zusammenhängen.

Der Palast ist von der kleinen Stadt Ollantay-tambo durch
einen klaren Gießbach getrennt, der in der Marcacocha-Schlucht
herabkommt und sich mit dem Vilcamayu-Strom vereinigt. Die
Stadt besteht nur aus wenigen Straßen und einem Markte, ist
mit Baumgängen beschattet und gewinnt durch die großen Granitblöcke, aus denen sie aufgebaut ist, ein feierliches, ehrwürdig
alterthümliches Ansehn.

Der gegenüber liegende Berg heißt Pincculluna, der Flöten-
platz. In halber Höhe desselben, an einem beinahe unzugänglichen
Punkte, befinden sich drei Gebäude, nach der Sage ein Kloster der
Sonnenjungfrauen. An der einen Seite sind drei, etwa dreizehn
Fuß breite Terrassen aufgemauert, die vielleicht die einsamen Be-
wohnerinnen mit Speise und Blumen versorgten. Die Aussicht
ist herrlich. Eins der lieblichsten Naturbilder lag vor ihnen: das
fruchtbare Thal mit seinen großen Bäumen, der prächtige Strom
und die umgebenden Berge mit blühenden Terrassen behangen.
Aber von den armen gefangenen Vöglein in ihrem Käfig hoch über
der ihnen für immer versagten Welt wären doch vielleicht gern
manche in dieselbe zurückgekehrt.

Etwa dreihundert Fuß über dem Kloster gelangt man zu
einer senkrechten Wand, die bis zum Thale hinab einen jähen

Abgrund von 900 F. Tiefe bildet. Dies ist Ollantay's Tarpejischer Felsen. Ganz am Rande ist ein kleines Gebäude, wie ein Martello-Thürmchen, von wo aus die zum Tode Verurtheilten hinabgestürzt wurden.

Ein Viertelstündchen weiter hinauf endlich gelangt man zu einem Werke, welches mein Interesse, wenn nicht meine Bewunderung fast in noch höherem Grade in Anspruch nahm, als Alles, was ich bereits gesehen hatte. An einem Punkte, wo die Schlucht steiler wird, und der Felsen schroff hervortritt, haben die unermüdlichen Werkleute den Felsen selbst zum Thronsaale umgewandelt und zwei großartige Sessel mit Thronhimmel, breite Stufen, die zu ihnen emporführen, und die sie verbindenden Galerien aus dem massiven Gestein herausgehauen. Der eine heißt Rustatiano, Thron der Prinzessin, der andere, wegen seiner Aehnlichkeit mit einem modernen Altar, Incamisano.

Dies waren die Arbeiten, mit denen sich Ollantay zehn Jahre lang beschäftigte, während er gleichzeitig ein großes Heer von Anti- und Tampa-Indianern ansammelte. Der alte Inca Pachacutec machte wenig Anstrengungen, den Aufstand zu unterdrücken, denn er bedurfte nach einer länger als fünfzigjährigen glorreichen Regierung der Ruhe. Sein Sohn Yupanqui war mit der Blüte der Inca-Krieger hunderte von Meilen entfernt und erweiterte die Grenzen des Reichs bis zur Meeresküste. Endlich starb Pachacutec, nachdem er sechzig Jahre (1340—1400) regiert hatte, und Inca Yupanqui kehrte siegreich nach Cuzco zurück, wo er mit ungewöhnlichem Pomp gekrönt wurde. Das Scepter befand sich nun in der starken und energischen Hand eines der größten Kriegshelden unter den Sonnenkindern, und der jugendliche Monarch bot seine Veteranen auf, um den Uebermuth eines Empörers zu züchtigen, der es gewagt hatte, zehn Jahre lang innerhalb eines dreitägigen Marsches von der Hauptstadt die Fahne des Aufstandes zu entfalten.

Dies war die Situation beim Beginn des letzten Altes von unserm Drama. Wir müssen nun einen neuen Charakter einführen. Rumi-navi, „das steinerne Auge", der Oberbefehlshaber in Collasuyu, der Südprovinz, war ein Mann von kalter, unversöhnlicher

Gemüthsart und hatte lange einen tödlichen Haß gegen Ollantay
genährt. Eine der früheren Scenen enthält einen charakteristischen
Dialog zwischen diesem Würdenträger und dem treuen Diener des
aufständischen Häuptlings. Piqui Chaqui hatte sich heimlich nach
Cuzco begeben, um Nachrichten einzusammeln; er wird von Rumi-
navi zufällig auf der Straße betroffen und sucht den Fragen desselben auszuweichen.

Rumi-navi. Woher kommst Du, Piqui Chaqui?
   Sehnst Du Dich nach frühem Tode,
   Knecht Ollantay's, des Verräthers?

Piqui Chaqui. Meine Vaterstadt ist Cuzco,
   Und ich bin in meiner Heimath;
   Unbehaglich ist's, in jenen
   Dumpfen Schluchten zu verweilen.

Rumi-navi. Was begann jetzt der Ollantay?

Piqui Chaqui. Einen Rocken Wolle spinn' ich.

Rumi-navi. Rocken, was? Wolle, was?

Piqui Chaqui. Fragst Du mich? Gieb mir dies Hemde,
   Und ich werde Rede stehen.

Rumi-navi. Einen Stock will ich Dir geben
   Und Dich an den Pranger stellen.

Piqui Chaqui. O, erschrecke mich nicht so!

Rumi-navi. Nun, dann rede frisch heraus!

Piqui Chaqui. Ach, Du wirst's nicht hören wollen.
   Meine Augen werden blind,
   Meine Ohren werden taub,
   Mein Großmütterchen ist todt,
   Und allein ist meine Mutter.

Rumi-navi. Rede jetzt: Wo ist Ollantay?

Piqui Chaqui. Fern der Heimath ist mein Vater,
   Und die Parceys *) sind nicht reif.
   Habe heut noch weit zu gehen.

Rumi-navi. Wenn Du mich noch länger höhnest,
   Werd' ich Dir das Hirn zerschlagen.

Piqui Chaqui. Was Ollantay macht? Ollantay
   Schaffet; bauet eine Festung.
   Eine ew'ge.

—— *) Eine Frucht.

Rumi-navi bemüht sich vergebens eine befriedigende Auskunft von Piqui Chaqui zu erhalten; er sinnt nun auf List, um Ollantay dem jungen Inca in die Hände zu spielen. Nachdem er sich gleich dem Zopyrus vor Babylon ein Ohr abgeschnitten und das Gesicht verstümmelt hat, flieht er in das Lager der Aufständischen, giebt sich für ein Opfer der Grausamkeit des Inca aus und wird von seinem früheren Feinde hochherzig und vertrauend aufgenommen. Er findet auch bald Gelegenheit, seinen Verrath zu vollenden. Bei einer großen Festfeier, die Ollantay mit seinem ganzen Heer begeht, erscheint plötzlich der durch Rumi-navi hiervon benachrichtigte Inca mit seinen Veteranen, und Ollantay, Huarancca und die andern aufständischen Häuptlinge werden überrascht und im Triumphe nach Cuzco geführt.

Die unglückliche junge Prinzessin Cusi Coyllur hatte inzwischen die langen zehn Jahre in ihrem unterirdischen Kerker vertrauert. Ihr liebliches Töchterchen Yma Sumac war in demselben Kloster erzogen worden, ohne daß sie von ihrer Mutter etwas wußte. Eine Klosterjungfrau, Pitu Salla, war zugleich die Kerkermeisterin der Mutter und die Erzieherin der Tochter. Eines Tages war die kleine Ymac Suma der Pitu Salla nachgegangen, als diese ihrer gefangenen Mutter einen Becher Wasser und ein Gefäß mit Speise überbrachte. Die Kerkerthür öffnet sich, und durch einen Zug der Natur erkennen sich Mutter und Tochter und stürzen einander in die Arme.

Der Inca hatte die Edeln des Hofs im Audienzsaale des Palastes um sich versammelt, und ist eben im Begriff, einen Akt der Milde zu üben, indem er dem Häuptling Ollantay unter einigen leicht zu erfüllenden Bedingungen Gnade angedeihen läßt, als die kleine Yma Sumac in den Saal stürzt und mit der ganzen Leidenschaft der Liebe und des Schmerzes in den rührendsten Ausdrücken den Inca anfleht, ihre Mutter, seine lange verlorene Schwester, der Freiheit zurückzugeben.

Die letzte Scene ist sehr schön. Weder der Inca, noch Ollantay sind anfangs im Stande, in dieser verkommenen, abgehärmten Gestalt die reizende Cusi Coyllur, den Freudenstern, das lieblichste

Mädchen am Inca-Hofe, wieder zu erkennen. Die erste Begegnung
der Liebenden, die Erkennungsscene, die rührende Aussprache ihrer
Liebe, und die edelmüthige Weise, in der der hochherzige Inca
rücksichtlich alles geschehenen Unrechts volle Gnade walten läßt,
sind mit echt dichterischem Geist behandelt. Zum Schlusse spricht
Inca Yupanqui:

> Nun erfreut sie wieder die Sonne,
> Und das Leben begrüßt sie warm;
> Deine Liebe hält er im Arm,
> Und sie ruhen in Glück und Wonne.

Die Uebersetzung vermag die eigenthümlichen Ausdrücke und
Wendungen, durch welche sich die Quichua-Sprache charakterisirt,
nur dürftig und unvollkommen wieder zu geben; aber das vor-
liegende Drama, das einzige, welches unverfälscht auf uns gekommen ist, läßt uns von der Pflege der Poesie unter den alten Peruanern eine hohe Meinung gewinnen.

In Ollantay-tambo erfuhr ich, daß sich ein anderes altes
Quichua-Drama im Manuscripte in Paucar-tambo, einer etwa
15 Meilen entfernten Stadt, befinden sollte. Ich machte mich nach
dieser literarischen Seltenheit auf den Weg und kam nach zwei-
tägigem scharfen Ritte glücklich am Ziele an. Paucar-tambo ist
eine der östlichsten Städte von Peru, nur durch die letzte Andenkette von den Tropenwäldern des Innern getrennt, in dem engen
Thale des gleichnamigen reißenden Flusses schön und malerisch
gelegen, aber trotz seiner Maisfelder und Fruchtgärten von schwer-
müthigem, verfallenem Aussehen. Auf mehrfache Nachforschungen
entdeckte ich die gesuchte Tragödie. Sie führt den Titel: Usca
Paucar oder Cori-Hica, die goldene Blume, enthält mehrere
schöne Stellen, die offenbar alt sind, ist aber von spanischen
Priestern mit verschiedenem, halb christlichem, halb abergläubischem
Beiwerk ausgeschmückt und somit ihres ursprünglichen Charakters
entkleidet worden. Zu den ältern Stellen gehört folgendes Lied,
das dem Usca-Paucar, der sich aus Liebe zur Cori-Hica das
Leben nehmen will, in den Mund gelegt ist.

Dir, o wundervolle Erde,
Dir, der blühenden Schöuen,
Dir, der sorgenfreien Erde,
Soll mein Lied erlösnen.

Wieviel Quellen, soviel Wllegen
Deiner jungen Frende;
Werden sie bei Frost und Källe
Auch des Winters Beule —

Voller Frühlingslust, eroberst
Du sie alle wieder,
Und der öden Tage denkend,
Singst du frische Lieder.

Fühlst kein Bangen, ob Gefahr auch
An Gefahr sich leitet,
Denn in Gras und Laub und Blumen
Bist du weich gebettet.

Alle deine Thränen rinnen
Mit den Strömen weiter,
Diese trieben sie und machen
Dir das Anllitz heiter.

Meine Thränen, ach! sind Ströme:
Kannst dich dran vergnügen;
Nimm sie, gleich dem nährenden Regen,
Hin in vollen Zügen!

Meine Seufzer auch ersterben
Mit des Herzens Schlägen,
Und du stehest ganz gelassen
Meinem Tod entgegen.

Mit wie tiefer innerer Wahrheit ist hier der Gedankengang des Unglücklichen geschildert, der, im Begriffe sein Leben zu enden, von dem furchtbaren Gegensatze zwischen dem Frieden der Natur und den leidenschaftlichen Stürmen in seinem Herzen mächtig getroffen wird.

Auf einer Wanderung in der Umgegend von Paucar-tambo erlangte ich von einer jungen Indianerin ein anderes Quichua-Liebeslied von minder trauriger Natur.

Heimgekehrt aus ferner Lauben,
Bin ich endlich wieder hier;
Doch mein Herz ist tief in Banden:
Komm, mein Täubchen, komm zu mir!

Als ich in der Fremde weilte,
War mein Herz nicht mehr in mir,
Weil verzagt zu Dir es eilte:
Komm, mein Täubchen, komm zu mir!

Glaubtest Du, ich sei gestorben,
Und gefielen Andre Dir,
Sieh! ich bin noch nicht verdorben:
Komm, mein Täubchen, komm zu mir!

Seit ich in der Ferne weilte,
War mein Herz nicht mehr in mir,
Weil verzagt zu Dir es eilte:
Komm, mein Täubchen, komm zu mir!

Ein anderes Liedchen, unzweifelhaft von sehr großem Alter,
ist im Drama Ollantay als Chor für junge Mädchen eingelegt
und wird noch jetzt von den Indianerinnen gesungen, wenn sie
ihre langen Wanderungen übers Gebirge machen oder zur Ernte
ausziehen. Es ist an einen kleinen Finken, tuya, gerichtet, der ein
glänzendes schwarz und gelbes Gefieder hat und große Verheerun-
gen auf den Kornfeldern anrichtet.

Vögelein, hüte dich, die Aehren
Der Prinzessin zu verzehren;
Sollst ihr nicht den Mals befressen,
Denn sie braucht ihn selbst zum Essen.
O Finke, kleiner Finke!

Diese Blättchen, jung und niedlich,
Sind noch zart und appetitlich,
Und das Korn ist weiß, mir banget,
Daß dir nicht darnach verlanget.
O Finke, kleiner Finke!

Werde deine Flügel stutzen,
Werde deine Krallen putzen,
Werde dich gefangen nehmen,
Mußt zum Käfig dich bequemen,
O Finke, kleiner Finke!

Ja das wird gewiß geschehen,
Laß dich nur im Zorne sehen!
Bläst du mir ein Körnlein rauben,
So geschieht's, du kannst es glauben,
O Finke, kleiner Finke!

Manche Liedchen dieser Art, wie auch Elegien und Helden-gedichte sind aus den alten Zeiten des Ruhms und der Freiheit durch die Ueberlieferung erhalten worden und lassen sich von den neuen, ebenfalls weit verbreiteten Dichtungen aus der Periode nach der spanischen Eroberung leicht unterscheiden. Die Spanier fanden die Quichua-Sprache nicht blos in Cuzco, sondern auch in den entfernteren Provinzen des Reichs tief eingewurzelt; und manche erleuchtete Männer, die in Folge der Eroberung nach Peru kamen, wußten die Schönheit dieser Sprache zu würdigen und suchten sich mit der Literatur derselben vertraut zu machen. Die Dominicaner freilich, mit dem grausamen Valverde an der Spitze, glaubten genug zu thun, wenn sie die christliche Lehre mit Feuer und Schwert verbreiteten, und vergaßen in Tyrannei und Uebermuth die Vorschriften dessen, den sie ihren Herrn und Meister nannten. Die Franziscauer waren edler und gutmüthig. Die Jesuiten, durch Castro eingeführt, sind rücksichtlich ihrer ernsten und unermüdlichen Leistungen für die Quichua-Sprache und Literatur über jedes Lob erhaben. Sie verkündigten die Freudenbotschaft von der Erlösung durch ihr beredtes, überzeugendes Wort; sie übersetzten Katechismen, Glaubensbekenntnisse, Litaneien, Ave Maria's und das Vater Unser ausgezeichnet schön in die Quichua-Sprache und gaben als die Frucht ihrer Studien vortreffliche Grammatiken heraus. Doch muß, um den Dominicanern Gerechtigkeit widerfahren zu lassen, anerkannt werden, daß die erste Grammatik sammt Wörterbuch von einem Mönche dieses Ordens geschrieben wurde. Sie erschien im J. 1560 zu Valladolid.

Als die Peruaner unter der spanischen Herrschaft wie Vieh in die Bergwerke und Factoreien getrieben und von ausschweifen-den Priestern tyrannisirt wurden, nahm ihr Volkslied einen trau-rigen und trostlosen Charakter an. Von ihren Unterdrückern zer-martert und mit Füßen getreten, weinten sie um die glücklichen

Tage der Incas, verwünschten ihr grausames Loos und härmten
sich im Voraus um das Schicksal ihrer Kinder, die zu gleichem
Elend geboren worden. Daher die wehmüthigen Klagen der neuen
Jaravis (Elegien) und Liebeslieder, deren Töne, aus einer einsamen Hütte zu den Ohren des Wanderers getragen, ihm die Augen
unwillkürlich mit Thränen füllen.

Hier ein Wiegenliedchen aus der Gegend von Ayacucho.

Unter Regen, unter Nebel
Hat die Mutter mich getragen;
Wie der Regen soll' ich weinen,
Wie die Wolke soll' ich jagen.
Kindlein, Kindlein, bist geboren,
Kindlein, in des Kummers Wiege:
Dieses sagt mir meine Mutter,
Wenn an ihrer Brust ich liege.
Und sie weint, wenn sie mich wickelt.
Und der Nebel und der Regen,
Klagt sie, sind mit mir gegangen,
Auch auf meinen Liebeswegen.
Kann die ganze Welt durchsuchen,
Ach, so elend, so verloren,
Meines Gleichen find' ich Niemand!
Weh dem Tag, der mich geboren!
Wehe jener Nacht voll Weh!
Weh für immer, wehe, weh!

Ein in ähnlicher Weise wenigstens anklingendes Volksliedchen
wird sehr häufig von den jungen Mädchen gesungen, wenn sie mit
der Spindel in der Hand und emsig spinnend ihres Weges dahin
wandern:

Deinem Mädchen bist du,
O Geliebter fern,
Deinem Mädchen theuer
Wie ihr Augenstern.

Trennende Gebirge,
Oeffnet mir den Pfad!
Habt Erbarmen, zeigt mir,
Wo der Liebste naht!

Diese starren Felsen,
Herzgeliebter mein,
Stehen mir im Wege,
Lassen mich nicht ein.

Und von Dorf zu Dorfe
Rauscht der mächt'ge Fluß,
Schwillt von meinen Thränen,
Hindert meinen Fuß.

Wie mein Auge trübet
Jene Wolke sich;
Harr' ich meines Liebsten,
So umflort sie mich.

Falke, gieb mir Schwingen!
Nimm mich in die Höh,
Daß ich von da oben
Meine Freude seh'.

Daß bei Sturm und Regen
Ich doch schauen kann,
Ruhend unter Bäumen,
Den geliebten Mann.

Der Quichua-Sprache ist ein günstigeres Loos zu Theil geworden als den Sprachen der meisten unterjochten Nationen; sie
wird noch heute so allgemein und mit derselben Reinheit gesprochen
wie zur Inca-Zeit, und zwar nicht blos von armen Indianern,
sondern auch von Abkömmlingen der Spanier aller Klassen in der
Sierra. Die Ammen sind meist Indianerinnen, und so wird das
Quichua die Muttersprache auch der spanischen Kinder, während
sie das Spanische erst später lernen und auf den Schulen treiben.
In den Kirchen der größeren Städte wird zu festbestimmten Zeiten,
in den Dorfkirchen nichts Anderes als Quichua gepredigt. Auch
die indianischen Barden, die sich bei Festgelagen und Gastmählern
auf den Landgütern hören lassen, bedienen sich des Quichua, für
welches alle Stände und Stämme in Peru eine große Anhänglichkeit zu haben scheinen. Ein Zeichen dieser Anhänglichkeit ist es,
daß man sehr viel Maccaronische Poesie antrifft, und zwar so,
daß je eine Zeile Quichua und eine Zeile Spanisch wechseln. Diese

Dichtungsweise, die der Reinheit der Sprache leicht sehr gefährlich werden kann, ist allgemein gebräuchlich. Einem sehr vollsthümlich gewordenen Liede dieser Gattung, liegt folgende romantische Ge= schichte zu Grunde.

In einem Dörfchen der Provinz Aymaraes, nicht weit von Cuzco, hatte ein junger Priester zu einem schönen Mädchen die heftigste Liebe gefaßt. Unfähig, seiner Leidenschaft zu gebieten, riß er sich gewaltsam von ihr los und begab sich nach Cuzco, um in der Ferne seine Liebe zu vergessen. Kurz nach seiner Abreise that das Mädchen an einer steilen Bergwand einen Fehltritt, stürzte in den Abgrund und war augenblicklich todt. Sie wurde in der klei= nen Dorfkirche begraben, und kurz darauf kam der liebende Priester, der die Trennung nicht länger zu ertragen vermochte, in das Dörf= chen zurück. Als er den traurigen Tod des Mädchens erfuhr, kannte seine Liebe keine Rücksicht mehr. Er stürzte in die Kirche, riß, das Heiligthum entweihend, die Leiche aus der Gruft, schloß sie mit Inbrunst, wie eine Lebende, in die Arme und brach in jenes wilde Stegreiflied aus *).

Er schildert die Schönheit der Geliebten und ihren Verfall mit glühenden Farben und schließt:

> Unerbittliches Verhängniß
> Warb die Liebliche zum Raub.
> Kehre wieder! oder mache,
> Mache mich mit Dir zu Staub!

Die hier ausgesprochene Bitte wurde ihm erfüllt. Der un= glückliche junge Mann hauchte, die geliebte Leiche fest mit den Armen umschlungen haltend, seinen Geist aus.

Es ist eine wohlthuende Erscheinung, daß die schöne Quichua= Sprache selbst in der Mitte der unterjochenden Nation eifrige Pfleger fand, und daß die mächtigen Inca=Fürsten dieselben Män= ner, die ihr Reich plünderten und zerstörten, zu Schutzherren ihrer Literatur erhielten.

---

*) Manchay puytu hampuy nihuay, Ruf in deine gier'gen Höhlen,
A tus cavernas voraces.   Ort des Jammers, ruf mich her!
Accoyniqui caypin cani,   Sieh, ich stelle mich gefangen,
Paracquo sebes tu hambre eto. Warum hungert Dich nicht mehr,

Die Incas hatten die alte peruanische Sprache auf einen
Standpunkt gebracht, der den aller übrigen südamerikanischen
Sprachen und Dialekte weit überragte. Lyrische und dramatische
Poesie wurde an ihrem Hofe hoch geschätzt, literarisches Verdienst
reich belohnt und selbst der Gesetzgebungsstyl zu einem ebenso gedrängten wie erhabenen und würdevollen Ausdruck gebracht. Die
peruanische Literatur, die in Mangel einer Schriftsprache leider
zum größten Theile verloren gegangen, erhob sich, dem Glücksterne
der Incas folgend, zu Triumphgesängen und stolzen Dramen, vermischt mit manchem hellen Aufblitzen der Komik und mit fröhlichen
Liebesliedern, die unter der gerechten und freisinnigen patriarchalischen
Herrschaft der Incas wie Hochzeitsglöckchen zur viersaitigen Tinya
erklangen; als sich aber die Wolken zusammengezogen und entladen
hatten, als die Spanier mit ihren Eisenfersen alle Hoffnung aus der
Brust der unglücklichen Indianer herausgetreten, als überall die
Verzweiflung ihnen entgegenstarrte, da blieben der Quichua-Sprache
nur die melancholischen Yaravis, deren wehmüthige Töne, durch
die tiefen Schluchten und weiten Thäler der Sierra von Peru
wiederklingend, Herzen von Stein erweichen könnten.

Sechstes Kapitel.
Die Inca-Indianer.

Eigenschaften, Sitten, Gesetze der Peruaner. — Langer Druck und allgemeine Aufstände. — Ende der spanischen Herrschaft. — Die jetzigen
Zustände in Peru.

Endlose Hypothesen sind über die Herkunft der Amerikaner
aufgestellt worden. In den meisten ist vielleicht etwas Wahres; und
könnte der Schleier gehoben werden, so würden wir erkennen, daß
die amerikanische Urbevölkerung von Asien gekommen ist, aber auf
verschiedenen Wegen. Manche mögen über die Inseln des Stillen
Meeres gezogen sein; Andere wurden vielleicht von den canarischen
Inseln und den Säulen des Hercules zur amerikanischen Ostküste

durch die Passatwinde getrieben; noch Andere werden hoch im
Norden von Island, Sibirien und Tungusien aus eingewandert sein.
Ueber die Abstammung derjenigen Indianer, welche die Haupt-
bevölkerung des Inca-Reichs ausmachten, lassen sich höchstens Vermuthungen aussprechen. Sie haben einige charakteristische Züge
von den Mongolen, andere von den alten Aegyptern, viele sind
ihnen ganz eigenthümlich. Sie sind von schlankem Körperbau,
durchschnittlich 5 F. 6 Z. bis 5 F. 10 Z. lang, muskulös und fähig,
große Beschwerden zu ertragen. Sie haben straffes schwarzes Haar,
Adlernasen, angenehme Gesichtsbildung und eine Hautfarbe von
frischem Olivenbraun. Die Frauen sind häufig sehr schön, mit
ausdrucksvollen schwarzen Augen; unter den jungen Mädchen trifft
man die liebenswürdigsten Sylphidengestalten.

Die Herrschaft der Incas brachte sie zwar in eine Art von
sclavischer Abhängigkeit, welche die volle Entwickelung ihrer eigenen
Thatkraft hemmte, jedoch so, daß ihr Zustand durchaus nichts
Entwürdigendes hatte, und daß sie sich dabei wohl und glücklich
fühlten; sie hatten reichlich, was sie brauchten, und lebten behaglich und zufrieden.

Sie waren in Abtheilungen von zehn, hundert, fünfhundert
und tausend eingetheilt, von denen jede ihren besondern Vorsteher
hatte, während das Ganze dem Inca-Statthalter der Provinz
untergeordnet war. Für ihre leiblichen Bedürfnisse wurde mit
großer Aufmerksamkeit gesorgt. Bei der Verheirathung erhielt jedes
junge Paar ein Stück Land zur Wohnung und Garten, und für
jedes Kind wurde ein gleich großes Stück hinzugegeben. Aller
Grund und Boden im Reiche zerfiel in drei Theile: ein Theil gehörte der Sonne, ein Theil dem Inca und ein Theil dem Volk;
das letztere hatte aber die beiden ersteren sowie die Ländereien der
abwesenden Soldaten, der Wittwen und der bejahrten Leute mit zu
bebauen. Ueberhaupt bestanden alle Lasten in persönlichen Leistungen,
namentlich auch in industriellen Arbeiten, wobei den Pflichtigen
jedoch stets soviel Zeit frei blieb, daß sie das eigene Land bebauen
und für sich und ihre Familie sorgen konnten.

Die Peruaner waren in der Landwirthschaft ziemlich weit

vorgeschritten, wendeten verschiedene Arten von Dünger an und gewannen reiche Mais-, Coca-*), Quinoa- und Baumwollenernten. Auch wurden Lamas, Vicunas und Alpacas mit großer Sorgfalt gepflegt. Der Bergwerksbetrieb war einfach, förderte aber dem ohnerachtet eine ungeheure Masse edler Metalle zu Tage. Die Silbergänge wurden selten weit verfolgt, die Erze kamen in lange thönerne Oefen, und das Anfrischen der Feuerheerde überließ man einfach dem Winde. Das Gold wurde aus den Flüssen gewaschen. Rechnet man hierzu das Weben von baumwollenen und wollenen Stoffen, das Fertigen von Waffen und künstlichen Geräthschaften und die Werke der Architektur, so hat man einen Ueberblick der Unternehmungen, womit sich die Inca-Indianer beschäftigten. Ihre einfachen Bedürfnisse waren leicht befriedigt; für manche Behaglichkeit und häufige Vergnügungen sorgte die patriarchalische Regierung; sie selbst kannten keine eigentliche Sorge, erfreuten sich eines ungestörten häuslichen Glücks und genossen des großen Vorzugs, von einer prachtvollen Natur umgeben zu sein, deren Reize sie, wie ihre Volkslieder beweisen, vollkommen zu schätzen wußten.

Verbrechen kamen selten vor und wurden schnell und streng bestraft. Die Gesetze der Incas waren kurz und bündig abgefaßt.

I. Ama quellanquichu: Du sollst nicht müßiggehen.

II. Ama llullanquichu: Du sollst nicht lügen.

III. Ama suanquichu: Du sollst nicht stehlen.

IV. Ama huachoechucanqui: Du sollst nicht ehebrechen.

V. Ama huanu chinquichu: Du sollst nicht tödten.

Jahrhunderte lang hatte sich dieses Volk unter der patriarchalischen Regierung der Incas eines ruhigen Wohlstandes erfreut, als eine jener räthselhaften Heimsuchungen des Menschengeschlechts über dasselbe hereinbrach und ein grausamer Haufe von Eroberern, wilder als die rohesten Wilden, und schrecklich durch die mit dieser Barbarei verbundene Macht, es dem Elend und der Verzweiflung

---

*) Der Coca, oder Hunger- und Durstbaum, ist in Peru einheimisch und trägt Früchte in Trauben, von der Größe der Heidelbeeren, die getrocknet als kleine Münze benutzt werden.

preisgab. Die Unterjochung der Peruaner konnte leicht gelingen, denn sie waren ein ackerbauendes, friedliches Volk. Die Wilden in der Montaña blieben unabhängig. Ebenso die ruhmreichen Arau-canier im südlichen Chile, welche den Spaniern Trotz boten, sie muthig zurückwarfen und durch zwei Jahrhunderte hindurch un-besiegt blieben, bis der Friede von Santiago im J. 1773 den langen Kämpfen ein Ende machte und ihnen die Unabhängigkeit sicherte. Einer ihrer Gegner, der Spanier Ercilla, hat in seinem berühmten Epos ihre Heldenthaten und ihre unauslöschliche Frei-heitsliebe der Nachwelt aufbewahrt.

Die Peruaner blieben von 1535 bis 1624 einer empörenden Sclaverei unterworfen. Nominell zwar galten sie nicht als Sclaven. Einzelne edlere Spanier erhoben ihre Stimme gegen die unmensch-liche Barbarei ihrer Landsleute; die Regierung des Mutterstaates erklärte die Indianer ausdrücklich für frei und erließ strenge Straf-gesetze gegen diejenigen, welche sie als Lastthiere gebrauchten. Es gab sogar Richter, wie der brave Esquivel, die durch Vollzug des Gesetzes zu Märtyrern der guten Sache wurden; allein die bei weitem überwiegende Mehrzahl der localen Gewalthaber schlugen Gesetz und Menschlichkeit in den Wind und preßten ihre unglück-lichen Opfer mit gefühlloser Grausamkeit bis aufs Blut aus. Die drei Hauptmittel der Erpressung waren: die Zwangsarbeit, Mita; die Kopftaxe; und das Repartimento- oder Drucksystem. Die Mita erstreckte sich auf Arbeiten aller Art. Am glücklichsten waren noch die Ackerbaufröhner; bei weitem schrecklicher war die Lage der Berg-arbeiter, die halb ausgehungert und übermäßig angestrengt, zu hunderten in den Gruben starben; am allerschlimmsten erging es den Fabrikarbeitern, die schon vor Tagesanbruch bis in die Nacht in den Fabriken eingeschlossen und so entsetzlich schlecht ge-nährt und so furchtbar geschlagen, auch auf andere Weise gemar-tert wurden, daß sie den Eintritt in die Fabrik nur kurze Zeit über-lebten. Die Kopftaxe wurde mit gleicher Härte von jedem Kopf zwischen 18 und 55 Jahren eingetrieben. Häufig forderte man sie auch von jüngeren Kindern, für die dann Eltern und Geschwister einstehen mußten. Das Drucksystem endlich wurde so ausgeübt, daß

man den Indianern nicht nur schlechte Waare für theure Preise,
sondern auch völlig unbrauchbare Artikel aufzwang. Hungernde
Tagelöhner und barfüßige Mädchen mußten sammtene Stoffe und
seidene Strümpfe kaufen, und zwar für Summen, die sie nie erschwingen
konnten; ein Corregidor hatte eine große Sendung Brillen erhalten;
sofort erließ er einen Befehl, daß sich Niemand ohne Brille
in der Kirche sehen lassen dürfe, und die luchsäugigen Indenbauern
trugen Brillen auf den Nasen. Zu diesem dreifachen Drucke kamen
noch die Erpressungen der Priester. Für alle Festtage der Heiligen,
ja selbst für die bloßen Sonntage wurden Festspenden gefordert.
Ein einziger Priester trieb auf diesem Wege jährlich 200 Schafe,
6000 Hühner und 50,000 Eier ein. Besonders hoch waren die
Begräbnißkosten. Der Verstorbene blieb unbeerdigt, wenn sie nicht
zuvor bezahlt waren. Häufig mußte das Letzte, was sich noch von
Hab und Gut im Hause befand, dafür preisgegeben werden. Unter
diesen systematischen Aussaugungen konnten Schulden nicht ausbleiben
und der Schuldner wurde Sclave des Gläubigers. Sieben
Achttheile der amerikanischen Bevölkerung fanden ihren Untergang
in Folge der Entdeckung, und die peruanischen Indianer zählten
im J. 1796 fünf Millionen Seelen weniger als zur Zeit der Incas.

Trotz dieser, Jahrhunderte lang fortgesetzten Mißhandlungen,
bei deren bloßer Erzählung jedes beßere Gefühl sich empört, wurde
der Charakter der Indianer nicht so völlig umgewandelt, daß sie
aus einem braven und gesetzliebenden Volke zu ganz entwürdigten
Sclaven geworden wären. Die Centralisation der Gewalt in der
Hand der Incas hatte sie zu jeder organisirten Verbindung unter
einander unfähig gemacht und sie den Eroberern leicht in die Hände
gegeben. In der Schule des Unglücks aber hatten sie es gelernt,
sich im Geheimen zusammenzuhalten, und in der zweiten Hälfte des
vorigen Jahrhunderts brach in allen innern Provinzen Peru's eine
gleichzeitige Insurrection aus. An die Spitze derselben trat ein
junger Indianer, Jose Gabriel Condorcanqui, der Sage nach ein
Abkömmling des im J. 1571 auf dem Schaffot gestorbenen Inca
Tupac Amaru. Er war im Jesuitencollegio von San-Borja zu
Cnzco erzogen und hatte sich später in sein Heimathsdorf Tungasuca,

zwanzig Meilen südlich von Cuzco an einem großen Anden-See gelegen, zurückgezogen. Von großer Gestalt und schönem Ansehen, furchtlos und heftig, aber nur mäßig begabt, und ohne Erfahrung und Weltkenntniß, brütete er über dem Unglück seines Vaterlandes und wurde durch die Behandlung seiner armen Landsleute bis ins Innerste empört.

Die schamlosen Gewaltthaten der Corregidors einiger Innern Provinzen waren bis zu einem Grade gestiegen, welcher nicht länger ertragen werden konnte. Selbst die bessern Spanier entsetzten sich über die Expressungen und Grausamkeiten, deren Zeugen sie sein mußten. Der Bischof von Cuzco, Don Manuel Arroyo, war unter den Ersten, die sich gegen diese Tyrannei aussprachen. Don Bentura Sántillices, einer der Edleren, wurde nach Spanien gesandt, um sich am Throne für die armen Indianer zu verwenden. Aber er starb nach wenig Monaten; und Don Blas, Condorcanqui's Onkel, der in einem ähnlichen Auftrage nach Madrid ging, wurde vergiftet.

Am 10. November 1780 erhob Condorcanqui die Fahne des Aufstandes, nannte sich Inca Tupac Amaru und erklärte, daß die tyrannische Regierung des Vicekönigs ein Ende habe. Die Indianer strömten zu Tausenden von allen Seiten unter seine Fahnen, und bei Asangaro erlitt das erste gegen ihn gesendete spanische Heer eine totale Niederlage. Gleichzeitig erhoben sich zwei Kaziken in Oberperu und belagerten La Paz. Indeß bot der spanische Hof, der befürchten mußte, eine der schönsten Provinzen zu verlieren, seine ganzen Streitkräfte auf. Zu den peruanischen Truppen zog man die von Buenos Ayres herbei, und der Brigade-General del Valle ging dem Inca mit 17000 Mann wohl disciplinirter Truppen entgegen. Das Heer des Inca zählte nur 10000 Mann. Sie kämpften mit größter Tapferkeit und Begeisterung, und die Schlacht blieb lange unentschieden, bis endlich die Spanier in der Hitze des Kampfs die Flanke der Patrioten umgingen und durch einen stürmischen Angriff von hinten den Sieg errangen. Tupac Amaru, sein Weib und seine Kinder wurden gefangen und hingerichtet, ersterer auf die grausamste Weise. Kurz darauf

116　　Unterdrückung der letzten Aufstände.

standen wieder 14,000 Indianer unter den Waffen. An ihrer
Spitze trat ein Neffe des hingerichteten Inca, Andres Tupac
Amaru, den sein Onkel Diego auf das kräftigste unterstützte.
Dieser belagerte die Stadt Puno, hielt sich heldenmüthig in vier-
tägiger Schlacht gegen die Spanier, mußte zwar endlich der Ueber-
macht weichen, befand sich aber auf dem Rückzug stets an der
Spitze der letzten Schwadron, und erwarb sich auf den blutigen
Schlachtfeldern von Condorcuyo und Puquina unsterblichen Ruhm.
Die Spanier verstärkten ihre Streitkräfte mehr und mehr, und der
junge Andres Tupac Amaru mußte sich im März 1782 bei Sicuani
auf Capitulation ergeben. Die Trümmer der Inca-Armee behaup-
teten sich noch in der Bergfestung Amutara und leisteten dort der
ganzen gegen sie abgesandten spanischen Armee kräftigen Widerstand. Ein Verräther, Ana Guampa, öffnete dem Feinde die Festung,
und als die tapfern Vertheidiger jede Hoffnung, sie zu halten, verloren sahen, stürzten sie sich Mann für Mann, das Schwert in
der Hand, in den Abgrund von Rucumarini, womit die Inca-
Insurrection von 1760 am 6. Juli 1782 ihren Abschluß fand.
Es war viel Blut geflossen, die Spanier hatten die Kraft der unterdrückten Race kennen lernen, und soviel wenigstens wurde
erreicht, daß die eine Volksgeißel, das Repartimento-System, völlig
in Wegfall kam.

Im Laufe der nächsten Jahrzehnten machte sich indeß nicht
bloß unter den Indianern, sondern auch unter den eingeborenen
Spaniern ein allgemeines Mißvergnügen bemerkbar.
Alle Staatsämter, sowie die geistlichen Stellen und Officiers-
posten wurden mit seltenen Ausnahmen durch geldbedürftige Höf-
linge des Mutterlandes besetzt, welche das Gehässige ihrer Bevor-
zugung noch durch ihren Uebermuth steigerten. Dies empörte die
Gemüther und führte zu einem neuen Aufstand, der am 4. August
1814 ausbrach. An der Spitze desselben befand sich zwar ein Indianer-Häuptling; allein der diesmaligen Erhebung gab der Beistand der Creolen einen Nachdruck, der der frühern gefehlt hatte.
Sie erstreckte sich von Cuzco aus bald über das ganze Tafelland
der Anden bis nach Guamanga und Guania. Bei dieser Gelegen-

heit bestätigte sich die Sage von verborgenen Schätzen aus der
Inca-Zeit, wovon die Indianer Kunde haben und die dazu bestimmt
sein sollen, im Interesse des Vaterlandes verwendet zu werden.
Bei Pumacagua, dem Führer der Aufständischen, erschien, als er
in seinem Hause eine Rathsversammlung hielt, ein bejahrter
Indianerhäuptling, nahm ihn mit sich und geleitete ihn mit verbundenen Augen aufwärts im Flußbette des Hualanay. Nach
einem mehrstündigen Marsche wurde ihm die Binde von den
Augen genommen, und er befand sich in einer Höhle, welche mit
goldenen Figuren von verschiedener Form und Größe bedeckt war.
Nachdem er, so viel er zu tragen vermochte, an sich genommen,
wurde er in derselben Weise, wie er gekommen, wieder nach Hause
zurückgeleitet, wo er von Wasser triefend und mit dem Nerv des
Kriegs beladen sich vor der erstaunten Rathsversammlung wieder
einfand. So wenigstens erzählte mir eine alte Dame aus der Familie der Astete, deren Vater ein College des Pumacagua gewesen,
und der ihn mit seiner kostbaren Ladung hatte zurückkommen sehen.

Auch dieser Aufstand wurde zuletzt unterdrückt, und Puma-
cagua fand den Tod durch Henkers Hand. Schon wenige Jahre
später aber erhob sich das ganze Volk noch einmal; Creolen und
Indianer, Freie und Sclaven kämpften gemeinschaftlich gegen
Spanien, und das Jahr 1824 machte seiner Herrschaft über das
Königreich beider Indien ein Ende.

Der Charakter der Indianer hat sich, wie nicht zu leugnen
ist, durch die lange Unterdrückung verschlechtert. Unredlichkeit und
Trunksucht, die Laster der Sclaverei, haben sich allmählich unter
ihnen eingeschlichen. Doch sind sie noch immer vortreffliche Soldaten, ausdauernd, abgehärtet, tapfer und, wenn gut geleitet, unter-
schrocken im Kampfe. Hinsichtlich der gewaltsamen Aushebung für die
Armee beharrt jedoch auch die republikanische Regierung bei einem
tyrannischen Systeme. Im Uebrigen führen sie jetzt ein verhältnißmäßig glückliches Leben; am wohlsten befinden sich die Hirten auf
den Anden und die Ackerleute auf den Mais- und Waizen-Land-
gütern in den schönen Gebirgsthälern. Ihre Tracht, die sie seit
den letzten beiden Jahrhunderten unverändert beibehalten haben,

ist sehr malerisch. Die Männer tragen Röcke von smaragdgrüner Serfche mit kurzen Schößen und ohne Kragen, rothe Westen mit großen Taschen und kurze schwarze Hosen; die nur bis eben übers Knie herabreichen, dort aber nicht zugebunden, sondern offen getragen werden. Das Bein weiter herab und der Fuß bleibt nackt, nur die Sohlen werden durch Sandalen aus Lamafell geschützt. Als Kopfbedeckung tragen sie breitrandige, mit bunten Bändern und Goldborten aufgeputzte Hüte. Die Frauen tragen ein rothes Leibchen und einen blauen Rock, der ein wenig über das Knie herabreicht; bei den unverheiratheten Mädchen ist er noch kürzer. Fuß- und Kopfbedeckung ist wie bei den Männern; um die Schultern tragen sie die Uiella, ein Mäntelchen, das vorn mit einer silbernen Nadel zusammengehalten wird.

Die Wohnungen, die sie auf den großen Landgütern einnehmen, sind steinerne mit rothen Ziegeln bedeckte Häuschen, an deren Wänden sich Kürbis- und andere Schlingpflanzen hinaufranken, während der hohe Cactus am Thore wie eine stachellye Schildwache den Eingang hütet. Hier singen zur Ernte die Frauen und Mädchen ihre lieblichen Inca-Lieder, womit sie sich beim Auslösen der Maiskolben die Zeit vertreiben, und die Männer und Bursche tragen die Büschel ein und gleichen, wenn man von den Bergen auf sie herabsieht, langen Zügen von Ameisen, die mit Blättchen beladen über den Waldpfad laufen.

Die Indianer sind gewerbfleißig und zeigen Geschick und Scharfsinn bei ihren Arbeiten. Die Mädchen spinnen und fertigen verschiedenartige Gewebe mit glänzenden Mustern. Ihre Ponchos aus Lamawolle, ihre Mais- und Coca-Taschen und ihre Steinschleudern, womit sie Vögel, Schafe und Alpacas jagen, sind nett und geschmackvoll gearbeitet. Die Männer machen irdene Gefäße, Holzbecher mit Schnitzarbeit und Kürbisflaschen, auf deren Außenflächen sie gleichfalls Bäume und alle Gattungen von Thieren einschneiden.

Ihr Chicha oder Bier aus Mais ist von etwas säuerlichem, aber angenehmem und erfrischendem Geschmack, und bildet durch ganz Peru ein allgemein übliches Getränk. Von gleich umfassendem

Gebrauche unter den Indianern sind die Blätter der Cocapflanze, wovon sie sich kleine Kügelchen machen, die sie immerwährend im Munde haben; sie schmecken lieblich wie grüner Thee und wirken narkotisch. Mit etwas Wenigem von diesem Sorgenbrecher und einem kleinen Vorrath geröstetem Mais in der Reisetasche legen sie auf vier- und fünftägigen Wanderungen in der größten Geschwindigkeit weite Strecken zurück und erdulden ruhig unglaubliche Beschwerden.

Ihre Zustände haben sich seit der Unabhängigkeitserklärung bedeutend gebessert; in gewissem Umfange steht ihnen der Weg zu Auszeichnungen offen, und die Kopfsteuer, die letzte Spur der spanischen Tyrannei, wurde im J. 1854 durch den General Castella aufgehoben.

Siebentes Kapitel.

Die peruanische Montana.

Das Gebiet des Amazonenstromes und die Reisen zu seiner Erforschung. — Die Gegenden des Purus und des Tonoflusses. — Bevölkerung, Producte und Handel.

Oestlich von den Anden liegt die große peruanische Montana, ein ungeheurer dichter Wald, der sich hunderte von Meilen aus-dehnt, zwei Drittheile des Flächeninhalts der Republik Peru ein-nimmt und einen Theil des Amazonenstromgebietes bildet. Fast durchgehends noch unerforscht, von zerstreuten wilden Indianet-stämmen dünn bevölkert, von unerschöpflicher Fruchtbarkeit, reich an den mannichfachsten Producten der Tropenländer und von Thier- und Pflanzenleben strotzend, ist die Montana noch immer für die civilisirte Menschheit ein verschlossener, in der ungestörten Ruhe des Urwaldes schlummernder Schatz.

Die Vegetation wächst hier in verschwenderischer, ungehin-derter Fülle empor. Gewaltige Bäume, manche durch die Schön-heit ihres glänzenden Holzes, andere durch die werthvollen Eigen-schaften ihrer Gummis und Harze, noch andere durch den Umfang und die Stärke ihres Bauholzes ausgezeichnet; Tausende von

Schmarotzerpflanzen und eng in einander verflochtenen Schling-.
gewächsen umketten sie; Vögel von glänzendem Gefieder hüpfen im
Blätterlabyrinthe umher, und andere Thiere aller Arten erfreuen
sich eines kurzen Daseins, während die Stimme des Menschen
nimmer gehört wird. Und doch durchschneiden breite schiffbare
Ströme die Montana in allen Richtungen, und fließen dorthin, wo

> Geschwellt von tausend Strömen, die sich rauschend
> All von den Anden stürzen, groß herabsteigt
> Der mächt'ge Orellana. Ungeschwätt
> In stummer Würde rollen sie entlang
> Durch unbekannte Reiche, Blumenwüsten
> Und fruchtbeladne Eden — Einsamkeiten,
> Wo Sonnenlächeln, üpp'ge Jahreszeiten
> Kein Auge sieht, kein Herz frohlockend grüßt.[*]

Das Stromgebiet des Amazonenflusses erstreckt sich über
126,150 Quadratmeilen fruchtbaren Bodens und ist von Wasserver-
bindungen durchschnitten, die zusammen eine Länge von 10,000 M.
haben. Dieses ungeheure, reich bewässerte Becken ist bei dem
Riesenmaßstabe, nach welchem die Natur hier arbeitet, an sich schon
geeignet, die Bewunderung des denkenden Menschen zu erregen;
es bekommt aber durch den romantischen Charakter der Abenteuer,
die sich darin zugetragen, und durch die Wunder, die man in seine
noch unbekannten und unerforschten Tiefen verlegt, ein besonderes
Interesse. Und ebenso wichtig ist es, vom commerciellen und
wissenschaftlichen Standpunkte aus betrachtet, wegen seines natürlichen Reichthums, der Culturfähigkeit seiner ausgedehnten Ländereien und der Vortheile, die sich von der Eröffnung seiner Schifffahrt, durch welche der reiche südamerikanische Continent eine
große Straße nach Europa erhalten würde, erwarten lassen.

Das Gerücht von einem El Dorado, einer Stadt, die tief
im Innern von Amerika liegen sollte, deren Straßen mit Gold
gepflastert seien, und deren König jeden Morgen mit Goldstaub
gepudert werde, hatte allen Abenteurern der Alten und Neuen
Welt die Köpfe verwirrt. Eine Expedition nach der andern machte

---

[*] Thomson's Jahreszeiten.

sich nach der wunderbaren Stadt auf den Weg, und unerhörte Mühen und Beschwerden wurden erduldet, in der Hoffnung, einen so unvergleichlichen Preis endlich doch noch zu erringen. Die Wunderstadt wurde nicht gefunden; doch hatten die abenteuerlichen Züge wenigstens den Erfolg, daß der Lauf des Amazonenstroms und seiner mächtigsten Zuflüsse noch im 16. Jahrhundert erforscht wurde.

Im 17. Jahrhundert führte der christliche Bekehrungseifer zu weiteren Forschungen auf demselben Gebiete. Die Jesuiten, die Vorkämpfer der Römischen Kirche in Europa, Asien und Afrika, waren auch die ersten Missions - Pioniere auf dem Amazonenstrome. Ihre Hauptstation San Borja am linken Ufer ohnweit des Einflusses des Santyago in Norbpern wurde 1635 begründet, und 1637 von der Mission bezogen. Gleichzeitig nahm die Beschiffung des Stroms ihren Fortgang. Im J. 1636 erreichten zwei Mönche die Mündung und fanden dort die kleine portugiesische Colonie Pera*), von der sie freundlich aufgenommen wurden. Im folgenden Jahre schiffte sich der unternehmende portugiesische Officier Texeira mit 70 Soldaten und 1200 Indianern in 47 großen Canoes in Pera ein, fuhr den Strom hinauf bis zur Einmündung des Napo und dann in diesem weiter bis Payamino in Quijos, wo er nach einer Fahrt von acht Monaten eintraf. Später erreichte er auch noch die Stadt Quito. Der höchst glückliche Erfolg dieses Unternehmens führte zu einer wissenschaftlichen Expedition, welche Texeira im J. 1639 in Begleitung mehrerer Gelehrten unternahm. Sie schifften von Quito aus den Napo und den Amazonenstrom hinab und gelangten im December glücklich nach Para. Der eine der Gelehrten, Don Juan Acuna, hat von dieser Reise eine höchst interessante gedruckte Beschreibung veröffentlicht, die erste, die wir vom König der Ströme besitzen. Die wichtigsten spätern Beschiffungen erfolgten im J. 1743 von Condamine,

---

*) Der große Strom heißt von seiner Quelle im See Laurlcocha bis nach Loreto, an der Grenze Peru's, Maranon; von Loreto bis Barra Sollmoes und von Barra bis zur Mündung Para; besser aber ist er für die ganze Dauer seines Laufes mit dem allgemein bekannten Namen Amazon zu bezeichnen.

1774 von Ribeira, 1827 von Maw, 1835 von Smyth und 1846 von Graf Castelnau. Herndon und Gibbon untersuchten im J. 1852 die Ströme Ucayali, Huallaga, Mamore und Madeira; den untern Lauf des Amazon und den Negro und Branco haben Edwards, Wallace und Schomburgk bereist und beschrieben.

Para, eine hübsche, blühende Stadt von 14000 E., ist der Stapelplatz für die gesammte Schifffahrt auf dem Amazon, die aber vor der Hand nur einen Exporthandel von nicht über 2,000,000 Dollars jährlich umfaßt. Die Artikel sind Gummi elasticum, Cacao, Zimmet, Baumwolle, Wachs, Fischbein, Copallack, Saffaparille, Nüsse, weißer Sago, Holz, Tigerfelle, Copaiba-Balsam und Zucker. Ueber 200 Meilen stromaufwärts von Para behält der Fluß eine Tiefe von 30 Klaftern und eine Breite von über eine halbe Meile; weiter aufwärts, oberhalb Barra an der Mündung des Rio Negro, eines der größten Nebenflüsse der Welt, der mit dem Orinoco durch den natürlichen Kanal des Cassiquiari in Verbindung steht, wechselt die Tiefe zwischen 20 und 12 Klaftern. Von Barra bis Loreto, der ersten peruanischen Stadt am Amazon, beträgt die Entfernung 180 Meilen. Hier mündet der Javari ein, der die Grenze zwischen Brasilien und Peru bildet.

Die beiden bedeutendsten Nebenflüsse, oberhalb Loreto, die einen großen Theil der Montana bewässern, sind der Huallaga und der Jucayali. Der erstere ist 130 Meilen schiffbar, für Canoes schon von Tingo Maria an, 70 Meilen nordöstlich von Lima und 18 Meilen nordöstlich von Huanuco entfernt. Von hier ab 70 Meilen stromabwärts liegt in einer fruchtbaren, quellenreichen Ebene Terapoto, der Hafenplatz für die Provinzen Caxamarca und Moyobamba. Zucker, Cacao, Körnerfrüchte, Baumwolle und Reis werden hier im Ueberflusse erbaut. Die Baumwolle erntet man sechs Monate nach der Aussaat, den Reis einen Monat früher; Bananen bedürfen keiner andern Culturarbeit, als daß man dann und wann die Wurzeln vom Unkraut reinigt. Die Stadt hat 4000 Einwohner; das Klima ist so gesund, daß im J. 1848 bei 235 Geburten nur 40 Todesfälle eintraten. Der Jucayali, ein noch bedeutenderer Strom, dessen

Zuflüsse den größten Theil der Sierra bewässern, hat zwar in seinem Unterlaufe von Sarayacu an eine Tiefe von zwanzig und eine Breite von 2600 Fuß; allein die große Entfernung seiner obern Zuflüsse von den civillsirten Gegenden Peru's und die beinahe unüberstelglichen Schwierigkeiten, welchen eine Fahrt durch seine von wilden und kannibalischen Indianerstämmen unsicher gemachten Uferebenen begegnet, geben keine Aussicht, daß die Dampfschifffahrt hier ihre Kosten decken würde.

Auch vom Madeira und seinen Rebenflüssen Beni, Mamore und Itenez, die in ihrem Zusammenflusse den erstgedachten Strom bilden, lassen sich keine günstigeren Erwartungen hegen, denn sein Fahrwasser wird durch zweiundzwanzig gefährliche Wasserfälle unterbrochen. Nur in der Nähe seiner Mündung in den Amazon befindet sich die kleine Stadt Borba, wo Cacaopflanzungen unterhalten werden; das Innere ist unbekannt, Alligatoren treiben sich ungestört in den Sümpfen herum, und der Tiger geht auf Beute aus und verfolgt die Spuren des Tapirs und Rothwilds.

Allein es giebt noch einen großen Zufluß zum Amazon, der für die Schifffahrt günstigere Aussichten stellt. Dies ist der Purus. Er mündet 150 Meilen oberhalb Para, nicht allzuweit von Barra, ein und erhält seine Waffer in kleineren Strömen zugeführt, die von den schönen östlichen Anden, der Grenze des ursprünglichen Inca-Reichs, herabkommen und ein ausgedehntes Waldgebiet der Montana, unter den Spaniern das productivste und noch jetzt das interessanteste, durchfließen. Von ihrem Vereinigungspunkte an erhalten diese Ströme bei den Spaniern den Namen Madre de Dios, bei den Indianern Amara-mayu oder Schlangenfluß; es ist dies aber kein anderer Strom, als der den Europäern nur bei seinen Mündungen bekannte Purus. Die obern, dem Gebiete desselben angehörigen herrlichen Waldebenen heißen die Thäler von Paucar-tambo; sie waren vor der spanischen Eroberung durch peruanische Colonien cultivirt, die Spanier setzten sich auch hier fest, das Land war weithin mit Plantagen bedeckt, und die Waldlichtungen gewährten reiche Ernten von Coca, Cacao, Zucker und andern Tropenprodueten. Die meisten dieser großen Be-

ßungen sind veröbet und verlaffen, nur die Namen haben sich
erhalten. Unter der spanischen Herrschaft wurden sie durch ein
Regiment Soldaten gegen die Angriffe der wilden Indianer, der
Chunchos, gedeckt und gewährten ein Einkommen von jährlich
einer Million Dollars. Mit dem Verfall der spanischen Macht ver-
armten die in Cuzco residirenden Plantagenbesitzer, die Einfälle
der Chunchos wurden häufiger, und schon bei Eröffnung des Unabhängigkeitskrieges war die Zahl der Plantagen auf sechs herab-
gesunken. Vor etwa 15 Jahren begab sich der unternehmende Don
Sinferofa Ampuero felbst auf feine Befizung Chaupi-mayu im
Paucar-tambo-Gebiete. Es gelang ihm einige der Chunchos zu
unterwerfen; er nahm ein Mädchen aus jenem Indianerstamme zu
sich, ließ sie taufen und wollte ihr eine christliche Erziehung geben.
Allein ihr angeborner Charakter verläugnete sich nicht, sie mordete
ihren Wohlthäter, als er sich im Flusse Tono badete, durch Pfeil-
schüsse und kehrte zu ihrem früheren wilden Leben zurück. Die
Chunchos blieben von da an nur um so erbitterte Feinde aller
Fremden, zerstörten drei von den noch verbliebenen Pflanzungen
und halten die wenigen Bewohner der andern durch häufige Ueber-
fälle und Mordthaten in steter Angst und Lebensgefahr.

Am 1. Mai 1853 brach ich von Paucar-tambo auf, um über
diefe Gegenden Näheres zu erfahren und vielleicht einen Blick auf
den Purus selbst zu gewinnen. Zwischen den Thälern von Paucar-
tambo und der Stadt gleichen Namens erhebt sich die letzte Andenkette. Hoch auf ihrem Kamme wälzen sich die mit Eistheilchen beladenen Wolken beinahe am Boden hin, und Schnee bedeckt das
lange Gras; die Abfenkung des Gebirgs ist aber so schroff, daß in
weniger als einer halben Stunde die Hize drückend wird, und
Tropenbäume zu beiden Seiten des Zickzackpfades emporsteigen. In
Zeit von drei Stunden hatte mich mein Maulthier 11,000 Fuß
tief in die Niederung herabgetragen und ich erreichte unter strömen-
dem Regen die Ufer des Chirimayu, wo er neben einer einsamen
am Wege errichteten Hütte in prachtvoller Cascade herabstürzt und
sogleich den Blicken unter den vorspringenden Hügeln wieder ent-
schwindet. Mein Führer hatte mich, noch ehe wir aus der Schnee-

region heraus waren, verlassen; ich war allein und stand nun am
Eingange der Montana.

Die Bergwände zu beiden Seiten waren mit dichtem Gebüsch,
Farren und blühenden Schlingpflanzen von buntestem Farben-
schmucke bedeckt, und wo irgend ein Vorsprung den Wurzeln Halt
gab, erhoben sich hohe Palmen. Gegen Abend hörte es auf zu
regnen, der Nebel verzog sich, und die lieblichste Landschaft lag vor
meinen Blicken. Die glänzenden, mannichfaltigen Farben der Blumen, die prachtvollen großen Schmetterlinge, das schimmernde Gefieder der hin- und herhüpfenden Vögel, Papageien hoch auf den
obersten Zweigen der Bäume und Kolibris, die Thautropfen von
den Scharlachblüthen der Salvia schüttelnd, und der blitzende,
schäumende Wasserfall, das Alles gab ein ebenso buntes als lebendig
bewegtes Gemälde. Die Nacht wurde stockfinster und brachte ein
furchtbares Gewitter in ihrem Geleite. Zwischen den sich schnell
folgenden Donnerschlägen ließen sich auf und über der Erde alle
nur möglichen Töne vernehmen, ein Schreien, Brüllen, Heulen und
Zischen von Tigern, Affen und andern wilden Thieren und Kriechern,
das alle Hoffnung auf Schlaf aufgeben ließ und für einen einsamen
Wanderer nichts weniger als erbaulich war.

Am nächsten Morgen überschritt ich auf ein paar Baum-
stämmchen, die als Brücke dienten, den Chirimayu und gelangte durch
eine tiefe Schlucht zum Tono, der aus der Verbindung des Chira-
mayu, Danomayu und anderer Flüsse entsteht und schäumend neben
dem Pfade hinbraust. Baumartige Farren, Palmen und riesige
Tropenbäume bekleideten die Abhänge bis zu den Spitzen, schwere
Nebelwolken hielten das Laubwerk feucht, und hie und da stürzten
sich prächtige Cascaden schäumend in den Tono herab. Sieben
Stunden von der Hütte am Chirimayu entfernt, auf einer kleinen
Waldblöße, liegt La Cueva, eine unbedeutende Besitzung; sie besteht
aus einer Hütte von nur zwei Räumen, einem Ananas- und zwei
Coca-Feldern und einer Einwohnerschaft von zwölf Inca-Indianern
aus den Anden. Hier hörte ich zuerst den schwermüthigen Gesang
der Alma perdida (der verlornen Seele), eines Vögleins, von dem
die Indianersage erzählt, daß es einer jungen Mutter, die ihr

Kind im Walde verloren, auf ihr ängstliches Rufen so traurig
geantwortet und davon seinen Namen erhalten habe.

Eine Stunde weiter nach Osten flachen sich die Hügel mehr
ab und verlaufen sich in eine weite, waldbedeckte Ebene, die sich,
soweit das Auge sehen kann, fast ununterbrochen ausdehnt. Hier
vereinigt sich der Pilama mit dem Tono, und der Pfad schlängelt
sich durch dichten, verworrenen Wald immer knapp am rechten
Tonoufer hin. Die Vegetation ist nun ganz die der heißen Zone.
Palmen von großer Schönheit und Höhe, Balsam- und Gummi-
bäume erheben sich aus dem dichten Unterwuchse, der von Kriech-
und Schlinggewächsen und Bambusdickichten gebildet wird. Das
Bambusrohr hatte an den stärksten Stellen sechs Zoll im Durchmesser, lag manchmal in zusammenhängenden Massen gebrochen
über den Pfad herüber und machte das Fortkommen beinahe zur
Unmöglichkeit. Besonders hindernd sind die starken kleinen Haken,
die bei den Knoten des Rohrs hervorwachsen; sie rissen mir gleich
am ersten Tage die Kleider fast buchstäblich in Stücke. Sechs kleine
Flüsse, die hier nach und nach in den Tono einmünden, durchschneiden den Pfad und gewähren bei der sie umgebenden Waldeinsamkeit einen reizenden Anblick; Vögel von allen Größen und
Farben, vom wilden Truthahn, Fasan und Papagei bis zu dem
prächtigen kleinen Finken und dem schillernden Kolibri, fliegen
lärmend und singend umher; und am Flusse, zur Hälfte im Wasser,
steht der große unbehülfliche Tapir, in tiefes Nachdenken versunken.

Jenseits des sechsten jener Flüsse windet sich der Pfad an einem
steilen Felsen, der über den Tono hereinhängt, empor, und es eröffnet sich eine weite Aussicht, westlich nach den Andenvorbergen,
nordöstlich nach einer Hügelreihe, und nach allen andern Richtungen
hin über die weite bis an den Horizont sich erstreckende Waldebene.
Der Weg wird hier offener, und nach einer halben Stunde gelangt
man an die Haciendas Santa Cruz und Huaynapata. Die letztere
wurde vor einigen Jahren von den Chunchos überfallen, und alle
Bewohner wurden ermordet; die erstere wurde verlassen, weil ihre
Bevölkerung ein gleiches Schicksal befürchtete. Auf dieser standen
noch einige Gebäude; auf Huaynapata war keine Spur mehr zu

sehen. Große Cocafelder und Cacao- und Ananas-Pflanzungen, vom vordringenden Walde schon halb wieder erstickt und über-wuchert, boten ein trauriges Schauspiel der vor dem Leben der Wildniß sich zurückziehenden Civilisation. In wenig Jahren wird der Wald wieder das ganze Land bedecken und keine Spur von diesen einst blühenden Gefilden übrig lassen.

Eine Stunde östlich von dieser traurigen Wüstung liegt die Hacienda San Miguel, die letzte Ansiedlung in diesem Theile von Peru. Ich erreichte sie am 6. Mai. Die Gebäude sind in ver-hältnißmäßig wohnlicherem Zustande, die Lage ist gesund, nicht weit vom Tono, von den Mosquitos ziemlich verschont. Orangen und Citronen, Coca- und Maisfelder umgeben den Hof, weiterhin ist alles Wald. Die Einwohner sind Anden-Indianer, an ihrer Spitze steht Don Pedro Gil, der Administrator. Frauen befinden sich nur wenige hier. Doch hat auch ein Missionar, Peter Revello, der lange in China und Palästina gewesen, seinen Aufenthalt in San Miguel genommen, um seine geistlichen Bemühungen den Chunchos zuzuwenden. Ich fand einen stattlichen Mann in ihm, groß, breit-schultrig, von gebietendem Aussehen, mit mächtigem kahlen Haupte und schönen Gesichtszügen. Er ist Mönch und trug sein Ordenskleid.

Gleich in der ersten Nacht meines Aufenthalts zu San Miguel hatte ich von den Vampyrs, kleinen Fledermäusen von sehr durstiger Natur, zu leiden, die meinem Fuße übel mitgespielt hatten; auch der Pater klagte über ihre Angriffe auf seine Arme und seinen kahlen Kopf. Andere Feinde, die Ameisen, waren ihm über die paar Bücher gerathen, die er besaß, und hatten eine fürchterliche Verwüstung darin angestellt.

Die Wohnung Don Pedro's und des Paters war sehr einfach möblirt: ein langer Tisch in der Mitte, rohe Holzbänke, ein paar Bettstellen, wie die Hängematten auf dem Schiffe an der Wand be-festigt. Sie lebten in einem ziemlich ursprünglichen Style, nährten sich, wie die Indianer, fast nur von Früchten und Chunus oder eingelegten Kartoffeln — man weicht sie in Wasser ein, preßt sie und läßt sie auf den Anden zu Eis gefrieren — und waren so ge-nügsam, daß sie sich selbst den Luxus des Lichts versagten; denn außer ein paar Klumpen Talg, die Peter Revello zum Meffelesen gebrauchte, fehlte es an jedem Beleuchtungsmittel.

Der Boden ist so fruchtbar, daß man die Cocablätter jährlich viermal pflücken kann; sie werden auf einem großen Hofe hinter den Gebäuden getrocknet und nach Cuzco verkauft. San Miguel producirt jährlich gegen 3000 Arrobas*) und erhält die Arroba mit fünf Dollars bezahlt. Außerdem erbaut man eine kleine Partie Früchte und Cacao. Der Transport geschieht durch Maulthiere, deren eines mit drei Dollars für die Reise nach Cuzco gemiethet werden kann. Ein anderes Etablissement von geringem Umfang, bei welchem neun Indianer beschäftigt sind, hat ein junger Künstler, der zu Cuzco lebt, hier errichtet. Er läßt Gummi einsammeln; die Indianer durchstreifen zu diesem Zwecke den Wald und bringen in der Regel wöchentlich zwei Ypas, Gefäße aus Bambusrohr von drei Fuß Höhe und vier Zoll Durchmesser, mit Gummiharz gefüllt, zurück. Diese Ypas, die zur Handhabe an einem Ende mit einem großen Haken versehen sind, dienen überhaupt als Eimer und Krüge.

Eine halbe Stunde von San Miguel, näher an den Ufern des Tono, liegt die Hacienda Chaupi-mayu, die aber schon in einem ganz verfallenen Zustande war und seitdem wahrscheinlich verlassen oder zerstört ist. Fünf Stunden südlich befindet sich eine dritte, die Hacienda Coeni-pata, die blühendste unter allen. Sie producirt Coca, Cacao und Mais, daneben aber auch noch 3000 Arrobas Reis, der zu drei Dollars die Arroba in Cuzco verkauft wird.

Dies sind die drei einzigen noch bestehenden Niederlassungen in den Thälern von Paucar-tambo, und es ist eine Schande für die Regierung von Peru, daß in dieser reichen und fruchtbaren Gegend die Civilisation vor einer Handvoll wilder Indianer entschieden zurückweichen muß. Die Chunchos führen ein Wanderleben und sind über weit ausgedehnte Landstriche dünn zerstreut. In der Nähe der Haciendas streifen zwei Stämme herum, die Huachipayris am . Coeni-pata und die Tuyuneris am Tono und seinen Zuflüssen.

*) Eine Arroba enthält 32 peruanische Pfund = 29,376 Pfd. Zollgewicht.

Sie sind roh, grausam, häßlich, unzähmbar und Todfeinde jedes Fremden. Sie ziehen durch die dichten Wälder auf ungangbaren, nur ihnen bekannten Pfaden, gehen völlig nackt und sind mit Bogen und Pfeil bewaffnet. Von den letzteren führen sie zwei Arten. Die eine ist von dem harten Holze der Chonta-Palme gemacht und wie eine Säge gezackt, an der andern ist eine Spitze von Bambus angebracht, die sie sehr zierlich mit Bindfaden befestigen; die Federn sind dem Schafte schneckenförmig eingefügt und von Vögeln mit dem prachtvollsten Gefieder gewählt.

Ihre Wohnungen bestehen aus langen, engen, hausdach-ähnlichen Hütten, worin mehrere Familien zusammen leben. General Miller brachte im J. 1835 eine Nacht in solch einer Hütte zu; sie war hundert Fuß lang, vierzig breit und sechs hoch. Um die Hütte her findet sich gewöhnlich eine kleine Anpflanzung von Mandeln und Bananen. Ihre Hauptnahrung besteht aus Affen, Vögeln, Bananen und Fischen; die letzteren erlegen sie wie die Landthiere mit Bogen und Pfeil. Zu Wasserkrügen benutzen die Indianer die hohlen Bambusröhre, die von Knoten zu Knoten ein natürliches Gefäß bilden; so lange sie noch grün sind, sieden sie auch ihre Fische darin.

Die Frauen werden, wie fast bei allen wilden Stämmen, grausam behandelt und müssen alle schweren Arbeiten verrichten. Selbst die Nacht müssen sie, wie berichtet wird, reihum wachen, indem, während die eine Frau auf einer Art erhöhter Bank bei dem Mann ruht, die andere unterhalb einen Feuerbrand zu schwingen hat, um ihn zu wärmen.

Es ist nicht zu verwundern, daß die Frauen bei solcher Behandlung sich zu einem Amazonenstaate verbinden konnten, der zwar vielfach bezweifelt worden ist, an dessen Möglichkeit aber Acuna, Condamine, Southey und Humboldt glauben, und dessen erste Ursprünge die Sage an den Parus und in die Jagdgründe der Chunchos verlegt. Orellana erzählt, daß er im J. 1541 ein Heer von Kriegerinnen zu bekämpfen gehabt, und Acuna hörte während seiner Fahrt auf dem großen Strome, der ihren Namen trägt, unausgesetzt von ihnen erzählen. Sie befanden sich mit allen Indianerstämmen im Kriege, außer mit den Guacaras, mit denen sie einmal des Jahres zusammenkamen. Wenn sie sich trennten, nahmen die Guacaras die Knaben, die im vergangenen Jahre geboren worden waren, mit, und die Mädchen behielten die Amazonen. Sie sollen vom Purus aus an den Rio Negro nach Guiana gezogen sein.

Die Bemühungen des Pater Revello, einen Verkehr mit den Chunchos anzuknüpfen, sind bis jetzt ganz erfolglos gewesen, und er hat sich begnügen müssen, seine geistliche Wirksamkeit auf die Bevölkerung von San Miguel zu beschränken. Er hat die Umgegend bis in die Nähe des Purus, den er von weitem erblickte, durchforscht, mußte aber wegen Mangel an Proviant wieder umkehren. Etwa eine Stunde von San Miguel hatte er eine kleine Pflanzung angelegt, La Constancia, wo er Yucas und andere Feldfrüchte baute. Diese war ganz vor Kurzem erst noch der Schauplatz eines Mordes, den die Chunchos an einem Amtsbruder des Paters, einem jungen Mönche von Cuzco, verübten. Der Pater war im April 1853 eines Abends nach San Miguel vorausgegangen, während sein junger Freund noch kurze Zeit in La Constancia zurückbleiben wollte. Zu seiner großen Bestürzung verging aber die ganze Nacht, ohne daß der letztere heimkehrte, und am andern Morgen fand er den Leichnam von neun Pfeilen durchbohrt. Solche Mordthaten kommen häufig vor, nur um des Mordens willen, ohne daß es auf einen Raub dabei abgesehen wäre. Der unglückliche Reisende oder Maulthiertreiber sinkt plötzlich unter einem Schauer von Pfeilen nieder, noch ehe er seine grausamen und feigen Mörder auch nur gesehen hatte. Wenn die Leute auf dem Felde arbeiten, müssen sie bewaffnete Posten ausstellen, die auf das schärfste Wache halten. Ich erreichte nach einer langen und mühseligen Tagereise durch den dichten Wald einen Hügel, von wo ich einen Blick auf den Purus thun konnte. Ich fand den Punkt unter 12° 45′ südlicher Breite und 70° 30′ westlicher Länge von Greenwich, und hier ist es, wo der Tono von Südwest, der Cosnipata von Süden und der Pina-Pina von Nordwest ihre Wasser in den Purus ergießen, der eine Breite von etwas über hundert Schritten hat. Dies war der Endpunkt meiner Reise.

Verschiedene Umstände lassen annehmen, daß die Schifffahrt auf dem Purus mit weniger Hindernissen zu kämpfen haben werde als auf dem Madeira oder den andern Nebenflüssen des Amazon. Hierher gehört besonders seine weite Entfernung von den Anden einerseits und von den brasilianischen Gebirgen andererseits, die Größe seiner Nebenflüsse, und vor Allem die neuerdings festgestellte Thatsache, daß er durch zwei Arme mit dem Madeira verbunden ist, woraus man auf eine nur geringe Erhebung des dazwischen liegenden Landes schließen kann.

Sollte einst der Purus schiffbar gemacht werden, so wäre eine Wasserstraße eröffnet, die für die Industrie und den allgemeinen Wohlstand Peru's von unberechenbarem Einfluß sein würde. Die Entfernung nach Europa wäre um die Hälfte vermindert, die gefährlichen Reisen über die Cordilleren und um das Cap Horn wären umgangen, und die mannichfaltigen Wald- und Bergproducte des reichen Inca-Landes könnten auf geradem und bequemem Wege der Alten Welt zugeführt werden. Man darf nur an Chinarinde (wovon 14,000 Centner zu 80 bis 100 Dollars pro Ctr. in Arica verschifft werden), an Gummi, Copaibabalsam, Vanille, Indigo, Zimmt, Saffaparille, Ipecacuanha, an das prachtvolle Bauholz und an vegetabilische und animalische Nahrungsmittel aller Art erinnern, um die Behauptung zu rechtfertigen, daß der Handelsverkehr durch die Montana, abgesehen von den zahlreichen Goldwäschen, ein außerordentlich starker sein würde. Rechnet man dazu noch Tabak, Zucker, Kaffee, Baumwolle und Cacao, von vorzüglicherer Qualität als der von Venezuela oder Guayaquil, was Alles in den Paucar-tambo-Thälern mit der Aussicht auf die reichsten Ernten angebaut werden kann, und Silber, Kupfer, Salpeter und Alpaca-Wolle der Sierra, für deren Transport man auch diese Straße der ums Cap Horn vorziehen würde, so ist es keinem Zweifel unterworfen, daß sich die auf Eröffnung derselben verwendeten Capitalien reichlich verzinsen würden.

Schon hat sich der Unternehmungsgeist der Neuen Welt diesem wichtigen Gegenstande zugewendet. Schifffahrtsverträge im Hinblick auf das Amazonenstromgebiet sind zwischen Brasilien und den

spanischen Republiken abgeschlossen worden; vier brasilianische
Dampfer befahren den Strom zwischen Barra und Para und zwei
peruanische, in New-York gebaute, sind bis nach Loreto herauf-
gekommen. Loreto und Raula sind dem fremden Verkehre, mit der
Bestimmung, daß keine anderen als rein locale Abgaben erhoben
werden sollen, freigegeben worden, der Präfect zu Loeto ist ermächtigt, Ansiedlern Ländereien von zwei bis zu vierzig Fanegados
anzuweisen, und die Einwanderer sind auf zwanzig Jahre von
allen Abgaben befreit.

Beim Hinblick auf die glänzende Zukunft, die sich diesen Gebieten in Aussicht stellt, ist es aber nicht mehr als billig, mit Lob
und Bewunderung der großen Männer zu gedenken, die als die
Pioniere der Wissenschaft und des Christenthums in die Wildnisse der Montana eindrangen. Nicht genug rühmen kann man
Charaktere, wie einen Pater Samuel Fritz, den Condamine den
Apostel des Amazongebiets nennt, und der im Jahre 1707 die erste,
noch immer brauchbare Karte desselben herausgab, und in neuerer
Zeit die Priester Manuel Plaza und Rebello, von denen der Erstere,
nach Graf Castelnau „der Heros der Pampa del Sacramento",
funfzig Jahre in diesen Wildnissen zubrachte, während des Letteren
Laufbahn noch nicht geschlossen ist. Sie warben nicht um die Ehre
und den Lohn dieser Welt. Höher stehend als der Soldat, der
nach Beute und Ruhm trachtet, als der Mammonsdiener, der nach
den verborgenen Schätzen der Erde gräbt, arbeiteten sie mit gleichem
Eifer, bestanden sie gleiche Gefahren und größere Beschwerden, er-
duldeten sie jedes Mißgeschick mit fröhlicher Ausdauer, ohne durch
die Hoffnung auf Gewinn und Bewunderung getragen zu werden.
Um so mehr schulden wir ihnen diese, sammt unserem Dank, obschon sie nicht darauf rechnen; aber die Welt wird auch solche Schuld
kaum abtragen, denn sie spendet dem Helden auf dem Schlachtfelde
größeren Ruhm als dem Forscher in der Wildniß, der die Wissenschaft fördert zum Besten der Menschheit und zur Ehre Gottes.

Achtes Kapitel.

Lima. Die Zeit der Vicekönige.

Yanaoca, die höchste Stadt der Erde. — Arequipa und seine Umgebungen. — Lima; die Spanier, Creolen und Indianer. — Die heillose Wirthschaft der Vicekönige und der Beamten. — Sturz der spanischen Herrschaft.

Von Cuzco nahm ich den Rückweg über Sicuani, das an der Straße nach Puno liegt. Ich suchte das Volk in seinen Hütten auf und lauschte seinen Balladen und seinen schwermüthigen Elegien. Bei Sicuani verläßt die Straße die lieblichen Thäler, und man gelangt auf das öde Tafelland der Anden, eine wilde und dünnbevölkerte Gegend. Nur Kartoffeln und Quinoa-Reis vergelten hier dem Landmann noch die Mühe der Arbeit; aber zahlreiche Lama- und Alpaca-Heerden weiden auf den grasigen Höhen. In der Nähe des großen Sees Tungasaca, an welchem die Straße vorbeiführt, fand die Niederlage Tupac Amaru's durch die Spanier statt; unsere Gesellschaft zog mit schmerzlichen Gefühlen an der Stätte vorüber, wo der letzte der Incas seinen heldenmüthigen Kampf gekämpft hatte.

Nachdem wir den See verlassen und das Dorf Pampamarca berührt hatten, gelangten wir in die kleine Stadt Yanaoca, die Hauptstadt der Provinz Canas und die höchstgelegene Stadt der Erde. Ihre Höhe über dem Meere beträgt 14,250 Fuß, 6077 Fuß höher als der große St. Bernhard. Sie liegt auf einer weil ausgedehnten, mit Lama- und Alpaca-Heerden bedeckten Ebene, ist von hohen, wilden Bergen eingeschlossen und besteht aus einer einzigen langen Straße und einem freien Platze mit zwei kleinen Kirchen.

Am Sonntag findet der Hauptwochenmarkt in Yanaoca statt. Die Dorfbewohner kommen hier aus einem Umkreis von vielen Meilen in der Runde zusammen, und die Scene ist ebenso belebt als interessant. Die jungen Mädchen sitzen in Reihen mit ihren breiträndigen Monteros, buntfarbigen Mänteln, kurzen Röcken und nackten Beinen auf dem Boden und schwatzen und lachen fröhlich

durcheinander. Vor ihnen sind ihre Waaren ausgebreitet, worunter Kartoffeln in drei Formen, nämlich zuerst die gewöhnliche,
dann die Oca, eine lange und dünne Art, die sehr gut schmeckt, und
von der die Stadt den Namen führt (yana-oca, schwarze Oca),
endlich die Chunus oder die gepreßte, eine Hauptrolle spielen;
außerdem Coca, Medicinalkräuter aus der Montana, Mais, Quinoa,
Eier, Hühner, wollene und baumwollene Zeuge. Die Männer, in
denselben breiten Monteros, drängen sich durch die Haufen, und
ein ununterbrochenes Gelöse von Stimmen schallt aus der geschäftigen Menschenmenge heraus. Jetzt ertönt das Kirchenglöckchen.
Da wird's mit Einem Male todtenstill; der Priester hat die Hostie
erhoben, „und Alles kniet und schlägt die Brüste, sich fromm be-
kreuzend vor dem Christe.“ Einen Augenblick später ist der alte
Marktlärm wieder in sein Recht eingetreten.

In Yanaoca kann man die Indianer in ihrem reinsten Zustande sehen; sie sind hier nur wenig mit den Spaniern in Berührung gekommen und haben ihre Sitten unverändert und ihre
Sprache unverfälscht bewahrt. Jenseits dieser kleinen Stadt führt
die einsame und verödete Straße über weite Ebenen, mit einer
Schäferhütte hie und da, bis sie sich hinter Langui in steilen Zick-
zackwindungen auf ein noch höheres Plateau heraufzieht. Drei
lange Tagereisen über ein ausgedehntes Weideland, dessen kleine
Flüsse so stark gefroren waren, daß sie die Last der Maulthiere
trugen, brachten uns zu dem Dörfchen Ocoruro, dem letzten in den
Ostcordilleren und im Departement Cuzco, und zugleich dem letzten,
wo man die Inca-Indianer in ihrer malerischen Tracht und die
Quichua-Sprache in ihrem reinen Charakter antrifft. Von hier
aus führt ein steiler, schneebedeckter Pfad über einen 17,740 Fuß
hohen Paß, in dessen Nähe sich das Posthaus Kumi-Huasi in einer
Höhe von über 15,000 Fuß befindet, nach der Station Thaovirine.
Die Sonne war untergegangen; es wurde schneidend kalt, ein
scharfer Wind wehte über die Hochebene, und vom wolkenlosen
Himmel strahlten die Sterne im herrlichsten Glanze. Wir waren
viele Stunden geritten, ohne durch das geringste Zeichen an ein
menschliches Dasein erinnert zu werden, ließen die Thiere stärker

auftreten und spähten ängstlich durch die Finsterniß nach einem
Raststorte, bis wir endlich, oftmals durch große Felsenblöcke ge-
täuscht, die zwei steinernen Gebäude von Thavirine vor unsern
Blicken auftauchen sahen.

In dem einen schien sich etwas Menschliches zu regen; wir
gingen hinein und trafen zwei Indianer, die uns aber hoch und
theuer versicherten, daß nichts Eßbares vorhanden sei. An dem
andern Hause war keine Thür. Endlich entdeckten wir den Eingang
hinter einem Haufen Steine, räumten diese weg und wurden für
unsere Mühe belohnt, indem wir einige Kartoffeln und etwas Holz
fanden. Bald loderte ein lustiges Feuer vor dem Gebäude auf, und
der weiße Rauch stieg in gekräuselter Säule zum nächtlichen ge-
stirnten Himmel empor; welch erquickender Anblick für müde Wanderer! Ein helles Feuer unter freiem Himmel und ein darüber
kochendes Mahl, in hoher, einsamer Wildniß, fern von den Wohnungen der Menschen, gewährt nach langer ermüdender Reise ein Gefühl von Behaglichkeit, eine so echte Freude, wie man sie mitten
unter dem Ueberflusse des civilisirten Lebens selten empfindet.

Am 29. Mai gelangten wir in die Nähe des Vulkans von
Arequipa, an dessen Fuße die gleichnamige Stadt noch 7850 F.
hoch über dem Meere liegt. Der Vulkan selbst ist 20,320 F. hoch.
Vom Kamme eines seiner Vorberge, über welchen die Straße führt,
hat man eine herrliche Aussicht auf die Stadt, die sich in einer
weiten und fruchtbaren Ebene ausbreitet. Die Häuser sind alle
blendend weiß, von Weidenpflanzungen und Obsthainen umgeben,
und die großen Mais- und Kleefelder erstrecken sich nach Süden
und Osten bis zu den felsigen Bergen, welche die liebliche Oase von
der großen Sandwüste trennen, die sich jenseits bis zur Meeresküste
erstreckt.

Die Bodenbildung ist vulkanisch, und die Stadt hat häufig
von Erdbeben zu leiden, durch welche sie schon längst zerstört worden sein würde, wenn sie weniger fest und zweckmäßig gebaut
wäre. Die Häuser sind sämmtlich von einem vulkanischen Gestein
aufgeführt, der Grund ist nicht tief gelegt, und die Decken und
Dächer sind gewölbt. Bei dieser Bauart sind sie durch ihre An-

lage geeignet, einer heftigen Erdbewegung nachzugeben, während
sie zugleich durch ihre Festigkeit vor dem Falle geschützt werden.

Arequipa ist eine der größten Städte von Peru, Hauptstadt
eines Departements und bischöfliche Residenz. Es hat stets bedeutenden politischen Einfluß ausgeübt, da die indianische Bevölkerung ungewöhnlich tapfer, unruhig und zu Aufständen geneigt, die Einwohnerschaft der höhern Klassen aber reich, stolz und
talentvoll ist. Die Ebene wird von dem reißenden Flusse Chile bewässert, der auch mitten durch die Stadt fließt, und über den hier
eine schöne steinerne Brücke führt. Viele Landhäuser und Haciendas
geben der Umgegend Schmuck und Wohlstand; und in einer Entfernung von etwas über vier Meilen liegen in einer engen Schlucht
die schwefel- und eisenhaltigen Gesundbrunnen von Jure, die sich
bei verschiedenen Krankheiten von sehr heilsamem Erfolge bewähren.

Die Sandwüste zwischen Arequipa und Islay ist über zwanzig
Meilen breit und in ihrer ganzen Ausdehnung mit weißen Sand-
hügeln bedeckt, die eine halbmondförmige Gestalt halten und mit
der convexen Seite nach dem Meere zu gerichtet waren. Sie sollen
ihre Stellung je nach dem Winde verändern. An der Straße liegen
zwei Posthäuser, Cruz de Cana und Cruz de Guerreros, welche
dem verdursteten Reisenden Obdach und Wasser, sonst aber nicht
viel mehr darbieten. Von dem letzteren aus führt die Straße plötzlich eine steile Schlucht hinab, die zu beiden Seiten von hohen
kahlen Felsen eingerahmt ist. Nur selten erhebt sich aus dem un-
fruchtbaren Boden ein dürftiger, vertrockneter Cactus. Dieser Theil
des Küstenstrichs ist in einer Ausdehnung von zehn Meilen mit
einem Staub bedeckt, den man für die Asche des Vulkans Arequipa
hält, und der sich in so dichten Wolken erhebt, daß die Cavalcade
bald einer Gesellschaft von Müllern gleicht.

Islay ist ein kleiner, meilenweit von Sandwüsten umgebener
Hafenplatz von 2000 Einwohnern, in welchem ein starker Handelsverkehr zwischen Cuzco, Arequipa und den überseeischen Plätzen
stattfindet. Ich schiffte mich in Islay am 21. Juni ein und erreichte
am 24. Lima.

Wie Cuzco für die indianischen Traditionen und alle Beziehungen, welche sich an jene alte untergegangene Civilisation knüpfen, den Mittelpunkt bildet, so repräsentirt Lima die nun ebenfalls verschwundene alte spanische Macht und ist zugleich der Sitz der neuen republikanischen Regierung. Auch jetzt noch erinnert in Lima, wenn man die Pariser Costüme ausnimmt, faßt Alles mehr an die vicekönigliche Zeit als an den gegenwärtigen Zustand der Dinge. Die Kathedrale auf dem großen Platze, mit ihrer roth und gelb angestrichenen Façade, ihren drei grünen Portalen und ihren übertünchten Ziegelthürmen, wurde unter den Vicekönigen erbaut. Einst seufzten ihre Altäre unter dem Drucke der massiven Silberausstattung, die ihnen nun schon seit lange durch die Bedürfnisse der Republik abgenommen wurde. Auch der Palast von unscheinbarem Aussehen, der in seinen untern Räumen zu kleinen Verkaufsläden benutzt wird, diente einst den Repräsentanten der katholischen Majestät; und die schöne steinerne Fontäne in der Mitte des Platzes, über der sich eine bronzene Statue der Fama erhebt, wurde von einem Vicekönig errichtet. Die beiden andern Seiten des Platzes werden durch Privathäuser gebildet, unten mit Arcaden, in denen sich Verkaufshallen befinden, oben mit Balkonen, die durch Gitterjalousien nach maurischer Art abgeschlossen sind.

Die langen geraden Straßen, die sich vom Hauptplatze aus in rechten Winkeln nach verschiedenen Richtungen hin erstrecken, haben ein alterthümliches, feierliches Aussehen und stehen in starkem Contraste zu den neumodischen Trachten der Vorübergehenden. Die Häuser haben größtentheils keine Fenster nach der Straße zu. Bei den kleinern, in den ärmern Stadttheilen sind dieselben durch Thüren ersetzt, über welchen in einer Mörtelwand gläserne Laternen aufgehängt sind; bei den größeren sieht man nichts dergleichen. Sie haben nur große, auf die Straße herausgehende Flügelthore, die in den patio oder Hofraum führen, dessen Umfassungsmauern häufig mit Frescogemälden bedeckt sind. Dem Thore gegenüber befindet sich ein sala genannter Raum, welcher zum Empfangszimmer dient. Die Dränirung der Stadt ist so eingerichtet, daß die Abzugsgräben unbedeckt mitten durch sie hinlaufen; Schaaren von häßlichen Truthahngeiern und schwarzen, kahlköpfigen Aaskrähen belagern ihre Ränder und verrichten anstatt der trägen Einwohner das Amt der Gassenreiniger.

Vom großen Platze aus führt eine Straße an den Fluß Rimak, der mit einer schönen steinernen Brücke überbaut ist; und in der Vorstadt San Lazaro befinden sich zwei stattliche Alleen von hochgewachsenen Weidenbäumen, deren eine dem Flusse entlang zu dem vom Vicekönig Don Manuel Amat im J. 1770 erbauten Amphitheater für Stiergefechte leitet. Auch das zierliche alte Theater mit seinen in eine offene Gallerie ausmündenden Logenthüren ist ein Denkmal aus der viceköniglichen Zeit, wie dies überhaupt bei allen öffentlichen Gebäuden, bei den Kirchen, Klöstern und Hospitälern, bei dem vor der Stadt liegenden Pantheon, bei den Gebäuden der medicinischen Akademie und der Stadtmauer der Fall ist, die sämmtlich unter der spanischen Regierung entstanden. Der Staatsrath der republikanischen Regierung hält seine Sitzungen im Inquisitionshofe, und die Deputirtenkammer kommt in der Kapelle der spanischen Universität von St. Marcus zusammen. Nicht einmal der große vom Vicekönig Amat begonnene Bau eines künstlichen Sees in der Vorstadt San Lazaro ist von der Republik fortgesetzt worden, so daß es scheint, als ob der Anhauch demokratischer und anarchischer Unabhängigkeit allen Verbesserungen, mit denen es freilich auch in der viceköniglichen Zeit langsam genug von Statten ging, lähmend entgegengetreten sei.

Indeß liegt das Uebel tiefer. Die eingeborne Bevölkerung wurde von alter Zeit her in Unthätigkeit erhalten. Man gestattete ihr niemals Antheil an der Regierung und Verwaltung des Landes, und so vertrieb man sich zu Lima seine Zeit mit Bällen und Stiergefechten, und die schönen Frauen rauchten und ergaben sich einem verderblichen Luxus in Kleidung und Schmuck. Das Klima ist warm und erschlaffend und verführt leicht zu einem gleichgültigen, trägen Leben.

Trotzdem, und bei all ihrer Indolenz, waren die Creolen von Lima auf die Spanier, die alle öffentlichen Aemter monopolisirten, und von denen sie mit empörendem Stolze behandelt wurden, um so eifersüchtiger, je mehr das infame spanische Colonialsystem jedem

europäischen armen Schlucker ohne Verdienst und Erziehung die
Möglichkeit darbot, zu den einflußreichsten und einträglichsten
Stellen zu gelangen; und es ist erklärlich, daß dies zuletzt in offenen
Haß ausartete. Den Indianern und der ganzen gemischten Bevölkerung erging es noch schlimmer. Der Vicekönig Graf von
Moncloa erließ im Jahre 1700 ein Decret, daß kein Indianer,
kein Neger, kein Mestize (halb weiß, halb indianisch), kein Mulatte
(halb weiß, halb schwarz), kein Zambo (halb Indianer, halb
schwarz) Handel treiben, einen Laden halten oder auch nur in den
Straßen verkaufen dürfe; nur Ackerbau und Handwerk war ihnen
erlaubt, und jeder Uebertreter wurde in die Strafcolonie Valdivia
deportirt.

Die Creolen suchte der spanische Hof, indem er sie auf der
einen Seite verletzte, auf der andern wieder dadurch zu gewinnen,
daß er denjenigen Familien, die sich über ihre Abkunft ausweisen
konnten, Diplome verlieh. Freilich war dies zugleich ein sehr ein-
trägliches Geschäft, denn es mußten ungeheure Summen dafür bezahlt werden. Ulloa berichtet, daß er im J. 1743 in Lima nicht
weniger als achtundvierzig Marquis und Grafen angetroffen habe,
und in den Küstengegenden war der hohe Adel unter den großen
Grundbesitzern nicht minder zahlreich.

Der Plan, einen Colonialadel zu schaffen, war keine unweise
Maßregel. Man gelangte damit, wenigstens für eine ziemlich beträchtliche Zeit, dahin, die reichen Colonisten eng mit dem Mutterlande, dem Born der Ehren, zu verknüpfen.

Der Colonialadel hielt es nicht, gleich den Granden von
Spanien, unter seiner Würde, sich in kaufmännische Unternehmungen einzulassen: und in der That hätten die Schätze dieses herrlichen Landes wohl auch den stolzesten europäischen Patrizier hierzu
verlocken können. Der Reichthum der Silberminen von Peru wurde
bald in der ganzen Welt zum Sprichwort, und selbst eine lebhafte
Phantasie konnte kaum das Maß ihrer Ausbeute übertreiben. Neben
den Minen von Potosi wurden im Jahre 1620 die von Cerro
Pasco und im J. 1667 die in der Provinz Puno entdeckt, zu denen

solche Massen von Abenteurern sich drängten, daß es in der Ebene von Laycocola zu einer regelmäßigen Schlacht kam.

Die ungeheuren Einnahmen, die von diesen und den mexikanischen Bergwerken bezogen wurden, gelangten über die Häfen Bera Cruz und Porto Bello in den Silbergallionen nach Spanien und füllten die Schatzkammer Philipps II., des mächtigsten Monarchen der Christenheit, dessen wahnwitzige selbstsüchtige und kurzsichtige Politik den Untergang der spanischen Macht beschleunigte. Zu einer Zeit auf den Thron gelangt, wo seine Vorgänger die alten Constitutionen von Castilien und Arragonien, die Cortes und die Justiza Mayor, aufgehoben und jeden freien Gedanken und jede freie Thätigkeit unterdrückt hatten, fand er sich an der Spitze einer nahezu despotischen Staatsverwaltung. Eine Zeit lang ging Alles glänzend von Statten. Die gesunde Kraft, die Spanien aus seinen alten Verfassungen geschöpft hatte, spornte das Genie und den Unternehmungsgeiß seiner Söhne an, und durch solches Material wurde der wurmstichige Despotismus noch auf eine kurze Frist getragen und mit Pracht und Macht umkleidet.

Man hatte die neue Welt erobert und dem türkischen Vordringen in den Gewässern von Lepanto eine Schranke gezogen; man wußte der französischen Armee und den Schweizer Miethlingen mit der Infanterie Gonsalvo's, Alba's und Farnese's die Spitze zu bieten; Belasquez' und Murillo's Pinsel schmückten die Kirchen und Paläste Spaniens; und die Werke eines Cervantes, Lope de Bega, Calderon, Quevedo, de Solis und Ercilla, nebst vielen andern, verherrlichten sein goldenes Zeitalter. Aber der Same des Verfalls lag unter dieser schimmernden Parade des Genies und der Eroberung schon reichlich ausgesäet. Die immerwährenden, endlosen Kriege, in welche Philipp II. das Reich verwickelte, die Gnadengehalte, die er auszahlte, und die Subsidien, die er nach Italien schickte, um seine Macht aufrecht zu erhalten, das Alles vereinigte sich, die Hülfsquellen der Regierung zu erschöpfen, so daß, obschon er durch seine amerikanischen Bergwerke das reichste Einkommen unter allen Souveränen Europa's besaß, seine Schatzkammer doch stets leer war. Von 35,000,000 Dollars, die er im Jahre 1595 aus Amerika bezog, war im Jahre 1596 kein Real mehr in Spanien zu finden.

Kurz, die Finanzen Philipps waren vollständig zerrüttet, und doch setzte er den Krieg fort; doch versuchte er es, England zu vernichten; doch ließ er sein über allen Glauben thörichtes Handelssystem fortbestehen. Ueberall herrschte Stockung des Verkehrs, Elend unter den arbeitenden Klassen, während Philipp, im Escurial eingeschlossen, persönlich alle Departements seiner kümmerlichen Regierung leitete, mit einem unerschütterlich kalten Ausdruck auf seinem blassen Gesicht und mit anscheinender Gleichgültigkeit die Berichte von der Vernichtung seiner Heere und Flotten und dem Elend seiner Unterthanen anhörte und Spanien noch immer für das größte Reich der Welt hielt.

Darauf folgten die Regierungen seiner unwürdigen Nachfolger und ihrer lasterhaften Minister; schnell und gedankenlos trieben sie das unglückliche Land in die breite Heerstraße der Armuth und des Verderbens hinein.

Erst im J. 1714, als die Bourbons auf den spanischen Thron gelangten, zeigte sich in verschiedenen Maßregeln der Regierung eine erleuchtetere Politik; der Handelsverkehr mit den Colonien, der bisher in den Fesseln des strengsten Monopols geschmachtet hatte, wurde wenigstens in etwas geöffnet. Bis dahin hatte die sogenannte Flota, welche aus drei Kriegsschiffen und ohngefähr funfzehn Kauffahrteischiffen zu 400 bis 1000 Tonnen bestand, die Ein- und Ausfuhr von Peru und Mexiko besorgt. Alle Arten von Manufacturwaaren wurden auf dieser Flotte verschifft, so daß alle europäischen Handelshäfen bei ihrem Cargo betheiligt waren. Sie segelte von Cadix aus und durfte an keinem Orte unterwegs irgend etwas von der Schiffsladung löschen. Als Rückfracht nahm sie von Vera Cruz Silber, Cacao, Indigo, Cochenille, Tabak und Zucker; das Rendezvous mit den von Porto Bello kommenden Gallionen, welche die Schätze Peru's überbrachten, hielt sie zu Havanna. Die Gallionen waren Fahrzeuge von 500 Tonnen; bei ihrer Ankunft zu Porto Bello begann ein großartiger Markt, bei dem sich die Kaufleute aus allen Theilen von Südamerika zusammenfanden. Von Manilla kamen die Acapulco-Gallionen, mit den Gewürzen des Ostens beladen, im December an; und fast zu derselben Zeit kam das reiche Schiff von Lima, mit durchschnittlich 2,000,000 Dollars an Bord. Außer den Gallionen ließen die Kaufleute von Cadix, wenn sie glaubten, daß in amerikanischen Häfen größere Nachfrage stattfände, noch die sogenannten Register-schiffe abgehen, für welche aber bedeutende Licenzgelder gezahlt werden mußten.

Das strenge Monopol konnte indeß zu keiner Zeit vollständig durchgesetzt werden. Namentlich wurden, seit die Engländer den Asiento, den Vertrag, der sie ermächtigte, die spanischen Colonien mit Negersklaven zu versorgen, abgeschlossen hatten (1715), bei Gelegenheit dieses schimpflichen Handels ungeheure Quantitäten europäischer Waaren eingeschmuggelt.

Auch konnte es nicht fehlen, daß die sabelhaften Schätze der Gallionen Schaaren von beutegierigen Abenteurern aus England und Frankreich herbeizogen, und die spanischen Meere wimmelten von Buccaniern, die sich nicht bloß auf Seeräuberei beschränkten; das Glöckchen der Madrina (des Leitmaulthiers), welches das Heran-nahen der silberbeladenen Karawane verkündete, war eine liebliche Musik in ihren Ohren, wenn sie in den Wäldern des Isthmus auf der Lauer lagen.

Die Seemacht, die den Vicekönigen von Peru gegen diese häufigen Angriffe zu Gebote stand, war unbedeutend.

Das Arsenal zu Callao, zu welchem mehrere große Magazine gehörten, stand unter der Obhut von fünf Beamten, die mit den Vorräthen einen unglaublichen Unterschleif trieben und die Schiffe auf die empörendste Weise ausrüsteten. Auf diesen, selbst auf den Kriegsschiffen, wurden Verkaufsläden gehalten, deren Gewinn dem Capitän zufiel. Die gesuchtesten Artikel waren Wein und Würfel. Die Leute durften auf hoher See bis spät in die Nacht hinein bei offenem Lichte spielen. Die Kauffahrteischiffe waren in einem noch elenderen Zustande, erbärmlich gebaut, und noch erbärmlicher ver-waltet. Die Wache hielten der Patron und der Lootse. Der eine schlief unten in seiner Hängematte, der andere auf dem Deck an

der Cajütenthüre, alle Matrosen schliefen, und der Mann am Steuer
stellte häufig das Rad ein und schlief auch mit. Viele Schiffe gin-
gen jährlich unter. Aber die Corruption und die Unterschleife am
Arsenal und der Schiffswerfte zu Callao nahmen ein plötzliches
Ende. Das furchtbare Erdbeben vom 28. October 1746 machte ganz
Callao zu einem Trümmerhaufen; auch Lima litt außerordentlich,
und mehrere Schiffe, darunter die Fregatte St. Fermin, wurden aufs
Trockne gesetzt. Den Punkt, auf welchem die Fregatte zu stehen kam,
bezeichnet ein kleines Denkmal zwischen Callao und Bella Bista.
Die Einwohner von Callao wurden, mit Ausnahme eines einzi-
gen, alle von den Fluthen verschlungen. Lima und Callao erholten
sich von diesem Schlage nur sehr langsam, obschon der Bicekönig,
Marquis von Billa Garcia, große Energie an den Tag legte und
zum Aufbau eines neuen Callao an einem besser geeigneten Platze
Veranstaltung traf.

Die Colonialpolitik wurde von jetzt an eine merklich bessere;
namentlich machte die Regierung des Grafen Florida Blanca, der
zwanzig Jahre an der Spitze des spanischen Ministeriums stand,
mehrfache Versuche zu Reformen in der Verwaltung.

Das übermäßig große Bicekönigthum Peru wurde getheilt;
man ernannte Bicekönige für La Plata und Reu Granada und errichtete eine königliche Audienca zu Quito. Auch schickte man nicht
mehr die hochmüthigen Granden von Spanien nach Peru, sondern
ernannte praktische Männer, die sich als Generalcapitäne im Lande
die nöthigen Localkenntnisse verschafft hatten, zu Bicekönigen. Zu
den letzteren gehören Don Manuel Amat (1761), Don Augustin
Jauregui (1780) und Don Ambrosio O'Higgins, Marquis von
Osorno (1796), dessen Vater, ein armer Irländer, einen kleinen
Kramladen am Marktplatze zu Lima hielt. Auf O'Higgins folgten
der Marquis von Aviles (1799), Don Jose de Abascal (1806), ein
vortrefflicher Regent, und General Pezuela (1816), der letzte Bicekönig, der sein Amt in Frieden antrat, und dessen Porträt in der
Galerie der Bicekönige von Pizarro an nach einem sonderbaren Zusammentreffen auch gerade den einzigen noch übrigen Platz einnahm.

Troß der besseren Verwaltung, welche die spätern Bicekönige

einzuführen suchten, herrschte Corruption und Veruntreuung unter
den Behörden aller Grade. Die Richter an den höchsten Gerichts-
höfen, namentlich die zu Lima, waren ganz ohne Scheu verkäuflich.
Sie trieben auch meistens Handelsgeschäfte und dabei eine so ausgedehnte Schmuggelei, daß die mit verbotenen Waaren von Payta
befrachteten Maulthiere am hellen, lichten Tage nach Lima herein-
getrieben wurden.

Die spanische Herrschaft näherte sich ihrem Ende. Vieles war
zusammengekommen, um die Gemüther der Creolen auf die Revolution hinzuführen. Die theilweise Freigebung des Handels durch
Floriba Blanca; die durch den Verkehr mit unabhängigen Staaten
gewonnene klarere Einsicht in ihren eigenen sklavischen Zustand;
endlich die Invasion des Mutterlandes durch die Armeen Napoleons
brachte die Volksaufregung in Südamerika zu einer solchen Höhe,
daß es nur eines Funkens bedurfte, um den Brandstoff zu entzünden,
der die spanische Macht in der Neuen Welt für immer vernichten
sollte. Die verkehrten Maßregeln der spanischen Gouverneure und
das anmaßende Verhalten der Regentschaft zu Cadix riefen endlich
den offenen Ausbruch der Revolution, die sie verhindern sollten,
hervor; von Caracas und Buenos Ayres ausgehend, verbreitete sich
der Kampf mit dem Mutterlande bald über das gesammte spanische
Amerika und endete mit dessen Unabhängigkeit.

Peru, so lange der Mittelpunkt der viceköniglichen Größe, warf
das spanische Joch zuletzt ab; seine Unabhängigkeit folgte aber unvermeidlich der der übrigen Provinzen. Im Jahre 1821 zog General San Martin in Lima ein und erklärte, er komme, um die vor
dreihundert Jahren von Pizarro geschmiedeten Ketten zu zerbrechen.

Neuntes Kapitel.

Lima unter der Republik Peru.

Fortgang der Insurrection. — Wegnahme der „Esmeralda" durch Lord Cochrane. — Proclamation der Republik; San Martin und Bolivar. — Entstehung der Republiken Bolivia und Ecuador. — Peru unter der Herrschaft militärischer Abenteurer und Parteigänger; dreißigjährige Bürgerkriege.

Als der Unabhängigkeitskrieg in Südamerika ausbrach, war Spanien, abgesehen von seinem mit reißender Schnelligkeit überhandnehmenden Verfall aus inneren Gründen, in einen so heftigen einheimischen Krieg verwickelt und durch den Zwiespalt der Regentschaft so zerrissen, daß man sich wundern muß, wie es ihm möglich war, den Kampf gegen die empörten Colonien so lange fortzusetzen.

Während die Insurrection in Columbia und Buenos Ayres erfolgreich zu werden begann, hatte der General Ramirez den Aufstand des Pumacagua zu Cuzco niedergeworfen; Pezuela und Goyeneche hatten entscheidende Siege über die Insurgenten von Ober-Peru davongetragen, und von Callao war eine Expedition abgesegelt, um die empörte Provinz Chile wieder zu unterwerfen.

Es war natürlich, daß der Mittelpunkt der viceköniglichen Macht in welchem fortwährend ein großes stehendes Heer unterhalten wurde, und wo Schwärme von spanischen Beamten in allen größeren Städten die Oberhand hatten, am längsten behauptet werden konnte; und wenn schon die Creolen und Indianer ihren Unterdrückern nichts weniger als geneigt waren, so mußten sie sich doch bei der Entfaltung einer so starken Gewalt und der rücksichtslosen Verwendung derselben äußerlich beugen.

Allein dieser Zustand der Dinge konnte nicht so fortdauern, als die Verbindung mit dem Mutterlande schwieriger wurde. Nunmehr näherten sich die Flammen der Revolution auch den Gränzen des Incareichs.

Der tapfere Lord Cochrane war in Valparaiso erschienen und hatte das Commando der von den Insurgenten Chile's zusammengebrachten, größtentheils mit englischen Matrosen und Officieren bemannten Kriegsflotte übernommen. Am 20. August 1820 nahm Lord Cochrane ein vom General San Martin befehligtes Insurgentenheer an Bord und segelte nach Peru. Ein Theil der patriotischen Armee, wie sie sich nannte, wurde bei Pisco gelandet und vom General Arenales sofort über Ica ins Innere geführt. Das Hauptcorps landete bei dem kleinen Dorfe Ancon, eine Stunde nördlich von Lima; und gleichzeitig entwarf Lord Cochrane den Plan zu einer der glänzendsten Thaten, welche dieser unerschrockene und kühne Seeheld vollbracht hat. Er beschloß nämlich, die spanische Fregatte Esmeralda, welche unter den Kanonen der Festung Callao lag und durch eine Corvette, zwei Brigs und eine Anzahl Kanonenboote gedeckt war, „herauszuschneiden“. Die Boote des Geschwaders von Chile brachen zu diesem Unternehmen, von Lord Cochrane selbst geführt, am 5. November spät in der Nacht auf und gelangten, ohne bemerkt zu werden, an die Esmeralda heran. Lord Cochrane enterte am Steuer- und Backbord zugleich; nach einem kurzen aber heißen Kampfe wurden die Spanier überwältigt, man lichtete die Anker, und die Fregatte wurde im Triumphe aus dem Bereiche der Festungskanonen entführt.*)

_____

*) Wir können uns nicht versagen, die Begebenheit, die unser Autor hier berührt, nach Lord Cochrane's (jetzt Earl of Dundonald's) eigener Erzählung unsern Lesern mitzutheilen. Sie findet sich in dem neuerdings erschienenen Werke des dreiundachtzigjährigen Helden „Narrative of Services in the Liberation of Chili, Peru, and Brazil, from Spanish and Portuguese Domination. By Thomas Earl of Dundonald G. C. B. Admiral of the Red, Rear-Admiral of the Fleet. 2 vols.“ und wird vom Athenäum, Januar 1859 Nr. 1627 mitgetheilt.

Die Unternehmung, erzählt der Admiral, war gefahrvoll; denn seit meinem letzten Besuche war die feindliche Stellung verstärkt worden. Die Festungswerke am Ufer waren mit nicht weniger als 300 Geschützen armirt, die Esmeralda war mit den besten Seeleuten und Marinesoldaten, die man hatte auftreiben können, bemannt, und die Mannschaften waren jede Nacht, auch zum Schlafen, auf ihre Posten consignirt. Uebrigens war sie

Während dieser glückliche Erfolg ein glänzendes Licht auf die Flotte warf, war General Arenales von Jca in die Sierra vorgedrungen und hatte bei Cerro Pasco ein detachirtes Corps der königlichen Armee geschlagen, sah sich aber gezwungen, über die Cor-

---

durch einen starken Sperrbaum mit Kettenankern und durch bewaffnete Blockschiffe bedeckt, und das Ganze umgaben siebenundzwanzig Kanonenboote, so daß kein Schiff in ihre Nähe gelangen konnte. Drei Tage beschäftigten wir uns mit den Vorbereitungen, hielten aber den Zweck, für welchen sie bestimmt waren, geheim. Am Abend des 5. November wurde er den Mannschaften der Schiffe mittelst folgender Proclamation kundgegeben: „Seesoldaten und Matrosen! Heute Nacht werden wir dem Feinde einen tödlichen Streich versetzen. Morgen werdet ihr euch stolz vor Callao zeigen, und eure Kameraden werden euch um euer Glück beneiden. Ich fordere eine Stunde voll Muth und Entschlossenheit von euch, nicht mehr, und wir triumphiren. Denkt an den Sturm von Valdivia und fürchtet euch nicht vor denen, die stets vor euch geflohen sind. Der Werth der vor Callao genommenen Schiffe wird euch als Beute zufallen, und ihr werdet dieselben Belohnungen in baarem Gelde erhalten, die man den Spaniern für die Wegnahme eines Schiffes von unserm Geschwader versprochen hat. Der Augenblick des Ruhmes nahet heran! Ich hoffe, die Männer von Chile werden kämpfen, wie sie's gewohnt sind, und die Engländer werden thun, was sie daheim und auswärts allezeit gethan. Cochrane.“

Indem ich diese Proclamation ergehen ließ, erklärte ich, daß ich den Angriff in Person leiten würde, und forderte Freiwillige auf, hervorzutreten. Alle Seesoldaten und Matrosen am Bord der drei Schiffe erboten sich, mich zu begleiten. Da dies nicht zugegeben werden konnte, wählte ich 160 Matrosen und 60 Marinesoldaten aus und bemannte mit ihnen, nachdem es dunkel geworden war, vierzehn Boote längs des Flaggenschiffes. Jeder, der an der Expedition theilnahm, wurde mit Hirschfänger und Pistole bewaffnet und erhielt, zur Unterscheidung, weiße Kleidung mit blauem Band am linken Arme. Ich rechnete darauf, daß die Spanier nicht auf ihrer Hut sein würden, weil ich die List gebraucht hatte, die andern Schiffe, wie zur Verfolgung eines in Sicht gekommenen Fahrzeuges, unter Capitän Foster aus der Bai absegeln zu lassen, so daß der Feind glauben mußte, es werde diese Nacht nicht zu einem Angriff kommen. Um zehn Uhr war alles fertig; die Boote wurden in zwei Divisionen getheilt; die eine commandirte mein Flaggencapitän Crosbie, die zweite Capitän Guise; mein eigenes Boot führte den Zug. Es war das strengste Stillschweigen und der abschließliche Gebrauch der Hiebwaffe anbefohlen, die Ruder waren umwickelt und die Nacht sehr finster, so daß der Feind von

billeren zurückzugehen und sich mit dem Hauptcorps der patriotischen
Armee zu verbinden.   Die reißend schnellen, plötzlichen und unerwarteten Fortschritte der Patrioten schienen für einen Augenblick
die Thätigkeit der spanischen Generale zu lähmen.   Anstatt gegen

---

dem bevorstehenden Angriff keine Ahnung bekam. Es war gerade Mitter-
nacht, als wir uns der engen Einfahrt, die der Sperrbaum offen ließ,
näherten. Jetzt wäre unser Plan dadurch, daß wir die Aufmerksamkeit
eines Wachboots erregten, beinahe vereitelt worden. Unglücklicher Weise
nämlich hatte mein Langboot an dasselbe angestoßen. Es rief an. Ich
drohte mit gedämpfter Stimme, daß bei dem geringsten Geräusch Niemand das Boot lebend verlassen würde. Man unterwarf sich stillschwei-
gend, und in wenigen Minuten hatten meine braven Bursche zu beiden
Seiten der Fregatte Linie formirt, und enterten an mehreren Punkten
zugleich. Die Spanier waren vollständig überrascht. Alle, außer den Schild-
wachen, schliefen.

Noch ehe sie zur Besinnung kamen, hatten die chilenischen Schwerter
ein furchtbares Blutbad unter ihnen angerichtet. Sie zogen sich auf das
Vordercastell zurück und kämpften so wacker, daß erst beim dritten Angriff
die Position genommen ward. Auf dem Hinterdeck erneuerte sich das Ge-
fecht für kurze Zeit; die spanischen Marinesoldaten, die hier eine Stellung
eingenommen hatten, hielten Stand, bis der letzte Mann gefallen war.
Was vom Feinde noch übrig war, sprang über Bord oder in den Raum,
um der Metzelei zu entgehen. Als ich das Schiff bei den großen Put-
tingen entern wollte, erhielt ich von der Schildwache einen Stoß mit dem
Flintenkolben, der mich ins Boot zurückwarf. Ich fiel auf einen Ruder-
nagel, der mir ins Rückgrat drang und eine Verletzung zuzog, an der ich
manches Jahr zu leiden hatte. Ich sprang aber sofort wieder auf, erstieg
die Schiffsseite zum zweiten Male und wurde, kaum nachdem ich das Ver-
deck betreten, durch den Schenkel geschossen. Dennoch gelang es mir, indem ich mit meinem Schnupftuch einen festen Verband um die Wunde
machte, den Kampf, wenn auch mit großer Mühe, bis zu Ende zu leiten.
Die ganze Affaire, vom ersten bis zum letzten Augenblicke, dauerte nicht
länger als eine Viertelstunde. Unser Verlust bestand in 11 Todten und
30 Verwundeten, während die Spanier 160 Mann verloren, von denen
manche den Todesstreich empfangen hatten, ehe sie zu ihren Waffen greifen
konnten. Das Kampfgetöse brachte die Festungsgarnison schnell in Alarm;
sie eilte zu den Geschützen, und die Spanier feuerten auf ihre eigene Fregatte. Man machte uns also das Compliment, daß wir sie genommen.
Indeß hätten die Spanier auch für diesen Fall berücksichtigen sollen, daß
ihre „eigenen" Leute noch an Bord sein mußten, und es war eine Unbe-

den angreifenden Feind vorzurücken, zerfielen sie in innere Spaltung, welche damit endete, daß Pezuela durch eine Militärcommission abgesetzt und der General Don Jose la Serna an seiner Statt zum Vicekönig ernannt wurde. Diese inneren Zerwürfnisse gaben vielen einflußreichen Männern vom Militär und Civil Gelegenheit, Lima zu verlassen und sich den Patrioten anzuschließen, denen ihre Gegenwart erhöhte Zuversicht einflößte.

Durch die feindliche Flotte von der Verbindung mit Spanien abgeschnitten, vom feindlichen Heer und von Montanerosbanden oder berittenen Räubern umringt, sah der Vicekönig La Serna die Unmöglichkeit ein, sich länger in Lima zu behaupten; er verließ daher am 6. Juli 1821 die alte Residenz der Vicekönige, zog sich in das Innere zurück und machte Cuzco zum Hauptquartier für die königlichen Armeen. Am neunten zog das Patriotenheer unter General San Martin triumphirend in Lima ein, von den eingebornen Peruanern mit Jubelrufen, von den Spaniern, deren Macht sich nun einem schnellen Ende zuneigte, mit unterdrückter Wuth empfangen.

Am 28. wurde die Unabhängigkeit Peru's proclamirt, nachdem die Geistlichkeit, die Universität und selbst die meisten Mitglieder des hohen Adels von Lima ihre Beitrittserklärung abgegeben hatten. Eine große Procession, an deren Spitze sich San Martin

---

sonnenhelt, daß sie feuerten. Es wurden auch wirklich mehrere Spanier durch die Schüsse aus ihrer eigenen Festung getödtet, darunter der Befehlshaber der Fregatte, Capitän Colg, der, nachdem er schon zum Gefangenen gemacht war, durch eine spanische Kugel eine schwere Contusion erlitt. Glücklicherweise wurden jedoch die Festungsgeschütze durch ein erfolgreiches Manöver schnell zum Schweigen gebracht. Es befanden sich nämlich während des Kampfes zwei fremde Kriegsschiffe in der Nähe, die Fregatte Macedonia, von den Vereinigten Staaten, und die englische Fregatte Hyperion. Diese waren für den Fall eines nächtlichen Angriffs mit den spanischen Behörden dahin übereingekommen, daß sie gewisse Lichter als Signale aufhissen wollten, um dadurch die Beschießung zu vermeiden. Wir hatten uns auf so etwas gefaßt gemacht, und sobald das Feuern begann, hißten wir ähnliche Lichter auf. Die Garnison wurde hierdurch irre gemacht und wußte nicht mehr, wohin sie feuern sollte.

befand, und der sich die Marquis von Montemiras und Torre Tagle,
die Universität, die geistlichen Orden und die Richter und Räthe
vom obersten Gerichtshofe angeschlossen hatten, verließ den Palaß
und begab sich mitten auf den Markt, wo San Martin die neue
Nationalflagge entfaltete und ausrief: „Von diesem Augenblicke an
ist Peru frei und unabhängig, durch den ausgesprochenen Willen des
Volks und durch seine gerechte Sache. Ihr verleihe Gott seinen
Schutz!" Lord Cochrane sah die Ceremonie von einem Balkone des
Palastes, dessen Nordseite nach dem Markte herausgeht, mit an. Unmittelbar darauf erklärte sich San Martin zum Protector von Peru
und ernannte Don Bernardo Monteagudo, einen Emporkömmling
von farbiger Abstammung, und Don Hipolito Unanue, den gelehrten Präsidenten des medicinischen Collegiums zu Lima, zu seinen
Staatsministern. Sein erster Regierungsact war die Verbannung des
bejahrten Erzbischofs von Lima, Don Bartolomeo Maria de las
Heras, der einen beredten Protest gegen die Decrete des Protectors
veröffentlicht hatte, woran sich die Niedersetzung eines tyrannischen
Tribunals zur Untersuchung des früheren Verhaltens der Spanier
anschloß. Im September ergab sich die Festung Callao an San
Martin, und Lord Cochrane's Geschwader verließ die Küste von
Peru.

San Martin fühlte sich bei den glücklichen Erfolgen, die er
errungen hatte, so sicher, daß er, obschon das Innere von Peru sich
noch in den Händen der Spanier befand, den Patrioten von Quito
unter General Santa Cruz ein peruanisches Hülfscorps zusendete.
Die Entscheidungsschlacht fand im Mai 1822 bei Pichincha
statt; der spanische General Ramirez (derselbe, welcher den unglücklichen Pumacagua hatte hängen lassen) erlitt eine vollständige
Niederlage, wozu hauptsächlich die Tapferkeit der Engländer unter
Mackintosh beitrug, und Quito erklärte sich für unabhängig.

Im Juli begab sich San Martin nach Guayaquil, um eine
Zusammenkunft mit General Bolivar zu halten. Die Unterredung
scheint zu keinem befriedigenden Resultate geführt zu haben. San
Martin kehrte nach Lima zurück, berief den ersten Congreß von Peru,
der seine Sitzungen am 20. September 1822 begann, legte seine

Gewalt in die Hände des Congresses nieder und zog sich ins
Privatleben zurück. San Martin spielte neben Bolivar die hervor-
ragendste Rolle im Unabhängigkeitskriege. Sein politischer Charakter
ist verschiedenartig beurtheilt worden, allein sein freiwilliges Zurück-
treten befreit ihn wenigstens von dem Vorwurfe eines sich selbst
überschätzenden Ehrgeizes. Nachdem er eine kurze Zeit auf seiner
Besitzung zu Mendoza verweilt hatte, schiffte er sich nach Europa
ein und starb 1850 zu Boulogne.

Bis zum Februar 1823 betraute man mit der Executivgewalt
einen Rath von drei Männern, Don Jose de la Mar, Don Felipe
Alvarado und Don Manuel Salazary Baquijano, Graf von Vista
Florida; dann wurde Don Jose de la Riva Aguero zum ersten Präsidenten erwählt.

Unterdessen hatten die Generale Alvarado und Miller, der letztere ein Engländer, eine Expedition zur See nach dem südlichen
Peru unternommen, waren aber bei Torata und Moquegua von
dem spanischen Generalen Canterac und Valdez geschlagen worden
und mußten unverrichteter Dinge nach Lima zurückkehren. Riva
Aguero ernannte seinen Freund Santa Cruz zum Oberbefehlshaber
der Armee und den Obersten Gamarra zum Chef des Generalstabs.
Da aber die Spanier im Innern eine drohendere Stellung einnahmen, und ein Armeecorps unter Canterac gegen Lima selbst vorrückte, wandte man sich nach Columbia um Hülfe, und der Befreier
Bolivar sandte dreitausend Mann, mit denen General Sucre bei
Callao landete. General Santa Cruz schiffte sich noch einmal nach
dem südlichen Peru ein. Kaum waren die Schiffe aus dem Gesichts-
kreise entschwunden, als Canterac über die Anden ging und triumphirend in Lima einzog. Der Präsident Riva Aguero, der Congreß
und der General Sucre mit der columbischen Armee flüchteten sich
schleunigst unter die Kanonen von Callao. Mangel an Erfolg gilt
in den Augen einer Volksversammlung stets als Verbrechen. Der
Präsident Riva Aguero wurde abgesetzt und nach Truxillo geschickt;
Sucre trat an die Spitze der Patrioten von Callao. Canterac fand
seine Stellung in Lima unhaltbar und ging in das Innere zurück.
Darauf wurde die Hauptstadt wieder von den Patrioten eingenom-

men. Santa Cruz verlangte Verstärkung. Sucre eilte ihm zu Hülfe und übergab die Executive in die Hände des Marquis von Torre Tagle. Auch diese zweite Expedition fiel unglücklich aus. Man wandte sich noch einmal an Bolivar, den berühmten Befreier von Columbia, und dieser kam nun selbst, nachdem er vom Congreß zu Bogota Urlaub erlangt hatte, und hielt am 23. September 1823 seinen Einzug in Lima. Das erste Ereigniß, das sich nach seiner Ankunft zutrug, konnte als schlimme Vorbedeutung für seine künftigen Erfolge gelten. Unter der Besatzung von Callao brach am 15. Februar 1824 eine Meuterei aus. Die spanischen Gefangenen überredeten die Meuterer, die königliche Fahne aufzustecken, und alsbald nahten die Royalisten von Lurin und besetzten die Festung. Die Officiere der patriotischen Armee wurden zu Gefangenen gemacht und unter Bedeckung in das Innere abgeführt. Das dazu bestimmte Detachement commandirte General Monet, und die Spanier ließen sich während des Marsches einen Act der Barbarei zu Schulden kommen, der ihren tödlichen Haß gegen die Insurgenten und die wilde Kriegsführung in jenen Kämpfen charakterisirt.

Die beiden gefangenen Obersten Estomba und Luna hatten die Flucht ergriffen und in einer der tiefen Andenschluchten ein sicheres Versteck gefunden. Dies setzte den General Monet in Wuth. Er überhäufte die andern Gefangenen mit Schimpfreden, schlug sie und beschloß, für die entflohenen Gefangenen an den Zurückgebliebenen Rache zu nehmen. Als man das kleine Bergdorf San Mateo erreicht hatte, mußten sie dem Bachufer entlang in Reihe und Glied treten; darauf erschienen die beiden spanischen Officiere, Oberst Garcia Camba und Oberst Tur, und der Erstere hielt folgende Anrede:

„Meine Herren, ich habe Befehl vom General Monet, Sie das Loos ziehen zu lassen. Zwei von Ihnen müssen sterben, weil zwei von Ihnen entflohen sind. Entfliehen noch zehn, so sterben noch zehn; entflieht die eine Hälfte, so wird die andere Hälfte erschossen."

Der Regimentsrichter der patriotischen Armee, Sennor Aldana, trat als Schutzredner für seine Kameraden auf und begann: „Unter den rohesten Nationen besinne ich mich nicht, von einem so grausamen und ungerechten Verfahren gehört zu haben. Ich fordere, daß man uns das Recht — —" aber Garcia Camba schnitt ihm die Rede kurz ab mit den Worten: „Sie können zufrieden sein, daß man Ihnen das Recht bewilligt hat, Ihren Kopf auf den Schultern zu tragen", und verschritt zum Loosen. Die Namen der Officiere wurden auf kleine Papierstreifen geschrieben und in einen Helm gethan. Die beiden ersten, die herausgezogen würden, sollten sterben. Das Loos fiel auf die Capitäne Don Manuel Pruban und Don Domingo Millan. Beim Hören seines Namens sagte der Erste: „Ich stehe meinem Vaterland zu Diensten!" der Zweite sagte: „Hier" und begab sich vier Schritt vor die Fronte. Ein paar Minuten später wurden sie zur Execution abgeführt. Sie entblößten die Brust und fielen unter dem Rufe: „Unsere Waffengefährten werden diesen Mord rächen!" Die anderen Gefangenen mußten über ihre Leichname wegmarschiren und schworen dabei, daß sie diese Schandthat rächen würden. Sie wurden auf der Insel Esteves im Titicaca-See in Verwahrung gehalten und erlangten erst nach der Schlacht von Ayacucho ihre Freiheit wieder.

Zu dieser Zeit gingen manche Patrioten zu den Spaniern über, bis zu Anfang des Jahres 1824 der Congreß so verständig war, sich selbst aufzulösen und dem General Bolivar die Dictatur zu übertragen. Dieser ging im Juli selbst über die Anden, schlug den General Canterac in einem glänzenden Reitergefecht und übertrug sodann, nach Lima zurückkehrend, den Oberbefehl über die Truppen dem General Sucre, welcher noch in demselben Jahre, am 8. December, unter Mitwirkung der Generale Cordova und Miller, in der entscheidenden Schlacht von Ayacucho die spanischen Streitkräfte völlig aufrieb und damit die Unabhängigkeit Peru's sicherte.

Noch befand sich aber die Festung Callao in den Händen der Spanier, und der Commandant General Rodil behauptete sie ruhmvoll während einer langen Belagerung. Der Nothstand wurde zuletzt furchtbar. Tausende unglücklicher Royalisten, die sich von Lima in die Festung geflüchtet hatten, darunter viele Frauen und Kinder, starben den Hungertod. Endlich, nachdem die spanische Flagge sonst allerwärts aus Südamerika verschwunden war, capitulirte der harte und grausame Rodil auf ehrenvolle Bedingungen am 19. Januar 1826.

Nach dem Siege von Ayacucho, im Jahre 1825, machte der Dictator Bolivar seinen Triumphzug durch Peru. In demselben Jahre erklärte sich Ober-Peru für unabhängig, sowohl von dem übrigen Peru als von der Argentinischen Republik, und nannte sich zu Ehren des Befreiers Bolivia. Chuquisaca wurde die Hauptstadt der neuen Republik und Sucre, der Held von Ayacucho, ihr erster Präsident (1826).

Bolivar hatte sich inzwischen nach Lima zurückbegeben und schiffte sich, nachdem ihm einige gesetzgeberische Versuche mißglückt waren, am 26. September 1826 nach Guayaquil ein, indem er den General Santa Cruz an der Spitze der Regierung und den General Lara als Befehlshaber der columbischen Hülfstruppen in Peru zurückließ. Am 4. Juni 1827 legte Santa Cruz seine Gewalt in die Hände des Congresses nieder und ging als Gesandter Peru's nach Chile, während der Congreß den früheren spanischen Brigadier Don Jose Lamar, der sich sehr zeitig der Sache der Patrioten angeschlossen hatte, zum Präsidenten erwählte.

Peru war nun als unabhängige Republik constituirt und begann das Werk der Selbstgesetzgebung. Man machte sich Hoffnung auf eine glänzende Zukunft, die bitter getäuscht werden sollte. Man hatte geglaubt, daß ein freier Verkehr mit Europa, politische und religiöse Freiheit und die Segnungen der Selbstregierung den wohlthätigsten Einfluß äußern würden. Aber die Folge zeigte die unheilschwangere und verderbliche Einwirkung einer Republik auf ein Volk, das von der Natur zu einem besseren Loose bestimmt zu sein schien.

Kaum war die Freiheit errungen, als unter den Peruanern eine krankhafte Eifersucht gegen diejenigen Männer ausbrach, die ihnen die Unabhängigkeit erkämpft hatten. Mit unziemlicher Hast betrieb man die Heimkehr und Wiedereinschiffung der columbischen Hülfstruppen; und auf die Regierung des benachbarten Bolivia und deren Chef, den General Sucre, der nur eine kleine Schaar seiner columbischen Landsleute als Leibgarde bei sich behalten hatte, blickte man mit wirklichem oder erheuchteltem Argwohn. Man ließ eine Abtheilung des Heeres unter General Gamarra an die Grenze von Bolivia rücken; und nachdem eine innere Revolte den Präsidenten Sucre genöthigt hatte, abzudanken und sich nach Guayaquil einzuschiffen, wurde zwischen Peru und Bolivia ein Vertrag abgeschlossen, nach welchem jede Intervention, gleichviel ob von Seiten Columbia's oder einer andern fremden Macht, von Bolivia fern gehalten werden sollte. Anstatt Sucre's wählte man Santa Cruz, den peruanischen Gesandten in Chile, zum Präsidenten von Bolivia. Dieser folgte dem Rufe (1829) und hielt das Staatsruder lange Zeit in fester Hand.

In Peru wandte Präsident Lamar seine Waffen gegen Columbia, um Guayaquil der Republik Peru zu annectiren; ein schlechter Dank für den erst vor so kurzer Zeit von Columbia geleisteten Beistand und den bei Ayacucho erfochtenen Sieg. Das Unternehmen schlug fehl, die Peruaner erlitten eine Niederlage bei El Portete de Tarqui zwischen Cuenza und Quito und wurden auf Capitulation nach Hause entlassen. Der siegreiche columbische General Flores aber überhob sich in seinem Siege und trat als Präsident an die Spitze der aus Columbia ausgeschiedenen neuen Republik Ecuador. General Sucre, der Generalcapitän von Quito geworden war, fiel durch Meuchelmord. Das war das Ende des Siegers von Ayacucho. Die Officiere, die in dieser Schlacht an seiner Seite gefochten, hatten beinahe sämmtlich im Laufe der Jahre ein gleiches oder ähnliches Loos. Cordova starb auch durch Meuchelmord; Lamar, Bloanco, Torko und Miller wurden verbannt; Salaverry, Fernandini und Moran wurden erschossen; Rielo vergiftet.

Es stellte sich nur zu bald heraus, daß das zerrissene Land der Incas einer kläglichen Militärdespotie preisgegeben werden sollte. Der begüterte Adel und die gebildeten Klassen wurden von der politischen Macht fast ganz ausgeschlossen, und über ihr Eigenthum verfügte die Willkür der militärischen Abenteurer, die den Staat unterdrückten und in immer neue Bürgerkriege stürzten.

Kurz nach der Niederlage bei El Portete ließ der peruanische

Obergeneral Gamarra, ein Eingeborner von Cuzco, unter dem Vorwand, daß Peru nicht länger von Fremden regiert werden dürfe,
den Präsidenten Lamar in der Nacht aufheben (6. Juni 1829), auf
ein Schiff bringen und nach Costa Rica transportiren, wo er unter
verdächtigenden Umständen starb. Gleichzeitig hatte sein Mitver-
schworner, der General La Fuente, den Vicepräsidenten Diha Florida zu Lima abgesetzt; und auf einem im August einberufenen Congreß ward Gamarra zum Präsidenten von Peru erwählt. Er behauptete sich die verfassungsmäßigen vier Jahre auf seinem Posten,
hatte aber während dieser Zeit vierzehn Verschwörungen und Aufstände von größerer und minderer Bedeutung zu unterbrücken.

Im Jahre 1833 ließ er einen Congreß Behufs einer Ver-
fassungsreform zusammentreten und gestattete zugleich die Wahl
eines provisorischen Präsidenten. Der Congreß erwählte Don Luis
Jose Orbegoso, einen Mann von geringen Fähigkeiten und großer
Vorliebe für geistige Getränke. Gamarra cassirte die Wahl und löste
den Congreß gewaltsam auf. Eine brave Schildwache, Juan Ries,
der die Eingangsthür gegen zwei Compagnien vom Bataillon Pi-
quiza ganz allein vertheidigte, fiel schwer verwundet von Gamarra's
eigener Hand. Anstatt Orbegoso's ernannte Gamarra den durchge-
fallenen Candidaten, General Bermudez, zum Präsidenten. Mehrere
Generale und Regimentscommandanten, darunter Rielo, Bibal und
Echenique, erklärten sich indeß für Orbegoso, und nach heftigen
Kämpfen sah sich Gamarra von allen Anhängern verlassen und
flüchtete nach Bolivia. Das zerrüttete Land athmete für einen Augenblick auf. Der Congreß gab eine neue Constitution, die am 19.
Juni 1834 feierlich proclamirt wurde, und Orbegoso blieb Präsident. Kaum hatte er jedoch, um eine Expedition nach Arequipa zu
unternehmen, der Hauptstadt den Rücken gewandt, als der Oberst
Salaverry, Festungscommandant von Callao, die Fahne des Aufstandes erhob, nach Lima marschirte und sich, mit einem Gehalt von
48,000 Dollars, zum Oberherrn des Landes erklärte.*) Gleichzeitig

_____

*) Salaverry war ein großer schöner Mann, von gewinnendem Be-
nehmen und glänzender Unterhaltungsgabe, aber ehrgeizig, rücksichtslos

brach eine Revolution in Cuzco aus, die Gamarra in seinem Interesse zu benutzen wußte. Er kam aus seinem bolivianischen Exil zum Vorschein, erkannte der Form nach Salaverry's Autorität an und versprach, die südlichen Departements unter seine Botmäßigkeit zu bringen.

Der unglückliche Orbegozo, fast von allen Truppen verlassen und von zwei mächtigen Feinden zu Lima und Cuzco bedroht, wandte sich an den Präsidenten von Bolivia um Hülfe. Santa Cruz, der sich schon lange mit dem Gedanken getragen hatte, Peru und Bolivia unter Ein Haupt zu bringen, erfaßt mit Freuden die Gelegenheit, seine ehrgeizigen Pläne zu fördern. Er führt sein Heer zuerst nach Cuzco. Gamarra, von Santa Cruz geschlagen, flieht zu Salaverry und wird von diesem verbannt. Der General Valle Riestra, der eine Heerabtheilung Orbegozo's gegen Lima führt, wird von seinen eigenen, meuterischen Truppen an Salaverry ausgeliefert und auf dessen Ordre erschossen. Auch General Nieto, der im Norden gegen Salaverry auftritt, sieht sich von seinen Truppen verlassen, und dieser wird, Arequipa ausgenommen, von ganz Peru anerkannt.

Doch das Glück wandte sich ebenso schnell wieder von ihm ab. Während Salaverry im October 1835 auf Arequipa marschirte und diese Stadt einnahm, bemächtigte sich General Vidal der Hauptstadt Lima, und kurz darauf, am 21. Januar 1836, der Festung Callao;

---

und von schwankenden Grundsätzen. Er stand bei dem jüngern Theile der Armee in großer Gunst und hatte bald eine bedeutende Streitmacht in Lima zusammengebracht.

Charakteristisch für den Ungestüm seines Charakters ist eine Anekdote aus seiner frühesten Jugend. Als Knabe von zehn oder elf Jahren saß er eines Tages im San Carlo Collegium an einem Fenster des obern Stocks und sah auf der Straße unten einen Neger mit Chirimoyas vorbeigehen. Er rief ihn an, ließ ein Körbchen hinab und verlangte für zwei Realen Früchte. Der Neger schien nicht gerade die besten herauszulesen, da sprang der Knabe mit einem Satze durchs Fenster, um den Neger zu züchtigen, ohne zu bedenken, daß er sich im obern Stocke befand. Glücklicherweise wurde er noch am Fuße ergriffen und zurückgezogen. Schon im zwölften Jahre entfloh er von Lima zur patriotischen Armee, unter deren Fahnen er sich später bei Ayacucho glänzend hervorthat.

Santa Cruz vereinigte sich mit Orbegozo, rückte gegen Arequipa an und drang am 30. Januar 1836 mit vier Divisionen in die Stadt ein. Salaverry behauptete indeß die Brücke, die über den Chile führte, und Santa Cruz mußte sich durch Barrikaden von Baumwollenballen decken. Endlich, am 13. Februar, kam es zur entscheidenden Schlacht. In dieser erlitt Salaverry eine vollständige Niederlage. Vergebens suchte er die versprengten Truppen zu sammeln und tödtete mit eigener Hand sieben von seinen fliehenden Soldaten; die Schlacht war verloren. Er suchte sich in den Hafen von Islay zu retten, wurde aber von General Miller verfolgt und ergab sich diesem gegen die Zusicherung, daß sein und seiner Anhänger Leben geschont werden solle. Santa Cruz brach aber die Capitulation, stellte ihn und seine vornehmsten Officiere vor ein Kriegsgericht und ließ sie zum Tode verurtheilen. Am 18. Februar 1836 wurden die Generale Salaverry und Fernandini, sammt den Obersten Carrillo, Cardenes, Solar, Balbivia, Rivas, Picoaga und Maya auf dem Marktplatz von Arequipa zur Execution abgeführt. Jeder grüßte den Chef, als er bei ihm vorüberging. Die Hinrichtung erfolgte so, daß auf Alle zugleich eine Salve abgefeuert wurde. Sie stürzten, nur Fernandini nicht. Dieser sprang von seinem Stuhle empor und suchte in der Kathedrale eine Freistätte zu gewinnen; aber der Pöbel hielt ihn auf, zerschmetterte ihm den Kopf mit Keulenschlägen und beschimpfte den leblosen Körper.")

---

*) Salaverry schrieb an seine — noch lebende — Gemahlin (die sich einst dringend, aber vergeblich, für den General Valla Aleira bei ihm verwandt hatte) am Tage der Hinrichtung folgenden Brief:
„Meine geliebte Juana,
In wenigen Stunden gehe ich zum Tode. Santa Cruz mordet mich, und ich wünsche meinen letzten Gedanken Ausdruck zu geben. Ich habe Dich so innig geliebt, als ich's vermochte, und ich scheide aus der Welt mit dem tiefsten Schmerze darüber, daß ich Dich nicht glücklicher gemacht habe. Ich zog das Wohl meines Vaterlandes dem Wohl meiner Familie vor; aber weder das eine noch das andere zu befördern war mir vergönnt. Sei so glücklich, als Du kannst, und vergiß nicht Deinen Dich liebenden Gatten
Den 19. Februar 1836.   Salaverry."

Santa Cruz hatte nun Peru vollständig erobert, und sein Lieblingsplan, es mit Bolivia zu vereinigen, gedieh zur Reife. Orbegozo wurde zum bloßen Werkzeug in seinen Händen. Zwei Reichsversammlungen, zu Huara und Sicuani, riefen Santa Cruz zum Protector der Peru-Bolivianischen Conföderation aus. Sie bestand aus drei Staaten: Lima, im Norden, mit Orbegozo an der Spitze; Cuzco, im Innern, unter Ramon Herrera; und die alte Republik Bolivia. Der Dictator erwählte Lima zu seiner Residenz und Garcia de Rios sowie Casimiro Olaneta zu seinen Ministern.

Santa Cruz ist klein von Statur, von dunkler Gesichtsfarbe und indianischer Gesichtsbildung, besitzt einen feinen höfischen Anstand und vornehme Sitten, und ist talentvoll, gebildet, redlich und ehrenhaft — Eigenschaften, von denen die beiden letzten unter den südamerikanischen Staatsmännern selten gefunden werden —; aber er bewies sich grausam und rachsüchtig und machte sich durch seine unnöthige Strenge gegen die Anhänger Salaverry's und Gamarra's viele und mächtige Feinde.

Während seiner Herrschaft erfreute sich Peru einer kurzen Ruhe, er that den Unterschleifen und der Corruption in der öffentlichen Verwaltung Einhalt, ermuthigte den Unternehmungsgeist der Fremden und widmete den Handelsverhältnissen des Landes die größte Aufmerksamkeit. Die übrigen südamerikanischen Staaten wurden aber bald eifersüchtig auf die wachsende Macht und den zunehmenden Wohlstand der Conföderation; und die Republik Chile erklärte am Ende Santa Cruz den Krieg. Nach einem fehlgeschlagenen Versuch auf Arequipa segelte eine Expedition von 5400 Mann unter General Bulnes, dem sich Gamarra, La Fuenta, Eleespuru und gegen sechzig andere peruanische Exilirte angeschlossen hatten, von Valparaiso ab und landete am 6. August 1838 in dem kleinen Hafen von Ancon, nördlich von Callao. Orbegozo in Lima hatte sich inzwischen mit den Generalen Nieto und Vidal gegen Santa Cruz erklärt; allein sein Haß gegen Gamarra war so groß, daß er auch der chilenischen Invasion entgegen trat. Dieses letztere jedoch ohne Erfolg; denn er erlitt in der blutigen Schlacht bei La Guia eine vollständige Niederlage und mußte sich mit Nieto in die

Festung Callao zurückziehen, während Bulnes und Gamarra die
Hauptstadt besetzen. Als Santa Cruz, der sich damals in Cuzco
befand, von diesem Unglücksfalle Nachricht erhielt, erließ er eine
Proclamation, worin er Orbegozo als einen Abtrünnigen, welcher
Peru verhaßten auswärtigen Feinden preisgegeben, bezeichnete, und
rückte gegen Lima vor, nachdem er ein Reservecorps unter dem
bolivianischen General Ballivian in Puno zurückgelassen hatte. Der
Feind räumte bei seiner Annäherung Lima. Santa Cruz verfolgte
ihn und erreichte ihn am 20. Januar 1839 bei Yungay am Flusse
Santa. Die Schlacht war entscheidend; der Protector wurde total
geschlagen und floh der Küste entlang nach Arequipa, um sich von
dort aus mit dem Reservecorps in Puno zu verbinden; allein Ballivian machte den Verräther und erklärte sich gegen seinen früheren
Gebieter.

Santa Cruz, von allen Hülfsmitteln entblößt, floh über Islay
nach Guayaquil, erhielt mittelst eines später abgeschlossenen Ver-
trags eine Pension und hat seit vielen Jahren seinen Aufenthalt
in Paris genommen.

Der ehrgeizige Gamarra war nun noch einmal Meister der
Situation und wurde, nachdem die Hülfstruppen von Chile sich
zur Heimkehr eingeschifft hatten, zum provisorischen Präsidenten
der Republik ausgerufen. Sein erster Regierungsact war, daß er
Orbegozo und alle Generale, die unter Santa Cruz gedient hatten*),
verbannte; sodann berief er auf den 22. März einen Congreß nach
Huancayo, einer kleinen Stadt in den Anden, wo die Versammlung weder vom Volke noch von der Presse, sondern nur vom
Heere beeinflußt werden konnte, und ließ durch ein Decret vom
25. September alle Beschlüsse der Congresse zu Sicuani und Huara,
sowie alle Acte des Protectors für null und nichtig erklären. Der

---

*) Orbegozo durfte nach Gamarra's Tode nach Trujillo, seiner Ge-
burtsstadt, zurückkehren, wo er 1846 starb. Zu den übrigen Verbannten
gehörten Riva Aguero, der eine liebenswürdige und sehr gebildete Bel-
gierin heirathete und jetzt in Lima wohnt, Nieto, der 1843 in Cuzco vergiftet wurde, und Miller, der seit längerer Zeit das Amt eines groß-
britannischen Generalconsuls auf den Sandwichsinseln bekleidet.

Congreß entwarf eine neue Verfassung, welche am 10. November 1839 proclamirt wurde und noch jetzt in Peru in Geltung ist. Sie schuf eine sehr starke Executivgewalt und verminderte die Unabhängigkeit der Richter. Der Congreß besteht aus einem Senate von 21 Mitgliedern und einer Kammer von Deputirten, die, auf je 30,000 Seelen Einer, durch Wahlmänner gewählt werden. An der Spitze der Executivgewalt steht der auf sechs Jahre gewählte Präsident mit einem Kabinet von vier Ministern und einem Staatsrathe von 15 Bürgern, der seinen eigenen Präsidenten und Vicepräsidenten hat und vom Congresse gewählt wird. Für die Justizangelegenheiten besteht ein oberster Gerichtshof zu Lima, der in allen Appellationsfällen die letzte Instanz bildet. Jedes Departement hat für die wichtigeren Civil- und Criminalsachen einen Obergerichtshof; jede Provinz einen Civil- und Criminalrichter; jeder Ort einen Alcade oder Friedensrichter.

Die Republik ist in 12 Departements und 65 Provinzen *

---

*) Die Departements und Provinzen sind nach den Wahlen von 1855 folgende:

Departements.	Provinzen.
I. Amazonas.	Chachapoyas. Maynas.
II. Ancach.	Conchucos. Huari. Huaylas. Santa. Cajatambo.
III. Ayacucho.	Andahuaylas. Huamanga. Huanta. Lucanas. Parinacochas.
IV. Caramarca.	Caramarca. Cajabamba. Chota. Jaen.
V. Cuzco.	Cuzco. Abancay. Aula. Aymaraes. Calca. Cotabambas. Camas. Canchis. Chumbivilcas. Paucartambo. Paruro. Quispicanchi. Urubamba.
VI. Huancavelica.	Huancavelica. Castro-Birreyna. Angaraes. Tayacaga.
VII. Junin.	Pasco. Tauza. Huanuco. Huamalies.
VIII. Libertad.	Truxillo. Chiclayo. Pataz. Huamachuco. Lambayeque. Piura.
IX. Lima.	Lima. Santa. Canete. Chancay. Jca. Yauyos. Callao.
X. Puno.	Puno. Anzangaro. Lampa. Huancane. Chucuito. Carabaya.
XI. Arequipa.	Arequipa. Camana. Callloma. La Union. Condesuyos. Castilla.
XII. Moquegua.	Tarapaca. Arica. Moquegua.

getheilt. Die Departements werden durch Präfecten, die Provinzen durch Unterpräfecten verwaltet; und die letzteren zerfallen wieder in Bezirke, denen Gouverneure vorgesetzt sind. Alle diese Beamten erwählt der Präsident, dem dadurch eine große Macht in die Hand gelegt und die Möglichkeit gegeben ist, die Wahlen so zu beeinflussen, daß der Congreß fast nur aus seinen eigenen Geschöpfen zusammengesetzt ist.

Am 10. Juli 1840 wurde Gamarra als constitutioneller Präsident und Wiederhersteller der Freiheit des Landes proclamirt. Es dauerte aber nicht lange, als eine neue Rebellion gegen die bestehende Ordnung der Dinge ausbrach.

Schon am 1. Januar 1841 erklärte der Oberst Vivanco, ein schöner, ehrgeiziger Mann und ein vortrefflicher Gesellschafter, der „Alcibiades von Peru" genannt, aber nichts weniger als ein ausgezeichneter Feldherr, sich selbst zum Regenerator von Peru: Was Gamarra gethan, sei ein Werk der Täuschung und Empörung; der Congreß habe nicht frei berathen, sondern unter dem Einflusse der Armee gestanden. Gamarra sandte eine kleine Abtheilung des Heeres unter General Don Ramon Castilla gegen ihn ab. Der letztere, ein von seinem glänzenden Gegner völlig verschiedener Charakter, begann als Maulthiertreiber, wurde dann spanischer Soldat, brachte es bis zum Sergeanten und erhielt beim Ausbruch des Unabhängigkeitskrieges eine Officiersstelle in der patriotischen Armee. Er ist nun schon bei vorgerückten Jahren und besitzt ein nicht gewöhnliches Befehlshabertalent und stete Geistesgegenwart mit unerschrockenem kühnen Muthe verbunden. Was ihm an Erziehung abgeht, ersetzt er durch praktischen Verstand; und, immer siegreich, hat er sich doch im Siege stets durch Humanität ausgezeichnet. Er ist klein von Statur, von gerader Haltung, hat durchdringende schwarze Augen, eine Adlernase und rein indianische Gesichtszüge. Dieser Mann, der bestimmt war, seinem Lande späterhin zu Frieden und beginnendem Wohlstand zu verhelfen, zeigte sich dem jungen, flüchtigen Vivanco natürlich bei Weitem überlegen. Der Feldzug war schnell beendigt und der Regenerator entfloh nach Bolivia.

Santa Cruz hatte noch nicht alle Hoffnung aufgegeben, sich der Herrschaft wieder zu bemächtigen und unterhielt zahlreiche Agenten in Peru. Gamarra suchte einen Vorwand, Bolivia zu bekriegen, und erklärte, daß die Partei des Santa Cruz gegen Peru conspirire. Der Präsident von Bolivia, General Velasco, resignirte zu Gunsten Ballivians, durch dessen Verrath Santa Cruz zum Aufgeben seiner Sache genöthigt worden war. Ballivian gab die Versicherung ab, daß in Bolivia Niemand für Santa Cruz gestimmt sei, und daß Gamarra's Invasion jedes nöthigenden Grundes entbehre. Gamarra erwiederte: Ballivian sei selbst ein Geschöpf des Ex-Protectors, und schon deshalb werde er mit seiner Armee vorrücken.

Nachdem General Ramon in einem unbedeutenden Treffen die Oberhand über die Bolivier erlangt hatte, kam es am 20. November bei Yngavi unweit La Paz zu einer entscheidenden Schlacht, in der die Peruaner eine völlige Niederlage erlitten. Gamarra selbst fiel; eine ganze Schwadron ritt über seinen Leichnam hinweg. Castilla, der zweite Befehlshaber, wurde mit vielen andern Officieren gefangen; San Roman entkam mit knapper Noth nach Peru. Als Castilla vor den Präsidenten von Bolivia gebracht wurde, warf dieser ihm vor, daß er am Kriege schuld sei, gab ihm mit der Faust einen Schlag ins Gesicht, durch den ihm ein paar Zähne ausgebrochen wurden, und verbannte ihn in die entlegene Stadt Santa Cruz in der Sierra. Ballivian ging mit seiner siegreichen Armee über die Grenze und besetzte Puno. Er traf aber von Seiten der Generale Ramon, Nieto und Bermudez auf einen kräftigen, wohlorganisirten Widerstand, und so kam es unter Vermittlung der Republik Chile am 7. Juni 1842 zum Frieden zwischen Bolivia und Peru, nicht aber zum innern Frieden in Peru.

Mit dem Tode des Präsidenten wurde nach der Constitution der Präsident des Staatsraths, Menendez, provisorischer Präsident der Republik. Aber die Generale Vidal, La Fuente, Torico und andere lehnten sich gegen ihn auf, und es entstanden lange, blutige Zerwürfnisse, in deren Verlaufe auch Vivanco, der Regenerator, wieder auftauchte und nunmehr unter dem Titel „Oberster Director"

orbneten Verwaltung wurden bald sichtbar. Fremde und Einheimische
ließen in verschiedenen Theilen des Landes neue Unternehmungen
ins Leben treten. Es wurden Bergwerke in Bau genommen, in
Lima eine Baumwollenfabrik etablirt, und selbst eine Eisenbahn
zwischen Lima und Callao 'eröffnet, noch ehe Castilla's Präsidentschaft abgelaufen war. Auch die kleine Flotte, welcher der Präsident
große Aufmerksamkeit schenkte, wurde vermehrt. Sie bestand 1849
aus einer Corvette, einer Barke, einer Brigg und einem Schouer
mit zusammen 54 Kanonen und 2 Caronaden, dagegen 1853 aus
einem Raddampfer mit zwei 68 - und vier 24-Pfündern, einem
Schraubendampfer mit 24 Kanonen, zwei Briggs von je 16 Kanonen, und einem Schoner mit einem 9-Pfünder.

Während der Präsidentschaft Castilla's eröffnete sich für Peru
eine neue und mit reißender Geschwindigkeit sich steigernde Einnahmequelle in dem nach Europa und den Vereinigten Staaten
exportirten Guano. Auch die Silbergruben, deren Ausbeute man
im J. 1835 auf 630,000 Pfund Sterling schätzte, haben sich bedeutend aufgebessert, und ebenso sind beträchtliche Quantitäten
Salpeter, sowie Alpaca - und Vicunna-Wolle ausgeführt worden.

Zum ersten Mal seit der Unabhängigkeitserklärung erhielten
die bei dem englischen Darlehn betheiligten Gläubiger ihre Divi-
denden ausgezahlt; und ebenso erkannte Castilla im J. 1847 eine
bedeutende innere Schuld an und fing an die Interessen davon zu
zahlen.

Auch andere Zeichen des öffentlichen Wohlstandes machten sich
bemerkbar. Die Besitzer der Zucker-, Baumwollen- und Weinpflan-
zungen führten Dampfmaschinen und verbesserte Betriebsmethoden
ein, Brücken- und andere öffentliche Baue wurden begonnen, auch
die Privatgebäude in Lima mehrten sich; und während man im
Jahre 1844 nichts als die altmodische zweirädrige, von einem
Maulthier gezogene Kalesche sah, werden gegenwärtig die Straßen
der Hauptstadt von einer Menge englischer Broughams und Phae-
tons befahren.

Der Anfang der Castilla'schen Verwaltung wurde durch eine
Differenz mit den englischen Behörden umwölkt, zu der eine Be-

leidigung des englischen Consuls zu Tacna durch den General Jguain Veranlassung gegeben hatte; doch wurde das Mißverständniß durch Verbannung des Beleidigers gehoben, und ein Besuch, den der Präsident in ungeheuren Stiefeln und derben Lederhosen bei Sir George Seymour an Bord Ihrer Majestät Schiff Collingwood machte, stellte die freundlichen Beziehungen zwischen beiden Staaten wieder her. Nach außen hin wäre es beinahe zu einem Bruche mit Bolivia gekommen, das seine Küstenlinie zu verlängern und namentlich den Hafen von Arica zu gewinnen wünschte. Doch wurde der Sturm durch den Vertrag von Arequipa im J. 1847 beschwichtigt, und eine Revolution, die gleichzeitig in Bolivia ausbrach, entfernte den Präsidenten Ballivian vom Staatsruder und brachte Castilla für die Niederlage von Yngavi und die schwere persönliche Beleidigung, die ihm zugefügt worden war, eine späte Genugthuung.

Im Innern hatte Castilla nur einen einzigen Aufstand, den General San Roman erhob, der aber schnell unterdrückt wurde, zu bekämpfen.

Nach Ablauf seiner Amtszeit, im J. 1851, forderte Castilla die Wahlcollegien auf, zur Wahl eines Nachfolgers zu verschreiten. Die hervorragendsten Candidaten waren Don Domingo Elias, General Don Jose Rufino Echenique, welcher während Castilla's Verwaltung Präsident des Staatsraths war, und die Generale Bivanco und San Roman. Echenique trug den Sieg davon, und Castilla, der erste Präsident, der den vollen verfassungsmäßigen Termin im Amte geblieben war, zog sich ins Privatleben zurück.

Echenique stammt aus Puno von guter Familie, schloß sich im Unabhängigkeitskriege den Patrioten an und gehörte zu den Gefangenen auf der Titicaca-Insel. Er kämpfte für Orbegozo, Santa Cruz und Bivanco, verließ die Sache des letztern bei Xauxa und wurde, als Castilla an die Spitze der Verwaltung trat, in den Staatsrath gewählt.

Echenique blieb während der ersten Zeit seiner Amtsführung unangefochten. Im J. 1853 entstand aber eine allgemeine Unzufriedenheit über sein Regiment; und diesmal war es General Castilla, der sich verpflichtet fühlte, die Fahne des Aufstands zu erheben. Er that es zu Arequipa und gewann augenblicklich die Unterstützung der südlichen Departements. Auch Don Domingo Elias, der schon vorher ein paar verunglückte Versuche gemacht hatte, legte für die Sache Castilla's das Gewicht seines Namens in die Wagschale, und dieser trat mittelst Proclamation vom 1. Juni 1854 als provisorischer Präsident der Republik und „Liberator" auf, erklärte, daß Echenique sich durch Pflichtverletzungen der ihm anvertraut gewesenen Regierung selbst begeben habe, und versprach die unumgänglich nöthigen Reformen, deren Verweigerung zu der Revolution geführt hätte, durchsetzen zu wollen. Gleichzeitig fügte er die Versicherung hinzu, daß er binnen 30 Tagen, von der Pacification des Landes an gerechnet, den Congreß zusammenberufen, über seine Handlungen Rechenschaft ablegen und die Reorganisation des Landes vollenden wolle.

Castilla begann den Feldzug im J. 1854, indem er von Cuzco nach Ayacucho und Huancavelica vorrückte; Elias blieb in Arequipa zurück.

Echenique befand sich im Besitze aller der Vortheile, welche der Besitz der Macht und ein treu ergebenes stehendes Heer darbieten; allein seine Talente reichten nicht aus, ihn zum Meister der ihm entgegenstehenden Schwierigkeiten zu machen.

Schon im März war General Torico nach Arequipa gesendet worden, aber, nachdem er es sich von Weitem besehen, unverrichteter Dinge wieder heimgekehrt. Im November ging eine zweite Expedition unter General Moran ab. Bei Alto del Conde kam es zum Treffen, und Elias wurde von Moran geschlagen. Der letztere verfolgte seinen Sieg, rückte nach Arequipa vor und vereinigte sich mit dem General Vivanco, der von Islay gekommen war, um sich der Sache Echenique's anzunehmen. Elias hatte sich mit dem Reste seiner Truppen nach Arequipa zurückgezogen. Am 30. November griff Moran die Stadt an, fand aber von Seiten der Einwohner den hartnäckigsten Widerstand. Sie verbarrikadirten die Straßen und hielten sich tapfer. Der Kampf dauerte die ganze Nacht durch. Am Morgen sah Moran, daß er nicht nur geschlagen, sondern auch abgeschnitten sei; er mußte sich ergeben. Zwei Stunden später wurde der unglückliche General vom Volke, das ihn für einen blutdürstigen Fremdling erklärte, auf dem großen Markte zu Arequipa erschossen. Man muß leider fürchten, daß Don Domingo Elias sich bei diesem nutzlosen Morde betheiligt habe.

Während so die Revolution im Süden triumphirte, war Castilla bis nach Huancavellca vorgerückt, hatte den Präsidenten Echenique durch geschickte Bewegungen umgangen und ihn so ermüdet, daß er sich mit gesunkenem Muthe nach Lima zurückzog. Nun stieg Castilla die Cordilleren herab, schlug die Truppen Echenique's bei La Palma und zog am 5. Januar 1855 triumphirend in Lima ein.

So befand sich der alte Veteran nach langem Feldzuge noch einmal im Besitze der höchsten Gewalt und setzte die bereits begonnenen Reformen in ausgedehnter Weise fort. Denn schon am 5. Juli 1854 hatte er der schmachvollen Jubianer-Kopfsteuer und im October darauf der Sklaverei im ganzen Gebiete der Republik ein Ende gemacht. Seinem Versprechen gemäß berief er auf den 14. Juli 1855 eine Nationalversammlung nach Lima und legte derselben in ausführlicher Darstellung umfassende Rechenschaft ab.

Dies wären, in kurzen Zügen, die Zerrüttungen und Trübsale, denen das Land der Incas, seitdem es das spanische Joch abgeworfen, ausgesetzt gewesen ist. Völlig unvorbereitet auf die Freiheit, fiel der unglückliche Staat den ehrgeizigen Plänen unbefugter und nur zu oft auch gewissenloser militärischer Abenteurer zur Beute anheim. Wohlstand und Fortschritt blieben meist eitle Worte im Munde seiner Beherrscher, das Volk wurde durch die endlosen Bürgerkriege ins Unglück gestürzt, und die Revolutionen brachten Kummer und Elend über die Familien des unterliegenden Theils.

Dennoch hat Peru während dieser dreißigjährigen Wirren, wenn auch langsame, doch sichere Fortschritte gemacht. Die Gutherzigkeit und vortreffliche Gesinnung, durch welche sich das Volk in seiner Mehrheit auszeichnet, verbunden mit den Talenten, welche es besitzt, erhielten es im Strome der Anarchie, der seine Gefilde

mit Blut überflutet hat, aufrecht; und die reißenden Fortschritte
der wenigen Jahre, wo es sich der Ruhe und des Friedens erfreute,
beweisen, wie fähig seine Söhne und Töchter sind, ihren Platz in
der Reihe der gebildeten und civilisirten Nationen einzunehmen.

Peru ist durch die Schule des Unglücks und durch eine lange
und schwere Prüfung gegangen; wir dürfen daher wohl hoffen,
daß es, so belehrt, eine fernere militärische Unterdrückung zurück-
weisen und einer lichteren Zukunft entgegen gehen werde.

Zehntes Kapitel.
Lima. Literatur und Gesellschaft.

Bildungsanstalten. — Literarisches und geselliges Leben. — Die neuere
Literatur: Espinosa, Vigil, Rivero und Andere. — Peru's gegenwärtiger
Aufschwung und seine Zukunft.

Der südamerikanische Charakter hat durch die Vermischung
mit indianischem Blute, die in Peru fast allgemein ist, zwar viel
von der spanischen Würde und dem spanischen Gehorsam verloren,
dagegen aber eine Lebhaftigkeit des Temperaments und eine Schnelligkeit der Auffassungskraft gewonnen, die den Verlust in reichem
Maße aufwiegen.

Lima besitzt außer dem Collegium von San Carlos die Universität zu San Marcos, die älteste der Neuen Welt. Sie wurde
durch ein Decret Kaiser Karls V. vom 12. Mai 1551 unter Erthei-
lung derselben Privilegien, deren sich Salamanca erfreut, ins Leben
gerufen und durch eine Bulle Pius'V. vom 25. Juli 1571 bestätigt.

Die jungen Männer, die auf diesen Bildungsanstalten ihre
Studien gemacht haben, sind, wenn sie auch viel Zeit in Kaffee-
häusern und Billardzimmern, sowie beim Hahnengefechte und beim
Spiele, dem sie sehr ergeben sind, zubringen, doch in der Unterhaltung außerordentlich liebenswürdig und häufig gut belesen.
Vor Allem aber bilden die Frauen von Lima den anziehendsten Theil
der Gesellschaft.

Meistens sehr schön, mit feurigen schwarzen Augen, geistreichem und lebhaftem Gesichtsausdruck und von anmuthiger Gestalt, besitzen sie zugleich eine große natürliche Gewandtheit, einen glänzenden Witz und ein höchst liebenswürdiges Betragen. Bis vor wenigen Jahren erschienen sie beim Ausgehen in einer eleganten, sehr wohl kleidenden Tracht, die jetzt nur noch bei Stiergefechten, Processionen und andern großen Gelegenheiten gebräuchlich ist, nämlich in der Saya y manto, einem schwarzseidenen Mantel, der an den weiten Atlasrock befestigt, über den Kopf gezogen und so gehalten wird, daß nur Ein funkelndes Auge sichtbar ist, und die Ausfüllung des vollen bezaubernden Bildes der Phantasie des Beschauers überlassen bleibt. Die Dampfboote und Eisenbahnen haben die französischen Moden mitgebracht, denen das alte Nationalcostüm weichen mußte; doch haben die Frauen von Lima mit ihrer charakteristischen Tracht ihre alten Vorzüge nicht aufgegeben und sind den Männern an Talent und Intelligenz weit überlegen geblieben.

Bei solchen Elementen der Gesellschaft kann der Aufenthalt in Lima nur angenehm sein; die italienische Oper, Feste mancherlei Art, die gastlichen Mittagstafeln und wohl auch ein großer Ball bieten willkommene Gelegenheit zu Beobachtungen dar.

Doch gehört ein Ball zu den selteneren Erscheinungen. Der Präsident Echenique war in dieser Beziehung äußerst sparsam. Dann und wann findet einer im Hause des verstorbenen Marquis von Torre Tagle statt, dessen Erbin an einen Rechtsgelehrten vermählt ist. Dieser Palast ist das schönste Privatgebäude in Lima. Durch das Eingangsthor, dessen Säulen reich mit Steinbildwerk geziert sind, gelangt man in einen breiten Corridor mit gewölbter, von maurischen Bogen getragener und künstlich geschnitzter Decke. Der große Saal, ein weiter Raum mit vergitterten, auf die Straße hinausgehenden Balkonen, enthält mehrere schöne mit Perlmutter und Silber ausgelegte Cabinetsstücke und giebt einen vortrefflichen Ballsaal ab. Bei solchen Gelegenheiten dauern die Festlichkeiten bis vier Uhr früh und schließen dann mit einer warmen Mahlzeit. Alle Gemächer des Hauses, selbst die Schlafzimmer nicht ausgenommen, stehen offen, und dienen theils zum Tanze, theils zum Spiele, theils zu Büffets, theils endlich zur Promenade, indem die Gäste in den Pausen durch die langen Reihen derselben hin- und her-wandern.

Tanz und Spiel sind Hauptbeschäftigungen der Bevölkerung von Lima, namentlich das letztere, welches leidenschaftlich betrieben wird, und von dem sich selbst die Geistlichkeit nicht frei hält.

Eine gewisse Indolenz und Frivolität, mit der der jüngere Theil der Gesellschaft hier lebt, zeigt sich in einem allgemeinen Mangel an Geistesanstrengung, der in der Literatur, besonders auch in der periodischen, zu Tage tritt.

Während der spanischen Herrschaft zeichnete sich einer der Vice-könige selbst, der Prinz von Esquilache († 1659), ein großer Freund der Universität und Beförderer der Wissenschaft, als epischer und lyrischer Dichter aus; und im vorigen Jahrhundert behauptete den ersten Rang unter den Gelehrten von Lima Don Pedro de Peralta y Barnuevo, der achtzehn Sprachen verstand, Professor der Mathe-matik, Ingenieur, Kosmograph und äußerst fruchtbarer Schrift-steller war, auch mehrere Dichtungen herausgab, unter denen sein „Lima Fundada" in Ticknor's Geschichte der spanischen Literatur Erwähnung gefunden hat. Viele seiner Schriften blieben unge-druckt, denn der zu Herstellung eines Druckwerks in Peru erforder-liche Kostenaufwand ist so bedeutend, daß die Schriftsteller in die-ser Beziehung von jeher mit großen Hindernissen zu kämpfen hatten.

Von periodischen Blättern erschien im vorigen Jahrhundert unter dem Titel Mercurio Peruano eine wissenschaftliche Zeitschrift zu Lima, und später, in den neunziger Jahren, eine Art geographisch-statistisches Handbuch, Guia del Peru, das den gelehrten und ver-dienten Präsidenten des Medicinal-Collegiums zu Lima, Dr. Unanui zum Herausgeber hatte.

Nach der Unabhängigkeitserklärung entstanden mehrere Zei-tungen, die sich der größten Zügellosigkeit und rohen Mißbräuchen hingaben und nur zu oft von der am Ruder befindlichen Verwal-tung geleitet und bestochen wurden. Auch jetzt noch sind die Spalten der Tagesblätter meistens mit unziemlichen Invectiven gegen hervor-ragende und einflußreiche Männer angefüllt, die mit armseligem

Gezänk über Schauspieler und Sänger und schlechten Poesien ab-
wechseln. Auch an politischen Flugschriften voll Beleidigungen und
Verleumdungen fehlt es weder in Lima noch in anderen Städten;
sie bilden einen nur zu großen Theil der wenigen Werke, welche
die Presse Peru's zu Tage fördert.

Wenn aber auch die Oberfläche durch derartige Productionen
befleckt ist, so giebt es in Peru immerhin auf der andern Seite
politische Schriftsteller von Talent und Gelehrsamkeit, welche die
Literatur ihres Vaterlandes vor Verachtung bewahrt haben.

Auch finden sich einige wenige Männer, die mit den vorragend
charakteristischen Eigenschaften ihrer Landsleute erweiterte und un-
befangene Ansichten verbinden, die ihre Meinungen weder um Gold
noch um Macht gewechselt haben, und die den Grund der schlechten
Verwaltung und der unglücklichen Zustände ihres Vaterlandes
mehr in den tiefer liegenden, durch die dreihundertjährige Herrschaft der Spanier ihm eingeimpften Uebeln als in dem Verrathe
des einen oder der Käuflichkeit des andern Generals suchen.

Zu diesem Schlage von Männern gehört der Oberst Espinosa,
Verfasser verschiedener kleineren politischen Schriften, aber hauptsächlich durch sein Werk „La Herencia Española" berühmt, in
welchem er in einer Reihe von Briefen an Isabella II. das Unglück, unter welchem sein Vaterland seufzt, der verderblichen
Politik ihrer Vorfahren beimißt. Es ist mit Takt und Geschick geschrieben, entwickelt die Ursachen, aus denen die Corruption der
peruanischen Verwaltung hervorgegangen ist, in einem meister-
haften Style und schont die Landsleute des Verfassers ebenso wenig
als die Nachkommen ihrer Unterdrücker.

Er wirft den Amerikanern ihre Trägheit, ihren Stolz und
ihre Ordens- und Titelsucht vor — alles, wie er behauptet, ein
spanisches Erbtheil — und ruft aus:

„Wir Amerikaner sind unverbesserlich, weil wir uns für ein
vortreffliches Volk halten, weil wir es nicht anerkennen, wie tief
wir unter den Europäern stehen. Wir sind die allerschlimmsten Pa-
tienten; denn wir wollen unsere Krankheit nicht zugeben, wir
wollen kein Mittel dagegen anwenden, und wir schlagen wie Wahn-

sinnige auf die Aerzte ein, die aus Menschlichkeit den Versuch machen, uns in die Cur zu nehmen."

Er fährt dann fort, die Fehler und Thorheiten seiner Zeit aufzudecken, verschont keine Klasse der Gesellschaft und läßt selbst die Priesterschaft, die vom alten Spanien fast bis zur Abgötterei verehrt wurde, seine Satyre fühlen.

„Ja diese Bibeln", sagt er in bitterer Ironie, „diese fürchterlichen spanischen Bibeln haben uns verführt und darüber aufgeklärt, daß zwischen der Lehre Jesu Christi und der Praxis unserer Priester ein großer Unterschied ist."

Das war ein kühnes Wort für einen römischen Katholiken; es ist aber nicht blos für den Verfasser, sondern für viele von denjenigen Peruanern, die am meisten lesen und denken, charakteristisch. Das ganze Werk athmet Haß gegen Unterdrückung und schlechte Verwaltung, während zugleich viele Stellen zeigen, daß ein Zug ächten Wohlwollens und warmer Philantbropie durch dasselbe hindurchgeht.

Unter seinen kleineren Werken ist ein Schriftchen über die Colonisation der Uferländer des Amazonenstromes bemerkenswerth, worin er das Recht der freien Schifffahrt gegenüber dem Monopol, welchem der Strom von Seiten der brasilianischen Regierung unterworfen worden ist, auf das kräftigste vertheidigt. Seine neueste Production ist eine gedruckte Vertheidigungsschrift für den Obersten Mogaburu, der zu Ende des Jahres 1854 unter der Anklage der Rebellion vor einem Kriegsgerichte stand. Interessant ist es, daß er den Hauptvertheidigungsgrund aus der Allgemeinheit des Verbrechens entlehnt. Er erklärt, das Aergerniß, das sein Client gegeben, sei bekanntlich in der Geschichte Peru's schon zu verschiedenen Malen vorgekommen. „Es würde schwierig sein", ruft er aus, „unter allen öffentlichen Charakteren Peru's, gleichviel ob Militärs oder Civilisten, nur zwölf zu bezeichnen, die sich nicht desselben Vergehens schuldig gemacht haben. Warum sollten wir von der Erklärung dieses Unterpräfecten gegen die Regierung der Well Ende besürchten, wenn unzählige Generale, Präfecten und Minister dasselbe thaten! Und verlangt das Gesetz, daß der, der gegen die

Obrigkeit sich auflehnt, gesteinigt werde, so wird doch keiner den
ersten Stein auf meinen Clienten werfen, er müßte sich denn von
den Pharisäern beschämen lassen, die alle vor dem Erlöser be-
schämt zurückwichen, einer nach dem andern, von den Aeltesten
an bis zu den Geringsten."

Der Oberst Espinosa gehört zu den würdigsten Schriftstellern
Südamerika's; er hat sein Talent nie verkauft, und sein Beispiel
wäre wohl geeignet, einen Wendepunkt für die nothwendige Reform der politischen Schriftstellerei in Peru abzugeben.

Der Grund, den er zu Vertheidigung seines Schutzbefohlnen
angeführt hat, mochte vielleicht unter den gegebenen Verhältnissen
der zweckmäßigste sein; allein so viel bleibt unbestritten, daß der
fortwährende militärische Verrath die Wurzel alles Uebels ist, von
dem Peru seit der Unabhängigkeit heimgesucht wurde. Ein un-
brauchbares stehendes Heer mit einer im Verhältnisse zu den Gemeinen enormen Unzahl von Generalen und Oberofficieren lastet
wie ein Alp auf dem Lande. Die gemeinen Soldaten, meistens
abgehärtete junge Indianer aus der Sierra, sind vortrefflich, namentlich für ein Gebirgsland; aber ihre an ein müßiges und aus-
schweifendes Leben in Lima und andern großen Städten gewöhnten
Officiere sind zum größeren Theile nicht würdig, solche Männer in
den Kampf zu führen.

Wir haben gesehen, daß Oberst Espinosa die Empörung als
ein mit Nachsicht zu beurtheilendes Vergehen, wenn nicht als eine
öffentliche Pflicht, vertheidigte. So gefährlich es stets ist, einer
solchen Ansicht Raum zu geben, so allgemein ist dieselbe in Südamerika vorherrschend.

Es zeigt sich dies in einer kürzlich in Lima veröffentlichten
Biographie des General Salaverry, jenes jungen, ritterlichen Gei-
stes, der im Bürgerkriege von 1836 seinem Ehrgeize zum Opfer
fiel. Der Verfasser der Biographie, Manuel Bilbao, ein noch junger Mann, besitzt offenbar bedeutendes Talent, und die Wärme,
mit der sein Werk geschrieben ist, verleiht ihm Interesse. Er vertheidigt mit einer Gluth, die sich manchmal bis zur Beredsamkeit
steigert, die bedenklichsten Handlungen seines Helden und widmet

namentlich seiner persönlichen Erscheinung die umständlichste Darstellung.

Das Werk verdient als eins der ersten, welche in diesem Fache
in Peru erschienen sind, und jedenfalls als das beste derselben, Erwähnung und ist durchgehends von einem Geiste der Hingebung
und Hochherzigkeit durchweht, der es anziehend macht.

Doch hat die peruanische Jugend in der Dichtkunst ebenso gut
einen Spielraum für ihre Phantasie gefunden, wie in den Lebens-
schilderungen der vaterländischen Helden. Das schöne Land der
Incas, überreich an den erhabensten wie an den reizendsten Werken
der Natur, war in vieler Beziehung ganz besonders dazu geschaffen,
eine Lieblingsstätte der Poesie zu werden. Und so finden wir denn
unter den Incas und ihrer ländlichen Nachkommenschaft die schönsten und ergreifendsten Dichtungen in der Quichua-Sprache; allein
seit der spanischen Eroberung hat das Dichten in dieser Sprache
beinahe aufgehört und offenbart sich nur noch in den düstern Klage-
liedern, die man manchmal in den wildesten Schlupfwinkeln der
Anden vernimmt.

Indeß haben die spanischen Creolen Peru's die dichterische Begeisterung der Eingebornen einigermaßen in sich aufgenommen.
Der Prinz von Esquilache war, wie bereits erwähnt worden, ein
Dichter, der sich zu seiner Zeit keines geringen Ruhms erfreute, und
der als Vicekönig von Peru den ersten Anstoß zur Pflege der Poesie
gab. In seine Fußtapfen traten während der spanischen Herrschaft
Evia, der berühmte Barde von Guayaquil; Pedro de Onna von
Chile, der eine Fortsetzung zu Ercilla's Aracauna dichtete; Barnuevo,
der Sänger Lima's, und Rivero von Arequipa, lauter Dichter, die
sowohl in Peru als in ihrem Mutterlande Bedeutung erlangt haben.

Seit der Unabhängigkeit und der allgemeinen geistigen Eman-
cipation der Peruaner hat sich die leichtsinnige, aber phantasiereiche
Jugend dieses bezaubernden Landes viel mit Poesie und Musik beschäftigt. Die Gesellschaft Lima's ist aber eine zu unnatürliche und
zerstreuungssüchtige, als daß sie für das Wachsthum des poetischen
Genies einen günstigen Boden darzubieten vermöchte; ja, so reizend
und höchst romantisch die Umgebungen der Stadt sind, es scheint,

als ob eine allgemeine Gleichgültigkeit gegen die Natur herrsche,
und als ob das Landleben eher Widerwillen einflöße als anziehe.

Es giebt Punkte in der Nähe von Lima, die in jedem blühenden Staate mit Landhäusern und Villen bedeckt sein würden, aber
in Peru bleiben sie unbeachtet. So das kleine reizende Dorf Coca-
chacra an der Straße nach Tarma, welches, gleich dem glücklichen
Thale im Rasselas mit fast senkrechten Bergen umgeben ist; so
eine Menge Stellen an der Küste und an den weidenbekränzten Ufern
des Rimac, wo Bottan oder Garcilasso ihre Idyllen hätten dichten
können, und wo zahlreiche englische Croisficiers regelmäßig ihre
Tage verbringen, spazierengehend, fischend oder Kartoffeln bratend;
aber kein gebildeter Peruaner läßt sich an diesen abgelegenen Plätzen
erblicken.

Ausgenommen daß alle Welt am 23. Juni auf dem Berge
von Amancaes Narzissen pflückt, und daß man am Allerheiligen-
Tage in das Pantheon oder den großen vor der Stadt gelegenen
Kirchhof wallfahrtet, ist es in Lima nicht Mode, seine Promenaden
über die Straßen der Stadt hinaus zu erstrecken. Höchstens, daß
man noch zur Badezeit das armselige Küstenstädtchen Chorillos
aufsucht und seine Zeit mit Baden und leidenschaftlichem Spiele
zubringt.

Indeß sind trotz dieses mangelhaften Zustandes der Gesellschaft
neuerlich doch einige recht werthvolle Dichtungen aus der peruanischen Presse hervorgegangen, wohin unter andern das Poema
moral: La Flor de Abel des erst 23jährigen Sennor Marquez gehört, der nach diesem Erstlingsproduct zu den schönsten Hoffnungen
berechtigt. Espinosa, der es einer umfassenden Besprechung unterworfen hat, nennt es „eine der geistreichsten Schöpfungen unserer
Zeit" und bezeichnet den Inhalt desselben kurz als „eine Ehren-
rettung der Unschuld und christlichen Liebe im heroischen Kampfe
mit der uns verzehrenden weltlichen Selbstsucht." Ein anderer hervorragender Dichter und Schriftsteller ist Don Clemente Althaus.
Seine berühmteste prosaische Schöpfung: „An eine Mutter" erschien
im Jahre 1853. Unter den Dichtungen zeichnen sich neben dem
„Disencanto" „Ein Wort in der Wüste", „Eine einsame Nacht",

„Ein Gefang der Liebe", „Canto Biblico", „Lebewohl" und „Er-
innerung" auf. Der Canto Biblico klingt an einige der Hebrew
Melodies von Byron an, hat aber vor den letztern den Vortheil
voraus, daß die spanische Sprache weit beffer zu babylonischen Klage-
liedern paßt als die englifche.

Um diefe befferen Poefien her drängt fich eine Maffe finnlofen
Plunders in der Gestalt von Liebesliedern, welche die Spalten der
Tagesblätter füllen und es deutlich zeigen, daß von dem politifchen
Genie jener beiden ausgezeichneten Barden den modernen Peruanern
im Allgemeinen nur wenig zu Theil geworden ift.

Der ungeordnete Zustand des Landes hat die Peruaner faft
ganz daran gehindert, ihrer Bildung durch Reifen nach Europa
die letzte Feile zu geben; fie unterrichten fich größtentheils aus
Ueberfetzungen englifcher und franzöfifcher Werke. Bei einer jüngen
Dame in Arequipa fah ich „El tio Tom" (Onkel Tom), den fie mit
dem größten Intereffe las. Seit der Unabhängigkeit hat Mr. Acker-
mann in der Publication einer Reihe von illuftrirten Werken, die
viel Belehrendes enthalten, eine große Thätigkeit für die füdamerikanifchen Republiken an den Tag gelegt. Das Unternehmen befteht
fort und führt den Titel: „La Colmena".

Peru hat aber auch feine eigenen Reifebefchreibungen, und die
„Reifen Buftamente's" find für das ganze Innere der Republik ein
muftergültiges Werk. Sennor Buftamente hat übrigens faft ganz
Europa, namentlich England, Frankreich, Spanien, Deutfchland,
Schweden und Rußland durchreift und ift in Jerufalem gewefen.
Indeß fcheint er im Ausland nicht immer die befte Gefellfchaft
aufgefucht zu haben, und feine Bemerkungen über die Sitten und
Gebräuche der Engländer, welche tief und beißend fein follen, find
eher lächerlich.

Werfen wir nun einen Blick auf dasjenige Gebiet der Litteratur,
auf welchem die wichtigen Fragen der Theologie und des Kirchen-
regiments verhandelt werden, fo begegnen wir hier einem kürzlich
erfchienenen Werke, das nicht nur in der füdamerikanifchen Litteratur als das talentvollfte und gelehrtefte den Preis davonträgt,

sondern unzweifelhaft auch in jedem europäischen Lande Achtung gebieten würde.

Der Verfasser, ein Priester Namens Vigil, bekleidet das Amt eines Bibliothekars an der öffentlichen Bibliothek von Lima. Er ist ein kühner und scharfsinniger Gelehrter von ausgebreiteten Kenntnissen und hellem Verstande. Das Werk führt den Titel: Defensa de la autoridad de los Gobiernos contra las pretensiones de la Curia Romana (Wahrung der Territorialhoheitsrechte gegen die Anmaßungen der römischen Curie), ist gegen die unmittelbare. Publication der päpstlichen Bullen in fremden Staatsgebieten und das vom Papste in Anspruch genommene Recht der Bestätigung der Bischöfe gerichtet, und gründet seine Beweisführungen auf die ältesten christlichen Gebräuche und die Schriften der Kirchenväter. Er geht dann von der Rechtsverwahrung gegen die Päpste zu den wünschenswerthen Reformen in der gesellschaftlichen Stellung des römischen Clerus über, und erklärt sich mit Entschiedenheit für Aufhebung der immerwährenden Mönchsgelübde und Gestattung der Priesterehe. In Bezug auf den letzteren Punkt spricht er sich mit hohem Ernst aus und bezieht sich auf Schriftstellen:

„Seid fruchtbar und mehret euch und füllet die Erde! sagte Gott zu unserm ersten Eltern. Niemand kann leugnen, daß St. Peter verheirathet gewesen ist, und unter den Stücken, die zum Bischofsamte gehören, schreibt St. Paulus dem Timotheus vor, daß er sein solle Eines Weibes Mann. Damit wollte, nach St. Chrysostomus' Commentar zu dieser Stelle, der Apostel die Ordnung, die hierbei zu beobachten, feststellen und dem Gebrauche der Juden, die oft zwei Weiber auf einmal hatten, steuern.

Und würde der Kirchspielsgeistliche minder segensreich wirken, wenn er verheirathet ist? Wohlwollend, gastfreundlich, gelehrt, der Gatte Eines Weibes, wie die Schrift es vorschreibt, ein guter Haushalter im eigenen Hause und ein Vater, der seine Kinder im Gehorsam auferzieht, würde er nicht bloß mit Worten, sondern durch sein Beispiel predigen, und das ist die wahrhaftigere und wirksamere Predigt."

Das Werk des Sennor Bigil besteht aus sechs Octavbänden

und zeugt von der tiefen Gelehrsamkeit und dem bedeutenden Talent des Verfassers. Es machte in Amerika und im römisch katholischen Europa großes Aufsehen, und so konnte es nicht lange dauern, daß man in Rom Kenntniß davon nahm und es mit einer Stelle im Index Expurgatorius beehrte. Auch wurden die Donnerkeile des Vatikans gegen den kühnen Priester geschleudert, und mittelst Bulle vom Juni 1651 wurden er selbst und Alle, die sein Buch lesen, kaufen oder verkaufen würden, excommunicirt.

Sennor Vigil ließ sich durch den päpstlichen Zorn nicht einschüchtern; er veranstaltete sofort eine neue Auflage seines Werks im Auszuge, um ihm eine ausgedehntere Verbreitung zu sichern, und ließ zugleich eine Widerlegungsschrift an den Papst abgehen, welche ihm seinen Mangel an Mäßigung in milden Ausdrücken vorwirft und mit folgenden Worten schließt:

„Heiliger Vater! schütten Sie Ihr Herz aus vor dem Angesichte Christi und am Fuße seines Kreuzes, wo Sie leichter als an jedem andern Platze die Unbedeutsamkeit menschlicher Größe erkennen mögen. Dort ist Ihr Richterstuhl, heiliger Vater, und der meine. Dort entscheiden Sie, ob das Wort Gottes die Bestimmung hat, über die Hoheitsrechte des heiligen Stuhls Auskunft zu geben, oder ob es die Bestimmung hat, zu zeigen, daß die Priester auf Erden kein Königreich haben, sondern ihren ganzen Ruhm darin suchen sollen, Christum zu predigen, Ihn, den Gekreuzigten!. Dies entscheiden Sie, und dann entscheiden Sie, welche von diesen beiden Lehren in meinem Werke anzutreffen sei."

Es giebt unter dem höhern Clerus von Peru viele achtbare und gelehrte Männer, und, was die gesammte Geistlichkeit anlangt, so finden sich in abgelegenen Dörfern und manchmal auch in größern Städten vortreffliche und ganz hingebende Priester; allein es ist nur zu gewiß, daß diese die Ausnahmen bilden. Der niedere Clerus ist in der Regel unwissend und ausschweifend; Spiel und Hahnenkampf sind seine Lieblingsbeschäftigungen, und das Cölibat, wenn auch formell beobachtet, ist in der Praxis so gut wie nicht vorhanden.

Die Zehnten fließen alle in die Dechaneien und Domkapitel;

der Parochialclerus erhält sein Einkommen durch zahlreiche Ge-
bühren bei Taufen, Trauungen, Begräbnissen und Messen.

Das Studium der Rechtsgelehrsamkeit ist bei der gebildeten
jungen Welt von Peru weit mehr in Aufnahme als das der Theologie, und in jeder großen Stadt befinden sich eine Menge aboga-
dos oder Juristen. Aber die Quellen der Justiz sind furchtbar
getrübt; die höchsten Beamten nehmen, ohne zu erröthen, Geschenke
an, und man spricht von dergleichen Geschäften an öffentlichen
Plätzen wie von ganz gewöhnlichen Vorfällen. Prompte Gerechtig-
keitspflege in Civilsachen ist eine seltene Erscheinung.

Die Criminaljustiz ist dagegen ziemlich summarisch. Mord
wird mit dem Tode bestraft. Man bindet den Schuldigen auf einen
Stuhl und erschießt ihn. Geringere Verbrechen werden durch
Zwangsarbeit, Einsperrung in entsetzlich schmutzigen Gefängnissen
und Prügel bestraft. Die Regierung hat neuerdings ihre Aufmerksamkeit der Reform der Gefängnisse zugewandt, und Don Mariano
Paz Soldan, ein tüchtiger Staatsmann, hat einen durch die Presse
veröffentlichten Bericht über die Strafanstalten in den Vereinigten
Staaten erstattet, und sich für die Einführung des Schweig- und
Zellensystems ausgesprochen. Wozu man sich auch entschließen
möchte, jede Abänderung der gegenwärtigen Zustände würde schon
eine Verbesserung sein; allein die immerwährenden inneren Zerwürfnisse sind schuld, daß man Jahre lang über Reformen spricht, ohne
sie jemals in Angriff zu nehmen.

Ein peruanisches Gesetzbuch ist neuerdings unter der Regierung
des General Echenique publicirt worden. Die in demselben enthal-
tene Gesetzgebung ist trefflich, allein sie wird nicht viel helfen, so
lange nicht die Zeit in dem Charakter Derjenigen, welche die trefflichen Gesetze anwenden sollen, eine vollständige sittliche Umwand-
lung hervorgebracht haben wird.

Kurz nach dem Erscheinen des Gesetzbuchs, im Jahre 1853,
gab Don Jose Santistevan ein juristisches Lehrbuch heraus, wodurch
er sich Anspruch darauf erworben hat, der Blackstone Peru's genannt
zu werden. Er beginnt mit Numa Pompilius, folgt dem Gange
der römischen Gesetzgebung in ihrer Verbindung mit der spanischen

und behandelt so die beiden Quellen, aus denen das neuere peruanische Rechtssystem abgeleitet ist. Sein Werk zerfällt in drei Theile: Personen-, Sachen- und Obligationenrecht. Im ersten beschreibt er die Beziehungen zwischen Freien und Sklaven, Herrn und Diener, Mann und Weib, wie sich dieselben nach peruanischem Recht zu einander verhalten; im zweiten nimmt das Erbrecht eine Hauptstelle ein, und es verdient als ein bemerkenswerther Zug desselben hervorgehoben zu werden, daß die unehelichen Kinder ein gesetzliches Erbrecht auf einen gewissen Theil der väterlichen Verlassenschaft haben; im dritten behandelt er die persönlichen Verbindlichkeiten, Verträge und Gesellschaftsrechte.

Die meiste Anziehungskraft, sollte man meinen, müßte für die Peruaner in der Geschichte ihrer Vorzeit liegen, im Studium des glorreichen Zeitalters der Incas, ihrer gewaltigen Thaten, ihrer wohlthätigen Regierung und ihrer staunenswerthen Baudenkmale, welche noch immer den heimathlichen Boden bedecken.

Man hat im Jahre 1840 ein Museum peruanischer Alterthümer errichtet. Es befindet sich in einem und demselben Gebäude mit der im Jahre 1821 gegründeten öffentlichen Bibliothek und mit der im Jahre 1832 gestifteten Zeichenschule. Die Bibliothek ist täglich von früh 8 bis Mittags 12 und von Nachmittags 4 bis 6 Uhr zu Jedermanns Gebrauche freigegeben.

Im Hinblick auf die alte Geschichte von Peru ist der großen antiquarischen Kenntnisse und der scharfsinnigen Forschungen des Don Mariano Rivero, einer der glänzendsten Zierden seines Vaterlandes, rühmlichst zu gedenken. Er stammt aus einer alten Familie von Arequipa, hat von Zeit zu Zeit mehrere höhere europäische Consulate bekleidet und sich besonders dem Studium der Alterthümer seines Vaterlandes gewidmet. Eine Frucht dieser Studien ist sein treffliches Werk „Antiquedades Peruanas" (peruanische Alterthümer), von dem bereits eine englische Uebersetzung zu Neu-York erschienen ist, und welches einen höchst werthvollen Beitrag zu der Geschichte des alten Peru bildet.

Er sucht am Schlusse des Werkes seine jungen Landsleute mit derselben Begeisterung, von welcher er ergriffen ist, zu erfüllen.

„Möchte diese Schrift", ruft er aus, „die peruanische Jugend aus
ihrer Lethargie aufstören; möchten unsere Entdeckungen sie zum
Enthusiasmus hinreißen und ihr das Verständniß bringen, daß
auch der Staub unter unsern Füßen einst seinen Herzschlag und
Leben und Gefühl hatte; daß früher oder später jeder Nation Gerechtigkeit widerfahren muß; daß Babylon, Aegypten, Griechen-
land und Rom nicht die einzigen Reiche sind, die einer schöpferischen
Phantasie Nahrung geben, und daß der Boden, den wir betreten,
das Grab einer gescheiterten Civilisation ist.

Ja, wie glücklich wollten wir uns preisen, wenn wir zum
Lohne unserer Bemühungen die Weisen und Verständigen um eine
intelligente, thätige und väterliche Regierung, wie es einst die der
Sonnenkinder, der Incas, war, versammelt sähen, und wenn
unter ihren Auspicien die peruanische Civilisation vom Staube
auferstände, wie Pompeji und Herculanum aus ihrem tausend-
jährigen Lavagrabe emporgestiegen sind."

Was Rivero von der Geschichte der Incas sagt, wenn es den
antiquarischen Forschungen gelänge, sie mehr und mehr zu ent-
hüllen, das möchten wir von der modernen peruanischen Litteratur
sagen, wenn sie endlich einmal von dem verderblichen Einflusse
der staatlichen Anarchie, die so lange jeden Fortschrittsversuch gehindert hat, befreit werden sollte.

Man darf zuversichtlich von den Peruanern viel erwarten.
Denn wenn auch ihr Charakter durch manche Flecken entstellt ist,
wie dies ein gesellschaftlicher Uebergangszustand immer mit sich
bringt, so besitzen sie doch auch andererseits viele treffliche Eigenschaften, die zu ihrer Veredlung führen werden.

Und in der That gestalten sich die Aussichten Peru's von Tage
zu Tage lichter; in allen Zweigen der Industrie und der Volks-
erziehung zeigen sich Fortschritte. Die Inca-Indianer sind durch
die weisen Maßregeln Castilla's der Knechtschaft entzogen worden,
und die Bevölkerung spanischer Abkunft eignet sich zusehends die
Kunst und Bildung der europäischen Civilisation mehr und mehr an.

Zweite Reise.

1860 und 1861.

Erstes Kapitel.

Entdeckung der Perurinde. — Die Gräfin von Chinchon. — Einführung des Gebrauchs der Chinarinde in Europa. — La Condamine's erste Beschreibung eines Chinchona-Baumes. — J. de Jussieu. — Die Chinchona-Region. — Die verschiedenen werthvollen Species. — Entdeckung des Chinins.

Die Einführung der Chinchona-Bäume in Indien und der Anbau der Fieberrinde in den britisch-asiatischen Besitzungen, wo dieses unschätzbare Heilmittel ein Lebensbedürfniß geworden .ist, hatte schon seit einigen Jahren die Aufmerksamkeit der indischen Regierung beschäftigt, als der Verfasser 1859 von dem Staatssecretär für Indien den Auftrag erhielt, sich der Leitung eines Unternehmens zu unterziehen, das die Sammlung von Chinchona-Pflanzen und ihrer vorzüglichsten Samensorten in Südamerika und die Einführung derselben in Indien zum Zwecke hatte. Dieser Auftrag führte den Verfasser aufs neue nach Südamerika, in die Gebirgswälder der Anden, welchen die ganze Welt und besonders alle tropischen Länder, wo Wechselfieber herrschen, jenes unschätzbare Fiebermittel schon seit langer Zeit zu verdanken haben, und namentlich in die Wälder der peruanischen Provinz Caravaya, die noch von keinem englischen Reisenden beschrieben worden sind. Es giebt vielleicht keine Arznei, die für die Menschheit von größerem Werthe ist, als das fiebervertreibende Alkaloid, das aus den Chinchonabäumen Südamerika's gewonnen wird; der Verbrauch der Chinarinde ist in allen civilisirten Ländern mehr und mehr gewachsen, während sich dagegen die Production oder Zufuhr vermindert hat; das durch die indische Regierung eingeleitete Unternehmen sollte

daher, durch Naturalisation dieser Bäume in Indien und anderen
ihrem Gedeihen entsprechenden Ländern, der Menschheit eine zuver-
lässigere, billigere und reichlichere Production eines ihr unentbehrlich
gewordenen Heilmittels sichern und ist, Dank den Bemühungen der
tüchtigen Männer, welche dem Verfasser zur Seite standen, mit
einem die kühnsten Erwartungen übertreffenden Erfolge gekrönt
worden. Ehe uns jedoch der Leser auf der Reise über die Cordilleren
und in die ungeheuren unbetretenen Wälder begleitet, wo wir jene
kostbaren Pflanzen aufzusuchen hatten, wird es nöthig sein, uns
erst mit der Geschichte der Chinarinde, mit den verschiedenen Arten
der Chinchona-Bäume und ihren heimischen Verhältnissen etwas
näher vertraut zu machen.

Es wäre in der That auffällig, wenn, wie allgemein angenommen wird, die eingebornen Indianer Südamerika's die Heilkräfte der Chinarinde nicht gekannt hätten, und doch scheint diese
Annahme durch den Umstand bestätigt zu werden, daß dieses Hauptmittel in den Reiseapotheken der eingebornen wandernden Aerzte,
deren Gewerbe sich seit der Zeit der Incas von dem Vater auf den
Sohn vererbt hat, zu fehlen pflegt. Dennoch ist es wahrscheinlich,
daß die Indianer in der Nähe von Loxa, 230 englische Meilen
südlich von Quito, wo der Gebrauch dieses Mittels den Europäern
zuerst bekannt wurde, die Heilkräfte der Chinarinde kannten, was
auch schon aus dem indianischen Namen des Baumes, „Quina-
quina", d. i. Rinde der Rinden, hervorgeht, da eine derartige Verdop-
pelung des Namens einer Pflanze fast immer darauf hindeutet, daß
man ihr medicinische Eigenschaften beilegt. Die Indianer betrach-
teten die Eroberer ihres Landes mit Widerwillen und Mißtrauen
und es läßt sich denken, daß sie nicht allzu eifrig darauf bedacht
waren, denselben ihre Kenntniß von derartigen Heilkräften mitzutheilen. Dadurch erklärt sich auch vielleicht der Zwischenraum, der
zwischen der Entdeckung des Landes und dem ersten Gebrauch der
Chinarinde durch Europäer liegt. Die Eroberung Peru's und die
darauf folgenden Bürgerkriege lassen sich erst mit der Zeit des Vicekönigs Marquis von Cañete im Jahre 1560 als beendigt bezeichnen,
und J. de Jussieu berichtet, daß im Jahre 1600 ein Jesuit, der in

Malacotas, wo man nach Juffieu's Meinung durch die Indianer die erste Kenntniß von der Heilkraft der Chinarinde erlangte, von einem Fieber befallen ward, durch den Gebrauch von Chinarinde seine Genesung bewirkte. Auch fand La Condamine in der Bibliothek eines Klosters in Loxa ein Manuscript, in welchem dargethan war, daß die Europäer dieser Provinz um dieselbe Zeit Chinarinde anwendeten. Es läge demnach zwischen dem Zeitpunkte der eigentlichen Unterwerfung Peru's und der Entdeckung dieses überaus wichtigen Productes immer nur ein Zwischenraum von vierzig Jahren. Außerdem läßt sich der Umstand, daß den Spaniern die Kenntniß von der Heilkraft der Chinarinde so lange vorenthalten blieb, auch dadurch erklären, daß die Indianer zwar die fiebervertreibende Eigenschaft der Rinde kannten, aber derselben keine große Wichtigkeit beilegten. „Nul n'est saint dans son pays", sagt La Condamine in Bezug hierauf, und Pöppig, der 1830 schrieb, sagt, daß die vom Wechselfieber besonders heimgesuchten Bewohner der peruanischen Provinz Huanuco einen starken Widerwillen gegen den Gebrauch der Chinarinde zeigten. Auch Humboldt spricht von diesem Widerwillen der Eingebornen gegen den Gebrauch der Chinarinde, und Richard Spruce machte dieselbe Bemerkung in Bezug auf Ecuador und Neugranada. Selbst in Guayaquil ist das Vorurtheil gegen Quinin oder Chinin so groß, daß ein Arzt, der es verordnet, genöthigt ist, es mit einem anderen Namen zu bezeichnen. Der Indianer meint, daß nur der kalte Norden den Gebrauch der Fieberrinde gestatte; er hält sie für sehr erhitzend und daher für ein ungeeignetes Arzneimittel gegen Leiden, die nach seiner Meinung durch Entzündung des Blutes entstehen.

Um das Jahr 1630 soll ein Indianer von Malacotas den am Wechselfieber erkrankten spanischen Corregidor von Loxa, Don Juan Lopez de Canizares, von der Heilkraft und Anwendung der Chinarinde unterrichtet haben, worauf der Corregidor durch deren Gebrauch genas. Acht Jahre später lag die Gattin des Luis Geronimo de Cabrera Bobadilla y Mendoza, vierten Grafen von Chinchon, im Palaste von Lima am Fieber darnieder, und ihre berühmte Cur hat Linné lange nachher veranlaßt, das ganze Ge

schlecht der Chinin-spendenden Bäume ihr zu Ehren „Chirchona"
zu nennen. Die Taufpathin dieser werthvollen Schätze des Pflanzen-
reichs hat daher einigen Anspruch auf unsere Aufmerksamkeit. Die
Gräfin von Chinchon stammte aus dem edlen Hause Osorio, dessen
Begründer von Heinrich IV. von Castilien zum Marquis von
Astorga erhoben wurde. Der achte Marquis hatte eine Tochter
Namens Ana, die 1576 geboren war und im sechzehnten Jahre
den Marquis von Salinas heirathete, der zu dem wichtigen Posten
eines Vicekönigs von Mexico berufen war. Wahrscheinlich begleitete
sie ihren Gatten zunächst nach Mexico und später nach Lima, da
der Marquis von 1596 bis 1604 Vicekönig von Peru war. Im
letzteren Jahre kehrte er auf seinen früheren Posten nach Mexico
zurück und ging dann nach Spanien, wo er von 1611 bis zu seinem Tode 1617 Präsident des Raths von Indien war. Die Mar-
quise Ana hatte demnach bereits ansehnliche Reisen gemacht, als
sie 1621 zu Madrid ihrem zweiten Gatten, dem vierten Grafen
von Chinchon, vermählt wurde, mit welchem sie, da auch dieser
zum Vicekönig von Peru ernannt ward, abermals nach Lima ging.
Als die Gräfin 1638, in ihrem dreiundsechzigsten Jahre, am Fieber erkrankt war, sandte der Corregidor von Loxa, Don Juan
Lopez de Canizares, ihrem Arzte Juan de Vega eine Quantität
pulverisirte Quinquina-Rinde, mit der Versicherung, daß dieselbe
ein untrügliches Heilmittel des Tertiarfiebers sei. Das Mittel
wurde bei der Gräfin angewendet und bewirkte eine vollständige
Heilung. Bei der Rückkehr des Grafen von Chinchon nach Spanien nahm die Gräfin eine Quantität der heilkräftigen Rinde mit
sich und war somit die erste Person, die diese unschätzbare Arznei
in Europa einführte. Man nannte das Mittel seitdem „Gräfin-
Rinde" oder „Gräfin-Pulver", und Juan de Vega, der Gräfin Arzt,
verkaufte in Sevilla das Pfund für hundert Realen. Zum Andenken an diese Dienstleistung nannte Linné das ganze dieses Heilmittel
gewährende Pflanzengeschlecht „Chinchona", und später wurde der
Name der Gräfin noch durch die große Familie der Chinchonaceen
unsterblich gemacht, welche außer den Chinchonas die Ipecacuanhas
und Kaffeepflanzen umfaßt. In neuerer Zeit hat man das erste h

dieses Namens weggelassen, und das Wort wird jetzt fast durchgehends, aber sehr unrichtig „Cinchona" geschrieben.

Nach der Heilung der Gräfin von Chinchon wurden die Jesuiten die hauptsächlichen Förderer der Einführung der Chinarinde
in Europa. Der Graf von Chinchon hatte sich noch im letzten
Jahre seiner peruanischen Statthalterschaft ein Verdienst um die
geographische Wissenschaft erworben, indem er 1639 die Expedition
nach der Mündung des Maranhon veranlaßte, von welcher der
Jesuit Acuña, der sie begleitete, einen schätzenswerthen Bericht
geliefert hat. Seitdem fuhren die Missionäre von Acuña's Brüderschaft fort, tiefer in die Wälder an den Quellen des Maranhon
einzudringen und Ansiedelungen zu gründen. Im Jahre 1670
schickten sie pulverisirte Chinarinde nach Rom, von wo sie durch
den Cardinal de Lugo an die Mitglieder der Brüderschaft in ganz
Europa vertheilt und zur Heilung von Fiebern mit großem Erfolge
angewendet wurde. Daher der Name „Jesuiten-" oder „Cardinals-
Rinde" und daher auch die komische Thatsache, daß sich die Pro-
testanten lange Zeit dem Gebrauche dieses Heilmittels widersetzten,
eben weil es von den Jesuiten besonders befürwortet wurde. Im
Jahre 1679 kaufte Ludwig XIV. das Geheimniß der Quina-quina-
Bereitung von dem englischen Arzte Robert Talbor für tausend
Louisd'or, eine große Pension und einen Titel. Seitdem scheint
die Chinarinde als wirksamstes Heilmittel für Wechselfieber anerkannt worden zu sein. Dennoch mußte noch lange Zeit vergehen,
ehe das gegen dieses Heilmittel erweckte Vorurtheil besiegt wurde.
Gelehrte Aerzte geriethen darüber in lange und heftige Streitigkeiten. Ein Professor der Universität Salamanca, Dr. Colmenero,
schrieb ein Werk, in welchem er erklärte, daß in Madrid allein
durch den Gebrauch der Perurinde neunzig plötzliche Todesfälle
herbeigeführt worden wären. Allmälig aber belehrte der unschätzbare Werth der Chinarinde selbst die bigottesten Conservativen der
Medicin; der Gebrauch des Heilmittels verbreitete sich mehr und
mehr, aber während sein Bedarf demgemäß sich vermehrte, verging noch geraume Zeit, ehe man die erste Kenntniß von den Bäumen erhielt, die dasselbe gewährten. Man verdankt die erste Be-

schreibung der Chinchona-Bäume jener denkwürdigen französischen Expedition nach Südamerika, der fast alle Zweige der Wissenschaft so viel zu verdanken haben. Die Mitglieder dieser Expedition, de la Condamine, Godin, Bouguer und der Botaniker de Jussieu segelten am 16. Mai 1735 von Rochelle ab, um den Bogen eines Grades von Quito zu messen und danach die Gestalt der Erde zu bestimmen. Nach längerem Aufenthalte in Quito begab sich Jussieu 1739 nach Loja, um den Quina-quina-Baum zu untersuchen, während Condamine 1743 nach Loja ging und dann einige Zeit in Malacotas bei einem Spanier sich aufhielt, der vorzugsweise mit Perurinde Geschäfte machte. Condamine suchte sich einige junge Pflanzen zu verschaffen, in der Absicht, sie den Maranhon hinab mit nach Cayenne zu nehmen und von dort in den „Jardin des Plantes" in Paris zu verpflanzen; aber eine Woge, die bei Para, an der Mündung des mächtigen Stromes, über sein kleines Fahrzeug schlug, beraubte ihn des Gefäßes, in welchem er diese Pflanzen mehr als acht Monate bewahrt hatte. Dies war der erste Versuch, Chinchona-Pflanzen aus ihren heimischen Wäldern in andere Gegenden zu führen. Condamine war der erste Mann der Wissenschaft, der diese wichtige Pflanze untersuchte und beschrieb. Joseph de Jussieu, dessen Name mit dem Condamine's, was die erste Untersuchung der Chinchona-Bäume von Loja anlangt, innig verbunden ist, setzte, nachdem sein Gefährte Südamerika verlassen hatte, seine Forschungen daselbst noch längere Zeit fort. Er drang zu Fuß bis zur Provinz Canelos vor, dem Schauplatze der Thaten und Leiden des Gonzalo Pizzaro, besuchte mit Godin Lima, reiste über Oberperu bis zu den Wäldern von Santa Cruz de la Sierra und war der erste Botaniker, der Exemplare der Coca-Pflanze, jenes beliebten Narcoticums der peruanischen Indianer, in die Heimath schickte. Leider traf ihn nach vieljähriger mühevoller Arbeit in Buenos Ayres das Mißgeschick, seine großen Pflanzensammlungen zu verlieren, indem ihm dieselben von einem Diener, der in den Kisten Geld vermuthete, gestohlen wurden. Dieser Verlust hatte die traurige Folge, daß Jussieu nach vierunddreißigjähriger Abwesenheit 1771 geisteskrank nach Frankreich zurückkehrte.

Viele Jahre lang war der Quinquina-Baum von Loxa, die Chinchona officinalis des Linné, die einzige Species, die den Botanikern bekannt war, und von 1640 bis 1760 fand man im Handel keine andere Fieberrinde als diejenige, die in den Wäldern von Loxa gewonnen und von dem peruanischen Hafen Payta ausgeführt wurde. Nachdem man daher länger als ein Jahrhundert auf einem so kleinen Gebiete fortwährend in der sorglosesten und unbedachtsamsten Weise Bäume gefällt hatte, mußte natürlicher Weise ein Mangel eintreten, der eine völlige Ausrottung befürchten ließ. Schon 1735 berichtete Ulloa an die spanische Regierung: „es gäbe dieser Bäume zwar viele, aber sie würden, wenn das Verfahren, sie zu fällen und zu schälen, ohne an die Stelle der gefällten neue zu pflanzen, fortgesetzt würde, doch endlich ausgehen," und schlug vor, den Corregidor von Loxa anzuweisen, daß er einen Aufseher anstellte, der die Wälder zu überwachen und darauf zu halten hätte, daß für jeden gefällten Baum ein neuer gepflanzt würde. Man hat diese weise Vorsicht niemals beachtet, und sechzig Jahre später berichtete Humboldt, daß in einem einzigen Jahre 25,000 Bäume vernichtet worden seien. Die botanische Expedition, welche die spanische Regierung gegen Ende des vorigen Jahrhunderts aussandte, um die Chinchona-Wälder in anderen Theilen ihrer ungeheuren südamerikanischen Besitzungen zu erforschen, führte zur Entdeckung und Benutzung neuer werthvoller Species, wodurch der vernichtende Druck, der auf den Wäldern von Loxa lastete, endlich erleichtert wurde.

Die Region der Chinchona-Bäume erstreckt sich vom 19° südlicher Breite, wo Weddell die C. australis fand, bis zum 10° nördlicher Breite, in einer Ausdehnung von 1740 englischen Meilen der fast halbkreisförmigen Curve der Anden folgend. Sie gedeihen in einer kühlen gleichmäßigen Temperatur an den Abhängen und in den Thälern und Schluchten der Gebirge, in einer Höhe von 2500 bis zu 9000 Fuß über dem Meeresspiegel. Innerhalb dieser Grenzen sind Farnbäume, Melastomaceen, baumartige Passionsblumen und verwandte Arten von Chinchonaceen ihre gewöhnlichen Gefährten. Unterhalb der Grenze sind die Wälder reich an Palmen und Bambus, während oberhalb der äußersten Grenzlinie nur noch einige niedrige Alpensträucher gedeihen. Innerhalb des weiten Gürtels selber aber wachsen verschiedene theils mehr theils weniger werthvolle Rinde gewährende Chinchona-Arten, jede innerhalb ihrer eignen engeren Höhenzone. Aber diese verschiedenen Arten sind nicht blos durch ihre Zonen hinsichtlich der Erhöhung über dem Meeresspiegel, sondern auch durch ihre Lage nach den Breiten-graden von einander geschieden. So wächst z. B. in Bolivia und Caravaya die besonders werthvolle Chinchona Calisaya, aber man findet sie nie näher am Aequator als bis zum 12. südlichen Breiten-grade. Zwischen diesem Parallelkreise und dem 10° südl. Br. ent-halten die Wälder größtentheils nur werthlose Chinchona-Arten, während im nördlichen Peru die wichtige „graue Rinde" gefunden wird. In jeder dieser Breitenregionen sind die verschiedenen Species wieder durch Höhengürtel geschieden. Aber diese Beschränkung auf gewisse durch die Breitengrade und die Höhe bedingte Grenzen ist keine bestimmte Regel; denn einige weniger zarte und empfindliche Species haben eine weitere Ausdehnung, während die zarteren Arten, und diese sind in der Regel die werthvolleren, auf die ihnen angewiesenen Zonen beschränkt bleiben und dieselben vereinzelt höchstens auf eine Entfernung von hundert Ellen über-schreiten.

Die Chinchona-Region beginnt sonach in der bolivianischen Provinz Cochabamba im 19° südl. Breite, zieht sich durch die Jungus von La Paz, Larecaja, Caupolican und Muñecas in die peruanische Provinz Caravaya, von hier durch die an den östlichen Abhängen der Anden gelegenen peruanischen Wälder von Marca-pata, Paucartambo, Santa Anna, Guanta und Uchubamba nach Huanuco und Huamalies, wo man die „graue Rinde" findet, er-streckt sich dann weiter durch Jaen nach den Wäldern bei Loxa und Cuenca und an den westlichen Abhängen des Chimborasso; beginnt aufs neue 10° 51′ nördlicher Breite bei Almaguer, geht durch die Provinz Popayan, längs der Andenabhänge Quindin hin, bis sie ihre äußerste nördliche Grenze auf den bewaldeten Höhen von Me-rida und Santa Martha erreicht. Außerhalb dieser Grenzen hat

man bis jetzt noch in keiner Gegend der Welt wildwachsende Chinchona-Pflanzen gefunden. Die Chinchonas wachsen, wenn sie sich eines guten Bodens
und anderer günstiger Verhältnisse erfreuen, zu großen Waldbäu-
men empor. In höheren Lagen und wenn sie gedrängt und auf
steinigem Boden stehen, treiben sie häufig sehr hohe zweiglose
Stämme, während sie an den obersten Linien ihres Gürtels nur
noch als Sträucher vorkommen. Die Blätter sind von verschiedener
Gestalt und Größe; die der vorzüglichsten Gattungen aber sind
lanzenförmig und haben eine glänzende, hellgrüne mit hochrothen
Adern durchzogene Oberfläche und Stiele von gleicher hochrother
Farbe. Die Blumen sind sehr klein, bilden aber wie der spanische
Flieder büschelartige Rispen, gewöhnlich von dunkelrosenrother
Farbe, etwas bleicher am Stengel, dunkelroth in der Röhre und
mit weißen gekräuselten Haaren an dem Saume der Blumenkrone.
Die Blumen der Chinchona micrantha sind ganz weiß und sehr
wohlriechend. Die älteren Botaniker bezeichneten mit dem Namen
Chinchona eine große Anzahl verwandter Arten, die seitdem geschieden und unter andere Namen gruppirt worden sind. Es giebt
drei Merkzeichen, an welchen man eine ächte Chinchona jederzeit
erkennen kann: die gekräuselten Haare am Saume der Blumenkrone, das eigenthümliche Aufspringen der Samenkapsel von unten
nach oben und die kleinen Grübchen an den Aderwinkeln auf der
unteren Seite der Blätter. Diese Merkzeichen unterscheiden die ächten
Chinchona-Pflanzen von vielen anderen Bäumen, in deren Gesellschaft man sie findet und die man auf den ersten Blick für dieselbe
Gattung halten könnte. Der durch die Forschungen der Chemie
gelieferte Beweis, daß keine dieser verwandten Arten irgend eines
der medicinischen Alkaloide enthält, hat die Botaniker schließlich
veranlaßt, dieselben von dem Genus Chinchona auszuscheiden, und
Dr. Weddell giebt ein Verzeichniß von 73 Pflanzen, die vormals
zu den Chinchonas gezählt wurden, jetzt aber passender unter verwandte Arten classificirt sind, wie Cosmibuena, Cascarilla, Exo-
stemma, Remijia, Ladenbergia, Lasionema u. s. w. Das von
Weddell aufgestellte Verzeichniß beschränkt sich nach diesen Ausschei-

dungen auf neunzehn ächte und zwei zweifelhafte Chinchonae; aber
selbst die von dieser ausgezeichneten Autorität bewirkte, im Jahre
1849 veröffentlichte Claffification erfordert bereits wesentliche Ver-
änderungen; so fehlt ihr z. B. die Species, welche die „rothe Rinde"
und in dieser das meiste Alkaloid gewährt und in Folge neuerer
Untersuchungen von den Botanikern wahrscheinlich als eine besondere Art, die C. succirubra, aufgenommen werden wird; eben so
fehlt eine neue „graue Rinde", die jetzt in Indien als C. Peruviana
eingeführt ist, und die C. Pahudiana, eine an sich werthlose Art,
welche aber die Holländer auf Java angepflanzt haben.

Die für den Handel werthvollerm Species (die jetzt sämmtlich
in Indien eingeführt sind) beschränken sich auf eine geringe Zahl,
die fünf verschiedene medicinische Rinden: die rothe Rinde, die
Kron-Rinde, die Karthagena-Rinde, die graue und die gelbe Rinde
gewähren und auf fünf verschiedene Gegenden Südamerika's vertheilt sind. Die Loxa-Region liefert in drei Species, nämlich C.
Chabuarguera, C. crispa und C. Uritusinga, die Kron-Rinde, die
Rothrinden-Region an den westlichen Abhängen des Chimborasso
in der C. succirubra die Rothrinde, die Neugranada-Region in der
C. lancifolia die Karthagena-Rinde, die Huanuco-Region im nördlichen Peru in drei Species, C. nitida, micrantha und Peruviana,
die graue, und die Calisaya-Region in Bolivia und Süd-Peru, in
der C. Calisaya die gelbe Rinde. Es wird zweckmäßig sein, von
jeder dieser Gegenden, von ihren Chinchona-Bäumen und von den
Forschungen der Botaniker bis herab auf die Zeit, wo man Anstalten traf, diese unschätzbaren Pflanzen in Java und Indien heimisch zu machen, einen kurzen Bericht zu geben; aber ehe wir dies
thun, wollen wir denjenigen Forschungen und Untersuchungen
einen flüchtigen Blick zuwenden, die zur Entdeckung des in der
Chinarinde enthaltenen fieberwertreibenden Stoffes führten.

Die Wurzeln, Blumen und die Samenkapseln der Chinchona-
Bäume haben einen bitteren Geschmack mit tonischen Eigenschaften,
aber nur die obere Rinde ist derjenige Theil des Baumes, der commerciellen Werth hat. Die Baumrinde besteht aus drei Schichten,
der Epidermis, der Peridermis, der zelligen und der faserigen

Schicht (liber), die aus sechseckigen mit harzigem Stoffe gefüllten Zellen und Holzfasern bestehen. Im Wachsen treibt der Baum die Rinde aus und indem der äußere Theil zu wachsen aufhört, trennt er sich in Schichten und bildet den todten Theil oder die Peridermis, welcher bei den Chinchona-Bäumen zum Theil zerstört wird und mit Flechten verwächst. Die Rinde besteht demnach aus dem todten Theile, der Peridermis, und dem lebenden, der Dermis. An jungen Zweigen giebt es keinen todten Theil der Rinde; hier bleiben die äußeren Schichten unversehrt, während die inneren noch nicht Zeit gefunden haben, sich zu entwickeln. Dagegen ist an dicken alten Zweigen der todte Theil sehr beträchtlich, während die faserige Schicht der Dermis vollkommen entwickelt ist. Bei der Zurichtung der Rinde wird der Stamm des Baumes, um die Peridermis zu beseitigen, mit einer Keule geschlagen und dann die Dermis durch gleichförmige Einschnitte abgelöst. Die dünnen Rinden kleiner Zweige werden einfach in die Sonne gelegt und nehmen die Gestalt von hohlen Cylindern oder Spulen an, von den Eingebornen „Canuto-Rinde" genannt. Die stärkere Rinde heißt „Tabla" oder „Plancha" und wird in grobe Leinwand eingenäht und in frische Häute verpackt.

Die Chinarinde wurde bis auf unser Jahrhundert in ihrem rohen natürlichen Zustande angewendet, und es waren schon zu verschiedenen Zeiten zahlreiche Versuche gemacht worden, den eigentlichen heilkräftigen Bestandtheil der Rinde zu entdecken, ehe man in dieser Beziehung zu einem richtigen Ergebniß gelangte. Den ersten bemerkenswerthen Versuch dieser Art machten 1779 die Chemiker Bnguel und Cornette, die in der Quinquina-Rinde das Vorhandensein eines wesentlichen Salzes, einer harzigen und einer erdigen Substanz erkannten. Im Jahre 1790 entdeckte Fourcroy das Vorhandensein eines Farbstoffes, nachmals Chinchona-Roth genannt, und 1800 glaubte ein schwedischer Arzt, Westring, den wirkenden Grundstoff der Quinquina-Rinde entdeckt zu haben. Aber erst 1815 wurde durch Reuß, einen russischen Chemiker, die erste leidliche Analyse der Chinarinde gegeben, und ziemlich um dieselbe Zeit stellte Dr. Duncan in Edinburgh die Meinung auf, daß

eine wirkliche Substanz als fiebervertreibender Stoff in der Chinarinde vorhanden sei. Dr. Gomez, ein Arzt der portugiesischen Marine, war (1816) der erste, der diesen von Dr. Duncan angedeuteten
Stoff absonderte, den er „Chinchonin" nannte. Aber die endliche
Entdeckung des Quinin, Chinin, gelang erst den französischen
Chemikern Pelletier und Caventou im Jahre 1820. Sie nahmen
an, daß ein vegetabilisches Alkaloid, analog dem Morphin und
Strychnin, in der Quinquina-Rinde enthalten sein müsse, und entdeckten hierauf, daß der fiebervertreibende Stoff in zwei, in den
verschiedenen Rindenarten theils vereinigt, theils getrennt vorkom-
menden Alkaloiden, Quinin, oder Chinin und Chinchonin oder
Cinchonin, enthalten war, die zwar gleiche Eigenschaften besaßen,
von welchen aber das erstere kräftiger war als das andere.

Quinin oder Chinin ist eine weiße geruchlose, bittere, schmelz-
bare, krystallisirte Substanz mit der Eigenschaft nach links sich
drehender Polarisation. Die Salze des Chinin sind in Wasser,
Alkohol und Aether auflösbar. Das doppelt schwefelsaure Salz
des Chinin wird allen Salzen vorgezogen, weil es ein leicht her-
zustellendes festes Salz bildet, das ein starkes Verhältniß des Alka-
loids enthält. Es ist sehr bitter und auflösbar und krystallisirt in
langen seidenartigen Nadeln. Man gewinnt es, indem man dem
schwefelsauren Salz Schwefelsäure hinzusetzt. Chinchonin oder
Cinchonin unterscheidet sich von Chinin dadurch, daß es in Wasser
weniger, in Aether gar nicht auflösbar ist. Es hat die Eigenschaft
nach rechts sich drehender Polarisation.

Indem die Entdeckung dieser Alkaloide in der Quinquina-
Rinde*) die Chemiker in den Stand gesetzt hat, die heilkräftigen

---

*) Das Wort „Quinquina" wird gewöhnlich für die aus der Peru-
rinde gewonnenen medicinischen Präparate angewendet. „Quina" heißt
in der Quichna-Sprache Rinde und Quina-quina ist eine Rinde, die
medicinische Eigenschaften besitzt. Quinin (Chinin) ist natürlicher Weise
von Quina, Chinchonin (Cinchonin) von Chinchona abgeleitet. Die Spanier machten aus dem Worte Quina — Chins. Als La Condamine 1735
Peru besuchte, war der heimische Name Quina-quina fast ganz durch
das spanische Wort Cascarilla verdrängt, das ebenfalls Rinde bedeutet.

Stoffe auszuziehen, hat sie die Nützlichkeit dieser Pflanze wesentlich vermehrt. In kleinen Dosen vermehren dieselben den Appetit und befördern die Verdauung und in gelinden Fällen des Wechselfiebers ist Chinchonin von gleicher Wirksamkeit wie Chinin, während in ernsten Fällen Chinin absolut nöthig ist. So besitzen diese Alkaloide nicht blos tonische Eigenschaften, die in unendlich vielen Fällen benutzt werden können, sondern auch eine fiebervertreibende Heilkraft, die nicht ihres Gleichen hat und wodurch sie für tropische Länder und für niedrige sumpfige Gegenden, wo Fieber herrschen, zu einem fast unentbehrlichen Lebensbedürfniß geworden sind. Bei der Walcheren-Expedition wurde durch die rechtzeitige Ankunft eines amerikanischen Händlers, der das englische Lager, nachdem hier das unentbehrliche Heilmittel völlig ausgegangen war, mit einem neuen Vorrathe desselben versorgte, manches Menschenleben gerettet. Dr. Baikie schrieb es nur dem zur Gewohnheit gewordenen Gebrauch des Chinin zu, daß er seine Leute lebendig von seiner Niger-Expedition zurückbrachte, und die große Zahl von Menschen, die in der britischen Marine und in Indien bereits durch Chinin gerettet worden ist, läßt erkennen, wie wichtig es geworden, von der Rinde, die dieses treffliche Heilmittel gewährt, hinreichende und billige Vorräthe zu erzeugen. Indien und andere Länder haben vergebens nach einem Surrogat für Chinin geforscht und was Laubert 1820 sagte, hat noch heute seine volle Berechtigung: — „Diese Arznei, die kostbarste von allen, welche die Heilkunst kennt, ist einer der größten Siege, die der Mensch dem Pflanzenreich abgewonnen hat. Die Schätze, die Peru bietet und nach welchen die Spanier den Erdboden durchwühlten, sind nicht zu vergleichen mit der Nützlichkeit der Quinquina-Rinde, die ihnen so lange Zeit unbekannt blieb."

Zweites Kapitel.

Die werthvolleren Arten der Chinchona-Bäume; ihre Geschichte, ihre
Entdecker und ihre Wälder.

Von den obengenannten fünf verschiedenen Regionen der für
den Handel besonders werthvollen Arten der Chinchona-Bäume ist
die Loxa-Region, an der südlichen Grenze der neuen Republik
Ecuador, die ursprüngliche Heimath der Chinchona und faßt der
Mittelpunkt des über verschiedene Breitengrade sich erstreckenden
Gürtels, auf welchen diese Pflanze beschränkt ist. An den hohen grad-
bedeckten Abhängen der Anden in der Nähe der kleinen Stadt Loxa,
in den geschützten Schluchten und dichten Wäldern dieser Gegend
wurden die kostbaren Bäume gefunden, welche die Welt zuerst mit
der Heilkraft der Perurinde bekannt machten. Man fand sie in großer
Anzahl in den Wäldern von Uritusinga, Rumisitana, Cajanuma,
Boqueron, Villonaco und Monje, sämmtlich in der Nähe von
Loxa. Linné hatte diesen Bäumen den Namen Chinchona officinalis gegeben, aber als Humboldt und Bonpland sie untersuchten,
war ihr Name durch die Entdeckung anderer gleichfalls medicinische Rinde gewährender Arten unpassend geworden, und sie
gaben ihnen daher, zum Andenken an den ausgezeichneten Franzosen, der sie zuerst beschrieben hatte, den passenderen Namen
Chinchona Condaminea. Sie wachsen nach Humboldt auf Glim-
merschiefer und Gneiß, 6—6000 Fuß über dem Meere und in
einer mittlern Temperatur von 60—65° Fahrenheit. Damals
wurde der Baum in seiner ersten Blüthenzeit oder im fünften bis
siebenten Jahre gefällt, je nachdem er aus einem kräftigen Wurzelschößling oder aus Samen aufgewachsen war. Humboldt schildert
die Vegetation als eine so üppige, daß junge Bäume von nur sechs
Zoll im Durchmesser oft eine Höhe von 53 bis 64 englischen Fuß
erreichen können. „Dieser schöne Baum," fährt er fort, „der mit
mehr als fünf Zoll langen und zwei Zoll breiten Blättern geschmückt ist und in dichten Wäldern wächst, scheint immer danach
zu streben, über seine Nachbarn sich zu erheben. Wenn seine oberen

Zweige im Winde hin und her schweben, bringt ihr rothes, glänzendes Laubwerk eine ganz eigenthümliche, schon in weiter Ferne
merkbare Wirkung hervor." Der Baum hat je nach der Höhe seines
Standpunktes ziemlich verschiedenartig gestaltete Blätter, und
selbst Rindensammler würden getäuscht werden, wenn sie den
Baum nicht an den Drüsen erkennen könnten, die von den Botanikern so lange unbeachtet geblieben sind. Die von Humboldt beschriebene C. Condaminea ist die C. Urunsinga des spanischen
Botanikers Pavon. Sie lieferte ehedem große Quantitäten dicker
Stammrinde, ist aber in Folge des unvorsichtigen Verfahrens,
womit man die Bäume Jahre lang gefällt hat, fast ausgerottet,
so daß ihre Rinde im Handel nur noch selten vorkommt. Nach
Humboldt, in den Jahren 1803 bis 1809, untersuchte der ausgezeichnete spanische Botaniker Don **Francisco Caldas** die Wälder
von Loxa. Er sagt, daß der berühmte Cusina-Baum von Loxa in
den Wäldern von Urinsinga und Cajanuma in einer Höhe von
8200—8200 Fuß über dem Meere, und in einer Temperatur von
41—72° Fahrenheit, aber nur zwischen den Flüssen Zamora und
Cachiyacu wachse. Der von ihm beschriebene Baum ist 30 bis 48
Fuß hoch, mit drei oder mehreren Stämmen aus einer und derselben Wurzel wachsend, hat lanzenförmige, auf beiden Seiten glänzende Blätter mit rosenrothen Adern, eine immer mit Flechten bedeckte Rinde, die, wenn sie der Sonne und dem Winde ausgesetzt
ist, von schwarzer, unter dem Schutze anderer Bäume von bräun-
licher Farbe ist, und wächst auf einem glimmerartigen Schiefer.
Die spanischen Botaniker Ruiz und Pavon untersuchten ebenfalls
die Chinchona-Bäume von Loxa, und der Letztere beschrieb zwei
Arten, die C. Urusinga und C. Chahuarguera; zu diesen fügte
der Botaniker Tafalla die C. crispa, welche drei Arten sämmtlich
unter Humboldt's C. Condaminea gehören. Die C. Urusinga war
ein hoher Waldbaum, eine wahre Zierde dieser Wälder, ist aber
fast ausgestorben; die C. Chahuarguera erreicht nach Pavon's Beschreibung eine Höhe von 18 bis 24 Fuß, während die Bäume,
welche die Loxarinde gewähren, nur ungefähr 9 Fuß hoch wachsen.
Sie giebt die in sehr kleinen Spulen in den Handel kommende

„roſtige Kronen-Rinde"; damit gemiſchte größere Spulen ſind be-
ſonders reich an dem 1852 von Paſteur entdeckten Alkaloïd Chin-
chonidin. Die C. Crispa iſt die quina fina de Loxa oder die cros-
pilla negra der Eingebornen; ſie wurde neuerdings für höheren
Preis verkauft als Caliſaya-Spulen. Den Namen „Kronen-Rin-
den" führen dieſe in der Loxa-Region gewonnenen Rinden, weil ſie
ausſchließlich für die königlichen Apotheken in Madrid in Beſchlag
genommen wurden. Urſprünglich kaufte man in Panama das
Pfund dieſer Kronenrinde für fünf bis ſechs und in Sevilla für
zwölf Dollars; in neuerer Zeit iſt ſie aber vielfach verfälſcht worden, ſo daß der Preis auf einen Dollar für das Pfund herunter-
gegangen iſt.

Man hat den Rindenſammlern von Loxa eine Art von Vor-
ſicht nachgerühmt, die den meiſten ihrer Berufsgenoſſen völlig abgeht. Um die Bäume zu erhalten, laſſen ſie beim Abſchneiden der
Rinde einen langen Streifen davon ſtehen, der ſich allmälig wieder
ergänzt; der zweite Schnitt wird dann cascarilla resecada genannt. Dieſes Verfahren war zur Zeit des Botanikers Ruiz in
Gebrauch, der daſſelbe als höchſt nachtheilig für die Bäume bezeichnete und dagegen Einſpruch erhob. Spätere Berichte laſſen
jedoch erkennen, daß die Rindenſammler von Loxa jetzt eben ſo
unbeſonnene Vernichter ſind wie ihre Genoſſen in anderen Gegenden Südamerika's; ſie roden nicht ſelten die Wurzeln aus, während die jährlichen Brände der Abhänge und das fortwährende
Abfreſſen der jungen Schößlinge durch Rinder das Werk der Vernichtung fördern. Es iſt daher ein Glück, daß man darauf bedacht
geweſen iſt, die C. Chahuarguera und die C. Uritusinga, die beiden
am früheſten bekannt gewordenen und zugleich werthvollſten Arten
der Chinchonabäume, durch rechtzeitige Einführung in Indien vor
gänzlichem Ausſterben zu bewahren. — Die jährliche Ausfuhr von
Loxarinde aus dem Hafen von Payta beläuft ſich auf 900 bis
1000 Centner.

Die „Rothrinden-Region" an den weſtlichen Abhängen
des Chimboraſſo, längs der Flüſſe Chanchan, Chaſuan, San Antonio, producirt die reichhaltigſte und wichtigſte von allen Chin-

Chona-Arten. Condamine spricht schon 1738 von der „Rothrinde" (cascarilla colorada), indem er sie als eine vorzüglichere Art hervorhebt, und davon sandte Proben der „Rothrinde von Guaranda" in die Heimath und nannte diese Gattung C. succirubra. Obgleich von diesem Baume bis auf die neueste Zeit wenig bekannt gewesen ist, so hat doch hinsichtlich des Werthes seiner Rinde nie ein Zweifel obgewaltet. Im Jahre 1779 wurde ein spanisches Schiff, das von Lima nach Cadiz ging, auf der Höhe von Lissabon von der Fregatte „Hussar" genommen, und seine Ladung bestand vorzugsweise aus Rothrinde, wovon ein großer Theil nach England gebracht wurde; im Jahre 1756 berichtet Ruiz, daß man die Rinde der C. succirubra zu sammeln beginne und in Guayaquil zum Verkauf bringe, und seit dieser Zeit ist sie auf den europäischen Märkten nicht ausgegangen. Sie enthält ein größeres Verhältniß von Alkaloiden als irgend eine andere Art, ungefähr drei bis vier Procent der Rindenquantität, und davon ist ein großer Theil Chinin. Howard hat neuerdings aus einem Stück Rothrinde sogar 9,5% gewonnen. Man hat jetzt diese Art in Indien und auf Ceylon eingeführt, und sie verspricht bei ihrer Reichhaltigkeit, und weil sie in einer verhältnißmäßig geringen Höhe gedeiht, auch nicht sehr zärtlich ist, eine sehr werthvolle und wichtige Kulturpflanze zu werden. Im Jahre 1857 betrug die Ausfuhr dieser Rinde aus dem Hafen von Guayaquil, dem Verschiffungsplatz der C. succirubra, 1606 Centner im Werthe von 23,953 Pfd. Sterling. Im Jahre 1849—1850 giebt Dr. Weddell den Betrag der Ausfuhr auf 1042 Centner an.

Die Neugranada-Region wurde zuerst von dem spanischen Botaniker Celestino Mutis genauer untersucht, der 1760 den Vicekönig Don Pedro Mesia de la Cerda nach Bogota begleitete und zur Leitung einer botanischen Untersuchung Neugranada's und vorzugsweise der Chinchona-Bäume dieses Landes berufen wurde, nachdem um die Mitte des vorigen Jahrhunderts die Wichtigkeit der Chinchona-Bäume längst erkannt und die Aufmerksamkeit der spanischen Regierung diesem Gegenstande ernstlich zugewandt worden war. Mutis beschrieb 1792 vier Arten von den in der Nähe von Bogota aufgefundenen Chinchonabäumen, C. lancifolia, C. cordifolia, C. oblongifolia und C. ovalifolia, die vier verschiedene Rinden geben, die orangefarbige, gelbe, rothe und weiße Rinde. Er bezeichnete die erstere mit Recht als besonders wirksam für Wechselfieber, empfahl die C. cordifolia für intermittirende Fieber und die beiden anderen Arten für Entzündungskrankheiten. Diese beiden letzteren aber sind gar keine Chinchonan, sondern gehören zur Gattung Ladenborgia und enthalten keine fiebervertreibenden Alkaloide, während die C. cordifolia so arm an Alkaloiden ist, daß sie praktisch fast keinen Werth hat. Die C. lancifolia des Mutis wächst zerstreut in wilden, unzugänglichen Wäldern, während die drei anderen Arten in verhältnißmäßig cultivirten und bewohnten Gegenden wachsen und ihre Rinde daher viel leichter zu gewinnen ist. Daher kam es, daß diese werthlosen Rinden von Carthagena und Santa Martha sehr reichlich ausgeführt wurden, die werthvollere C. lancifolia dagegen unbeachtet blieb, und daß in Folge dessen die Rinden Reugranada's für viele Jahre gänzlich in Mißcredit gerathen waren. Erst 1849 ist die C. lancifolia von Dr. Santa Maria neu aufgejunken und seitdem bis zum Jahre 1855, wo der Vorrath zu versiegen begann, reichlich ausgeführt worden.

In neuester Zeit hat Dr. Karsten, ein ausgezeichneter deutscher Botaniker, bei einem längern Aufenthalte in Reugranada der C. lancifolia eine genauere Untersuchung gewidmet. Seine Bemerkungen über die Alkaloiden-Production der Chinchonarinde sind sehr wichtig. Er kam zu dem Schlusse, daß der Gehalt an Alkaloiden in denselben Gattungen der Chinchona nicht immer gleich sei und daß der Boden und die Klimaverhältnisse, von welchen das Gedeihen der Pflanze abhängt, einen wesentlichen Einfluß üben. Unzweifelhaft richtig ist es, wenn er ferner annimmt, daß die Chinchona-Arten, die eine von unten sich öffnende Samenkapsel, eine zarte Blumenkrone mit bärtigen Rändern und gewöhnlich ungezähnelte Samenlappen haben, fiebervertreibende Rinde geben; seine weitere Behauptung aber, daß die kurzen ovalen oder elliptischen Samenkapseln ein Zeichen von einem durchgängig

größern Gehalt an Alkaloiden seien, während lange Samenkapseln
einen geringen Gehalt oder den gänzlichen Mangel an Quinin
oder Chinchonin anzeigten, kann jedenfalls nur für die Ausdehnung seiner persönlichen Beobachtung, keineswegs aber im Allgemeinen maßgebend sein. Die C. succirubra, die von allen Rinden
die meisten Alkaloide enthält, würde jedenfalls der letzteren Classe
zuzurechnen sein. Ueberaus wichtig sind ferner seine Beobachtungen hinsichtlich der Verschiedenheiten in dem Bau der falschen und
echten Rinden. Die C. lancifolia von Neugranada giebt 2½ Procent Quinin und 1 bis 2 Procent Chinchonin und wächst in einer
Höhe von 7000 Fuß aufwärts über dem Meeresspiegel. Von Dr.
Karsten gesammelter Samen dieser Species wurde nach Java ge-
senket, und in Indien hat man jetzt aus diesem Samen mehrere
Pflanzen gezogen.

Die Chinchona-Bäume der Huanuco-Region im nördlichen
Peru wurden 1776 auf dem Berge San Cristoval de Cuchero
von Don Francesco Renquifo entdeckt, und Don Manuel Alcarraz
brachte die erste Rinde von Huanuco nach Lima. Fast um dieselbe
Zeit wurde von Seiten der spanischen Regierung eine botanische
Expedition zur Erforschung der Chinchona-Wälder von Peru angeordnet, die aus den Botanikern Don Jose Pavon, Don Hipolito
Ruiz, dem Franzosen Dombey und zwei Künstlern bestand. Sie
schifften sich am 4. November 1777 in Cadiz ein und erreichten
am 8. April 1778 Callao. Nachdem sie in der Gegend von Lima
eine große Anzahl Pflanzen gesammelt und dieselben nach Spanien
geschickt hatten, gingen sie über die Anden, untersuchten die Wälder
von Tarma, wendeten sich dann nach Huanuco, wo sie auf dem
Berge von Cuchero sieben verschiedene Arten der Chinchona-Bäume
entdeckten, und kehrten endlich, mit einer werthvollen Ausbeute
ihrer Expedition beladen, nach Lima zurück, von wo sie, nachdem
sie zuvor auch noch Chile bereist hatten, ihre botanischen Sammlungen in dreiundfunfzig Kisten nach Spanien schickten, die aber in
dem Schiffbruche des „San Pedro de Alcantara" verloren gingen.
Pavon und Ruiz begaben sich hierauf abermals nach Huanuco,
untersuchten den Lauf der Flüsse Pozuzu und Huancabamba und

machten dann in Begleitung der auf Befehl des Königs ihnen bei-
gefellten wissenschaftlichen Gehilfen Francisco Pulgar und Juan
Tafalla verschiedener Reisen durch die Wälder von Muña, Pillao
und Chacahuasi. Im April 1788 endlich trennten sie sich von den
genannten Gefährten und erreichten im September desselben Jahres
Cadiz, worauf sie die Veröffentlichung ihres großen Werkes über
die peruanische Flora begannen. Tafalla setzte seine Forschungen
in der Provinz Huanuco fort und entdeckte in den kühlen und
schattigen Wäldern von Monzon und Chicoplala die C. micrantha.
Die Expeditionen und Entdeckungen der spanischen Botaniker ver-
anlaßten die Kaufleute von Lima, die peruanische Rinde in den
Bereich ihrer Speculation zu ziehen, und so wurde die sogenannte
graue Rinde von Huanuco auf die europäischen Märkte gebracht.
Es wurden anfänglich in den besten Jahren gegen 25,000 Arrobas
(1 Arroba — 25 Pfund) dieser Rinde aus der Provinz Huanuco
ausgeführt.

Die Wissenschaft hat den Bemühungen spanischer Botaniker
viel zu verdanken, und die spanische Nation hat alle Ursache auf
diejenigen ihrer Söhne stolz zu sein, welche die Wälder der Anden
mit so unermüdlicher Thatkraft und ausgezeichneter Begabung
zum Gegenstande ihrer Forschungen machten. Die Namen Mutis,
Ruiz, Pavon und Tafalla nehmen in der Geschichte botanischer
Forschungen eine nicht unwichtige Stelle ein. Nach Ruiz und Pavon
ist hinsichtlich der „grauen Rinde" von Huanuco unsere Haupt-
autorität Dr. Pöppig, der Chile und Peru während der Jahre
1827 bis 1832 bereiste. Er sagt, daß wie in Neugranada in
Folge der Fälschungen kleiner Speculanten die graue Rinde von
Huanuco auf den europäischen Märkten bald in Mißcredit gerathen
sei und nach 1816 der Handel fast gänzlich aufgehört habe. Im
Jahre 1830 fanden kaum noch 1250 Pfund dieser Rinde ihren
Weg von Huanuco nach Lima*).

In der Blüthezeit des Rindenhandels von Huanuco zogen die

---

*) Der Verfasser hat denjenigen Theil von Pöppigs Reisewerke,
der von den Chinchona-Bäumen und ihrer Rinde handelt, zur Circulation
in Indien und auf Ceylon übersetzen lassen.

Cascarilleros oder Rindensammler in größeren, mit Lebensmitteln und allem möglichen Geräth ausgestatteten Schaaren nach den Wäldern. Nachdem sie mehrere Tage lang sich durch den Urwald ihren Weg gebahnt und die Region der Chinchona-Bäume erreicht hatten, bauten sie sich einige rohe Hütten und begannen alsbald ihre Arbeit. Zunächst stieg der Cateador oder Sucher auf den Gipfel eines hohen Baumes und hatte mit erfahrenem und scharfem Auge bald die Chinchona-Gruppen erspäht, die an ihrer dunklen Farbe und an dem eigenthümlichen Glanze ihres Laubes selbst inmitten dieser endlosen Waldstrecken leicht zu erkennen sind. Mit niemals irrendem Instinct geleitete hierauf der Cateador die Sammlerschaar stundenweit durch das dichtverwachsene Gestrüpp, wo fast bei jedem Schritt das Holzmesser gebraucht werden mußte, nach der erspähten Chinchona-Gruppe. Eine einzige Gruppe dieser Art gab oft tausend Pfund Rinde, die man zum Trocknen über die Grenze des Waldes hinausbrachte. Alles hing von dem Erfolg dieser letztern Operation ab, denn die Rinde wird sehr leicht schimmelig und verliert schnell ihre Farbe. Die Cascarilleros erhielten von dem Unternehmer für jede Arroba grüner Rinde zwei Realen, und da sie leicht dreihundert Pfund täglich schneiden konnten, so hatten sie einen täglichen Verdienst von zwei Dollars. Der Preis der Rinde war in Lima sechszehn bis zwanzig Dollars für die Arroba, die dem Unternehmer ungefähr vier Dollars kostete. Gegenwärtig wächst eine reichliche Anzahl dieser die graue Rinde gebenden Chinchona-Arten in Indien.

Die Calisaya-Region in Bolivia und im südlichen Peru, obgleich eine der wichtigsten, war die letzte, welche die europäischen Märkte mit ihrer Rinde versorgte. Die Bäume dieser Region wurden erst durch die Forschungen des deutschen Botanikers Thaddäus Haenke und einen spanischen Marineofficier Namens Rubin de Cells bekannt, der 1776 die Einwohner auf die werthvollen Wälder an den östlichen Abhängen der Anden von Bolivia aufmerksam machte, obgleich schon vorher der unglückliche französische Naturforscher Jussieu einige Theile dieser Wälder untersucht hatte. Schon 1790 war die Calisaya-Rinde in Madrid sehr hoch im

Preise; aber erst 1820, nachdem das Chinin als der eigentliche fiebervertreibende Grundstoff der Chinchona-Rinde entdeckt worden war, erkannte man, daß die Chinchona Calisaya mehr von diesem Alkaloid enthielt als irgend eine andere Art[*]). Nach 1820 stieg die Nachfrage nach der Calisaya-Rinde, die im Handel als die „gelbe Rinde" bekannt ist, ins Ungeheure; die Cascarilleros zogen schaarenweise in die Wälder, und in kurzer Zeit war in der Nähe bewohnter Plätze kaum noch ein Baum zu finden, während die Ausfuhr in solchen Massen erfolgte, daß der Preis bedeutend herabging. Erst von 1830 an begann die Regierung von Bolivia dem Rindenhandel ihre Aufmerksamkeit zuzuwenden. Man erkannte die Nothwendigkeit, dem Versiegen dieser wichtigen Quelle des Wohlstandes vorzubeugen, fand aber hierzu nicht die entsprechenden Maßregeln. Von einem Gesetze, welches das Schneiden der Rinde auf fünf Jahre verbot, ging man, ehe diese Frist abgelaufen war, zu einer Ausfuhrsteuer von 12 bis 20 Dollars für den Centner über; versuchte dann die Gründung einer Nationalbank zur Ausfuhr aller im Lande gewonnenen Rinden und nahm schließlich seine Zuflucht zur Monopolisirung, indem man das ausschließende Recht des Rindenhandels gegen hohe Summen bald an dieses, bald an jenes Handelshaus für gewisse Fristen verkaufte. Die Gesetzgebung der Regierung von Bolivia in Bezug auf die Chinchona-Rinde, die mit Recht für das wichtigste Product des Landes gilt, ist eigenthümlich genug und zeigt recht deutlich die Nichtigkeit eines Schutz- und Monopolsysteme. Statt Maßregeln zur Verhinderung einer rücksichtslosen Vernichtung der Bäume und zur Anlegung ausgedehnter Pflanzschulen für neue Bäume zu ergreifen und damit eine dauernde und hinreichende Rindenproduction zu sichern, befaßte man sich mit dem Handel selber, suchte man durch die barbarischsten Gesetze die europäischen Preise zu regeln und ließ dabei die

---

[*]) Ueber die Abstammung des Namens Calisaya ist man verschiedener Meinung. Es giebt eine Familie indianischer Cazilen Namens Calisaya in Caravaya, von welchen einer in dem Aufstande von 1750—51 eine wichtige Rolle spielte. Es ist möglich, daß man die Pflanze nach ihm benannt hat.

Wälder von Chinchona-Bäumen entblößen. Im Jahr 1851 verbot
die Regierung das Schneiden der Rinde vom 1. Januar 1852 bis
zum 1. Januar 1854, und 1859 wurde eine Verordnung erlassen,
die den Uebergang vom Monopol zum Freihandel vermitteln sollte,
worauf 1859 der Präsident von Bolivia, Dr. Linares, das Recht,
in den Wäldern Rinde zu schneiden, für frei erklärte und die Steuer
auf 25 Procent vom marktgängigen, zu Anfang jedes Jahres zu
bestimmenden Preise herabsetzte. Dies ist das Gesetz, unter welchem
jetzt der Rindenhandel von Bolivia betrieben wird.

Wir verdanken unsere Kenntniß von der Chinchona-Region von
Bolivia und Südperu und namentlich von der vorzüglichen Chinchona-Art C. Calisaya dem ausgezeichneten französischen Botaniker
Dr. Webbell, der die von Louis Philipp nach Südamerika entsendete
wissenschaftliche Expedition des Grafen Casteinau begleitete und,
nachdem er das ungeheure Reich Brasilien bereist hatte, durch das
Land der Chiquitos im August 1845 nach Bolivia kam. Es war
sein Hauptzweck, die Chinchona-Region dieses Landes zu untersuchen, und er wendete sich zunächst nach Tarija, um die äußerste
südliche Grenze der Chinchona-Bäume zu erforschen, die er im 19.
Grad südlicher Breite auffand. Er nannte die hier heimische
Species C. Australis. Hierauf begann er eine gründliche Untersuchung der Chinchona-Wälder von Bolivia, indem er seinen Weg
durch das unwirthlichste Land von Cochabamba, durch Ayopaya,
Enquisivi und das Thal von la Paz nahm, wo sich die Species
der Chinchona unter seinen Augen fortwährend vervielfältigten.
In Enquisivi fand er zuerst die C. Calisaya, die er genau untersuchte und beschrieb. Im Jahre 1847 gelangte er in die Provinz
Capaulican, ging den Fluß Tipuani hinab, wo er vom Fieber
befallen wurde, und verfolgte den Mapiri aufwärts. Bei Apollobamba, dem Mittelpunkt des ältesten Rindensammlungs-Districts,
fand er die Wälder gänzlich von Chinchona-Bäumen entblößt. Im
Juni 1847 betrat er die peruanische Provinz Caravaya, untersuchte die Chinchona-Wälder der Thäler von Sandia (San Juan
del Oro) und Tambopata und beschloß seine Forschungen mit
einem Besuche der lieblichen Schlucht von Santa Anna bei Cuzco.

Seine Monographie über die Gattung Chinchona *) ist das wichtigste Werk, das bis jetzt über diesen Gegenstand erschienen ist.
Im Jahre 1851 unternahm Weddell eine zweite Reise nach Südamerika und gelangte 1852 über den Sorata in die Chinchona-
Region des Tipuani (Bolivia), wo er, die östlichen Abhänge der
Anden hinabsteigend, eine mit jeder halben Wegstunde wechselnde
Vegetation beschreibt. Auf einer Höhe von 7138 Fuß fand er die
ersten Wald-Chinchona-Bäume. Er verfolgte den Tipuani abwärts
bis Guanay, einer Mission der Lucos-Indianer, und kehrte schließlich, in einem Canot den Coroico hinauffahrend, nach La Paz zurück
und berichtete von den Erfolgen seiner zweiten Erforschung der Chinchona-Wälder in einem neuen interessanten Reisewerke **), so daß
wir diesem tüchtigen Botaniker und unerschrockenen Forschungs-
reisenden zum großen Theil den jetzigen Stand unserer Kenntniß
von der Gattung Chinchona zu verdanken haben.

Die Cascarilleros von Bolivia haben allerlei Beschwerden und
Gefahren zu überwinden. Sie schätzen nur die C. Calisaya; die
anderen Arten sind für sie carhua-carhua, mit welchem Namen sie
eben alle geringeren Arten bezeichnen. Diejenigen, welche die Rinde
auf ihrem Rücken aus dem Innern der Wälder bringen, erhalten
für den Centner fünfzehn Dollars. Sie müssen sich, wenn sie in
die Wälder gehen, mit Lebensmitteln und den nöthigen Bedürf-
nissen und Decken für die Nacht ausrüsten, und wenn diese Vorräthe durch irgend einen Zufall verloren gehen, so ist oft genug
der Hungertod die unausbleibliche Folge. Dr. Weddell stieg einst,
als er den Coroico hinauffuhr, ans Land, um an einer von Bäumen beschatteten Stelle des Ufers zu übernachten. Hier fand er die
Hütte eines Cascarillero und nicht weit davon einen auf dem
Boden und im letzten Todeskampfe liegenden Mann, der fast ganz
nackt und mit Myriaden von Insecten bedeckt war, deren Stiche
wahrscheinlich sein Ende beschleunigt hatten. Sein Gesicht war

---

*) „Histoire naturelle des Quinquinas" (Paris 1849).

**) Voyage dans le nord de Bolivia et dans les parties voisines
de Pérou (Paris 1853).

bis zur Unkenntlichkeit aufgeschwollen und seine Glieder waren im gräßlichsten Zustande. Auf den Blättern, die das Dach der Hütte bildeten, lagen die Ueberreste der Kleidung des Unglücklichen, ein Strohhut und einige Lumpen, und ein irdener Topf mit den Ueberbleibseln der letzten Mahlzeit, etwas Mais und einigem Chuñus. Das ist das Schicksal, welchem die Rindensammler ausgesetzt sind — der Tod in den Wäldern, fern von allen Freunden, ein Tod ohne Hilfe und ohne Trost.

Weddell brachte Samen der C. Calisaya nach Paris, und man hat daraus 1846 im dortigen botanischen Garten, ebenso im Garten der Gartenbau-Gesellschaft zu London Pflanzen gezogen, wovon einige von der holländischen Regierung nach Java geschickt worden sind. Jetzt ist die C. Calisaya auch in Indien angepflanzt. Die beste Calisaya-Rinde giebt 3,8 Procent Chinin, und es wurden von den beiden Verschiffungsplätzen dieser Rinde, Arica und Islay, im Jahre 1859 im Ganzen 3291 Centner, im Werthe von 29,717 Pfund Sterling, und im Jahre 1860 (vom 1. Januar bis 30. November) 1680 Ctnr. ausgeführt.

Drittes Kapitel.

Schnelle Vernichtung der Chinchona-Bäume in Südamerika. — Wichtigkeit der Einführung derselben in andere Länder. — Chinchona-Pflanzungen in Java. — Einführung der Chinchona in Indien.

Das Sammeln der Fieberrinde ist in den südamerikanischen Wäldern, wie schon mehrfach erwähnt, von Anfang an mit der schonungslosesten Unbesonnenheit betrieben worden. Man hat kaum jemals einen erwähnenswerthen Versuch gemacht, die Chinchona-Bäume zu erhalten oder neu anzupflanzen, und so hat das jedem Speculanten überlassene Recht, die Wälder nach Willkür zu plündern, wie in Peru, Ecuador und Neugranada, ebenso sehr wie die unkluge Einmischung der Regierung von Bolivia gleich verderbliche Folgen gehabt. Der Rindensammler geht in den Wald und vernichtet die erste beste Gruppe von Chinchona-Bäumen.

ohne auch nur im geringsten an die fernere Erhaltung des werthvollen Baumes zu denken. So ist in Apollobamba, das einst dicht
von Chinchona-Bäumen umgeben war, nur noch in einer Entfernung von acht bis zehn Tagereisen ein ausgewachsener Baum dieser
Art zu finden. Ja, die Rindensammler sind theilweise so gänzlich
unvorsichtig, daß sie z. B. in den Wäldern von Cochabamba den
Baum schälen, ohne ihn zu fällen, was sein gänzliches Absterben
zur Folge hat, oder wenn sie ihn fällen, lassen sie denjenigen Theil
der Rinde sitzen, womit der Stamm auf dem Boden liegt, blos
weil sie sich nicht die Mühe nehmen wollen, den Stamm zu wenden.

Vor einem Jahrhundert erhob Condamine eine warnende
Stimme gegen das in den Wäldern von Loxa übliche Vernichtungs-
verfahren. Ulloa rieth der Regierung, mit entsprechenden Gesetzen
einzuschreiten; bald nachher berichtete Humboldt, daß jährlich 25,000
Chinchona-Bäume vernichtet würden, und Ruiz warnte vor dem
Brauche, die Bäume zu schälen und sie dann der Fäulniß preiszugeben.
Aber es wurde von Seiten der Regierung wie von Seiten der Privat-
speculanten, deren Existenz von einer fortdauernden Rindenzufuhr
abhing, nie Etwas für Erhaltung der Chinchona-Bäume gethan.
Weddell sagt, indem er von diesem Vernichtungsverfahren in Bezug
auf die C. Calisaya spricht, „daß die Wälder von Bolivia, so reich sie
auch seien, den ununterbrochenen Plünderungen, welchen sie neuerdings ausgesetzt gewesen, nicht lange widerstehen könnten." Wer in
Europa diese ungeheuren, nie sich vermindernden Massen von Chinarinde ankommen sieht, mag vielleicht glauben, daß das so fortgehen
werde; wer aber die Chinchona-Bäume in ihren heimischen Wäldern
sieht, muß anderer Meinung werden. Die Gefahr einer wirklichen
Ausrottung der Bäume ist jedoch nicht zu fürchten, sobald man nur
nicht, wie in den Wäldern von Loxa, den Gebrauch annimmt, die
Bäume stehen zu lassen und sie nur zu schälen. Pöppig sagt, daß die
Bäume in diesem Falle in den tropischen Wäldern außerordentlich
schnell von Fäulniß ergriffen würden; daß Millionen von Insecten,
um das Werk der Vernichtung zu vollenden, von dem Stamme Besitz
nähmen und dann bald auch die gesunde Wurzel verpestet sei. Auf
diese Weise ist die werthvolle C. Uritusinga wirklich fast schon

ausgerottet worden. Wo man aber die Bäume fällt, da hat man,
um eines kräftigen Nachwuchses gewiß zu sein, eben nur die Vorsicht zu beachten, daß man den Stamm so nahe als möglich an
der Wurzel abhaut, worauf man in den milderen Regionen nach
sechs, in den kälteren nach zwanzig Jahren die jungen Bäume
wieder fällen kann. Es ist also nicht zu befürchten, daß die Chinchona-Bäume in Südamerika wirklich ausgerottet werden könnten,
wohl aber können bei dem immer mehr zunehmenden Bedarf längere Zwischenräume eintreten, wo die Zufuhr aufhört, weil man
den Wäldern Zeit lassen muß, sich von ihrer Erschöpfung zu erholen. In vielen Districten ist dieser Fall bereits eingetreten. Die
Rinde von Loja kommt nur noch in den kleinsten Spulen auf den
Markt, und in den Wäldern von Caravaya sind die Wurzelschößlinge nach mehrjähriger Schonung kaum schon weit genug ge-
dieheu, um mehr als Spulenrinde geben zu können. Südamerika
kann daher den zunehmenden Bedarf an Chinarinde kaum noch
decken; die Folge ist ein so hoher Preis, daß dieses unschätzbare
Heilmittel für Millionen Bewohner von Fiebern heimgesuchter
Länder ein unerreichbares Gut bleibt. Aus diesem Grunde hat
die unberechenbare Wichtigkeit der Einführung der Chinchona-
Pflanze in andere ihrem Gedeihen entsprechende Länder, wodurch
die gänzliche Abhängigkeit von den südamerikanischen Wäldern
aufgehoben wird, schon seit langer Zeit die Aufmerksamkeit wissenschaftlicher Männer in Europa beschäftigt.

Im Jahre 1839 empfahl Dr. Royle in seinem Werke über die
Himalaya-Botanik die Einführung der Chinchona-Pflanzen in Indien, indem er die Nilgirri- und Silhet-Berge als die hierzu geeigneten Stätten bezeichnete. Vorher hatte Fée die Einführung
der Pflanze in den französischen Colonien empfohlen, und 1849
wurde ein solches Unternehmen auch von Weddell und Delondre
dringend befürwortet. Ersterer erklärte, daß denjenigen, die das
Werk vollbringen würden, der Segen der Nachwelt werden müßte.
Doch waren die Holländer, die auf der Insel Java eine für die
Chinchona-Kultur trefflich geeignete waldbedeckte Gebirgskette
haben, die ersten, welche die Verpflanzung der Chinchona auf die

östliche Halbkugel werkthätig auszuführen suchten. Leider ist das Unternehmen in Java nur mit einer sehr geringen Anzahl guter Chinchona-Arten begonnen und in Folge verschiedener, während der ersten Jahre hinsichtlich der Kultur vorgekommener, Mißgriffe nur mit sehr beschränktem Erfolge belohnt worden. Schon dreißig Jahre lang hatten holländische Männer der Wissenschaft, unter welchen der Botaniker Blume genannt werden mag, ihre Regierung gedrängt, die Einführung der Chinchona in Java zu unternehmen. Aber erst im Jahre 1852 wurde der holländische Colonialminister Pahud ermächtigt, Jemand zu beauftragen, der in Peru Pflanzen und Samen guter Chinchona-Arten sammeln und nach Java schaffen sollte. Pahud ertheilte diesen wichtigen Auftrag dem Botaniker Justus Karl Haßkarl, der seit einiger Zeit die Oberaufsicht über die Gärten in Java hatte, aber in Südamerika völlig fremd, weder mit dem Lande noch mit dem Volke und seiner Sprache bekannt war, von den Wäldern, wo die Chinchona-Bäume wachsen, keine Kenntniß besaß und diese Bäume noch nie in ihrem natürlichen Zustande gesehen hatte. Er segelte im December 1852 nach Peru ab, mit dem Auftrage, sich nicht blos auf die Calisaya-Pflanze zu beschränken, sondern Pflanzen und Samen der verschiedensten Arten zu sammeln. Seinem Auftrage gemäß sollte er von Guyaqnil nach den Chinchona-Wäldern von Loja vorgehen; er änderte aber seinen Plan, landete in Lima und ging im Mai 1853 über die Cordilleren. Es würde schwer sein, selbst bei einer aufs bloße Ungefähr hin unternommenen Reise von der Küste nach den östlichen Anden auf eine Gegend zu stoßen, wo es keine guten Arten von Chinchona-Bäumen gäbe. Es giebt aber natürlich größere, die bevorzugteren Regionen durchziehende Waldstrecken, wo nur Arten von geringerem Werthe zu finden sind, und Haßkarl war, weil er die Oertlichkeit nicht kannte, unglücklich genug, zwischen der Region der grauen Rinde in Huanuco und der Region der C. Calisaya in Caravaya auf eine dieser Strecken zu stoßen. Er überschritt die Anden auf dem Wege von Lima nach Tarma. Bei Uchabamba fand er Bäume, die er für C. Calisaya hielt, obgleich diese Art niemals nördlich von der Provinz Caravaya

gefunden wird, und sammelte eine Quantität Samen dieser vermeintlichen C. Calisaya, sowie vier Packete von dem Samen einer
andern Gattung, die er C. ovata nannte. In der That sind in
dieser Gegend keine guten Arten der Chinchona zu finden, und
von allen Samenarten, die Haßkarl nach Hause sendete, war eine
so werthlos wie die andere. Die C. ovata bildet jetzt den Haupt-
stamm der Chinchonapflanzungen auf Java. Auf dem Wege von
Uchubamba nach Tauxa sammelte Haßkarl einige Exemplare der
C. lanceolata des Pavon, ging dann nach Cuzco und von hier im
September nach Sandia in der Provinz Caravaya; da er sich aber
überzeugte, daß der Same der Chinchona-Bäume schon im August
reift und daß er zu spät gekommen war, kehrte er alsbald nach
Lima zurück und nahm schließlich bis zum folgenden Jahre seinen
Aufenthalt in Arequipa, von wo er im März 1854 wieder aufbrach.
Er nahm seinen Weg über die Anden nach Puno, durchwanderte
einen Theil von Bolivia und erreichte endlich im April das Dorf
Sina, an der Grenze zwischen Peru und Bolivia. Von hier begab
er sich (unter dem angenommenen Namen José Carlos Müller)
nach Sandia, wo er durch Vermittelung eines hierzu gewonnenen
Agenten 400 Stück Pflanzen der C. Calisaya empfing, mit welchen
er im Juni Sandia verließ und endlich im August vom Hafen von
Islay aus die Rückreise nach Java antrat. Er erreichte Batavia
am 13. December mit zwanzig Gefäßen, aber alle seine Pflanzen
sind seitdem bis auf zwei eingegangen. Außerdem war eine Pflanze
der C. Calisaya, die aus dem von Dr. Weddell nach Paris gesendeten Samen gezogen worden war, nach Java gekommen; ferner
waren aus dem von Haßkarl schon vorher aus Peru und von
Dr. Karsten aus Neu-Granada gesendeten Samen Pflanzen gezogen worden, und damit hatte der Versuch der Chinchona-Cultur
in Java seinen Anfang genommen. Leider wurde zu dieser ersten
Chinchona-Pflanzung eine offenbar völlig ungeeignete Stätte
(Tjibodas, südlich von Batavia), 4400—4700 Fuß über dem
Meere, gewählt, wo man sich durch Rasamala-Bäume von ungeheurer Größe (Liquidambar Allingia), die erst gefällt werden mußten, verleiten ließ, einen tiefen und guten Boden vorauszusetzen,

während derselbe in der Thal nur sechs Zoll tief war und unterhalb
aus einer für Wurzeln völlig undurchdringlichen steinigen Formation, Tjadas genannt, bestand. An solcher Stelle, in einem außerordentlich schlechten Boden, der ganzen Kraft einer sengenden Sonne
ausgesetzt, konnten die Pflanzen natürlicher Weise nicht gedeihen,
so daß gegen Ende des Jahres 1855 die Pflanzung in einem ziemlich hoffnungslosen Zustande sich befand. Im December desselben
Jahres kam Dr. Franz Jungbuhn mit 139 in Holland aus Samen
gezogenen Pflanzen nach Java, die ebenfalls an Haßkarl übergeben
wurden, von welchen aber in sechs Monaten bereits 76 eingegangen waren. Im Juni 1856 sah sich endlich der Colonialminister
Pahud veranlaßt, Herrn Haßkarl seiner Obliegenheiten zu entbin-
den und die ganze Leitung der Chinchona-Pflanzungen dem Botaniker Dr. Jungbuhn zu übertragen. Die 139 Pflanzen, die Dr.
Jungbuhn selbst mitgebracht hatte, waren bereits auf 63 zusam-
mengeschmolzen; der Samen der C. lancifolia war durch drei
kränkliche Pflanzen vertreten; von der Pflanzensammlung der C.
Calisaya, die Haßkarl aus Peru mitgebracht hatte, waren nur noch
ein paar Exemplare übrig geblieben; dazu kamen zwei Pflanzen
der C. Calisaya, die aus dem von Weddell hingesendeten Samen
gezogen waren; das Uebrige bestand aus den werthlosen Arten,
die Haßkarl in Uchubamba gesammelt hatte, im Ganzen nicht
mehr als ungefähr 300 Pflanzen. Im Jahre 1856 wurde ein
neues System eingeführt und zur Sicherung des Erfolges der
Chinchona-Kultur namentlich eine reichliche Geldsumme bewilligt.
Die Leitung des Unternehmens sollte bis zu der Zeit, wo dessen
Erfolg als gesichert zu betrachten sein würde, in den Händen
wissenschaftlicher Männer bleiben, welchen ziemlich hohe Gehalte
ausgesetzt wurden. Da Dr. Jungbuhn die Pflanzung in einem so
kläglichen Zustande fand, war er zunächst darauf bedacht, die
Pflanzung von Tjibodas auf eine geeignetere Stätte auf dem Ma-
lawar-Gebirge zu versetzen, ein Unternehmen, das sehr schwierig
und gewagt war, aber glücklich ausgeführt wurde. Im Jahre
1857 kamen Pflanzen der C. Calisaya und der werthloseren Art
zur Blüthe und im folgenden Jahre zum Fruchttragen. Jungbuhn

erkannte, daß jene letztere Art nicht die C. ovata sein könnte, wie Haßkarl sie genannt hatte, verfiel aber in einen gleichen Irrthum, indem er sie C. lucumaefolia nannte, weil sie nach seiner Meinung mit der von Pavon aufgefundenen Species dieses Namens Aehnlichkeit hatte, und es ist zu beklagen, daß die Holländer auf die Pflege und Verbreitung dieser werthlosen Chinchona-Art, weil sie weniger empfindlich ist und weniger Sorgfalt erfordert als die zarte C. Calisaya, ungeheure Summen Geldes verwendet und, statt alle Pflege und Geschicklichkeit der C. Calisaya und lancifolia zuzuwenden, deren Werth unzweifelhaft ist, die Wälder Java's mit einer Chinchona-Art angefüllt haben, die von zweifelhaftem Werthe und im Handel unbekannt ist und deren Kultur, wie zu fürchten steht, nur Verlust und Täuschung bringen wird. Gegenwärtig sind in den Wäldern Java's Tausende von Pfaden gelichtet und mit Chinchona-Bäumen bepflanzt worden, die gut gedeihen. Es giebt jetzt neun Pflanzschulen auf Java, Tjibodas auf dem Berge Gedi, Tjiniruan auf dem südwestlichen und Tjiborum auf dem südlichen Abhange des Malawargebirges, Genting, Reong Gunung, Kawah, Tjirvitel im Kendenggebirge, eine auf dem Berge Patna, endlich noch zwei andere, und am 31. December 1860 zählte man auf Java im Ganzen 947,205 Chinchona-Pflanzen, nämlich 7316 Pflanzen der C. Calisaya (mit 1030 Ablegern), 80 Pflanzen der C. lancifolia (mit 29 Ablegern) und 939,809 Pflanzen der von Haßkarl eingeführten Art, die dieser C. ovata, Junghuhn C. lucumaefolia nannte, und Howard in der siebenten Nummer seines Werkes (Nueva Quinologia de Pavon) als C. Pahudiana aufführt. Es ergiebt sich aus diesem Zahlenverhältniß, daß das Unternehmen in Bezug auf die werthvolleren Chinchona-Arten von sehr mäßigem Erfolge begleitet gewesen ist, indem die holländischen Gärtner nach sechs Jahren die werthvolleren Chinchona-Arten nur bis auf 7000 Pflanzen vermehrt hatten. Die größte C. Calisaya hatte um dieselbe Zeit eine Höhe von 15 Fuß erreicht; von gleicher Höhe war einer der Bäume der C. lancifolia, während die Bäume der werthloseren Art zum Theil schon 28 Fuß maßen. Aber trotz dieser verhältnißmäßig geringen Erfolge der Chinchona-Cultur auf Java muß man in Hinblick auf die großen Schwierigkeiten des wichtigen Unternehmens die große wissenschaftliche Befähigung und die unermüdliche Ausdauer anerkennen, welche Herr Haßkarl und seine Nachfolger diesem guten Werke gewidmet haben, und da ihnen jetzt Pflanzen anderer wirklich werthvoller Chinchona-Arten aus Indien zugeführt worden sind, so ist Aussicht vorhanden, daß die Chinchona-Cultur auf Java schließlich noch zu einem Ergebniß gelangen werde, das dem Dr. Jungbuhn (der in der „Bonplandia", einer deutschen botanischen Zeitschrift, 1858 und 1860, zwei sehr interessante Berichte über die Chinchonapflanzen-Cultur auf Java geliefert hat) und seinen Collegen die Dankbarkeit seiner Landsleute sichern wird.

Die Einführung der Chinchona-Pflanze in Indien war von Schwierigkeiten begleitet, wie kein anderes Unternehmen ähnlicher Art. Als man den Thee in den Himalaya-Districten einführte, war derselbe schon seit undenklicher Zeit in China eine cultivirte Pflanze gewesen, und mit den Pflanzen kamen erfahrene chinesische Pflanzer nach Indien. Die Chinchona aber war nie cultivirt worden, sondern seit der Entdeckung ihres Werthes im Jahre 1636 stets nur ein wilder Waldbaum geblieben; alles was man von ihr wußte, beschränkte sich auf die Beobachtungen europäischer Reisenden, die in die Urwälder eingedrungen waren, und die Berichte dieser Reisenden, sowie die durch sorgfältige Versuche allmälig gewonnenen Erfahrungen waren für die Pflanzer in Indien der einzige Anhalt. So groß aber auch diese Schwierigkeiten waren, größer noch waren jedenfalls die Gefahren und Wagnisse aller Art, die bei der Sammlung von Pflanzen und Samen in Südamerika und bei der Fortschaffung derselben nach Indien zu bestehen waren. Aber die unermeßliche Wichtigkeit der Einführung dieser Pflanzen in das britisch-indische Reich und die unschätzbare Wohlthat, die damit den Millionen, welche die fieberverpesteten Ebenen und Gebüsche bewohnen, erwiesen wurde, mußten die Schwierigkeiten des Unternehmens aufwiegen. Nachdem Dr. Royle im Jahre 1839 die Einführung der Chinin spendenden Chinchona-Bäume in Indien in seinem Werke über die Botanik des Himalaya-Gebirges empfohlen hatte, war zwar die Aufmerksamkeit der indischen Regierung von

Zeit zu Zeit mit dieser Angelegenheit beschäftigt gewesen, aber erst zwanzig Jahre später, 1859, geschahen die nöthigen Schritte, dem vom Fieber gequälten Volke Indiens das sichere Heilmittel näher zu bringen und die Hilfsquellen dieser mächtigen Besitzung des britischen Reichs zugleich um eine neue Quelle des Wohlstandes zu vermehren.

Die erste officielle Anregung zur Einführung der Chinchona-Pflanze in Indien erfolgte in einer Depesche des General-Gouverneurs vom 27. März 1852. Der verstorbene Dr. Royle, dem die Berichterstattung übertragen ward, sagte darüber in einer trefflichen Abhandlung vom Juni 1852: „Die heimische Erzeugung einer Arzneiwaare, die jährlich bereits 7000 Pfund Sterling kostet, würde für das indische Gouvernement in ökonomischer Hinsicht an und für sich von großem Vortheil, und insofern sie die Anwendung eines zur Behandlung der indischen Fieber unentbehrlichen Heilmittels erleichtert, von unschätzbarem Werthe sein." Der einzige Erfolg dieser Verwendung bestand darin, daß das auswärtige Ministerium ersucht wurde, die südamerikanischen Consuln zur Einsendung von Pflanzen und Samen zu veranlassen, wozu im October 1852 die nöthigen Weisungen abgingen. Aber nur einer dieser Herren, der General-Consul Cope in Quito, gab hierauf eine befriedigende und thatsächliche Antwort, indem er eine Kiste mit Pflanzen und Samen von Cuenca und Loxa übersendete, die aber die Reise nach England nicht lange überlebten. Einige auf anderem Wege nach Indien gebrachte Chinchona-Pflanzen gediehen nicht. Im nächsten Jahre lieferte Dr. Royle einen zweiten langen und werthvollen Bericht über diese Angelegenheit, doch wurde hierauf die ganze Sache auf einige Jahre wieder außer Acht gelassen. Es war ein eigenthümliches Zusammentreffen, daß zu derselben Zeit, wo Royle diesen Bericht schrieb, der Verfasser eben mit der Erforschung einiger Chinchona-Wälder von Peru beschäftigt war; allerdings verfolgte er bei dieser Reise nur antiquarische und ethnologische Zwecke, ohne zu ahnen, daß die indische Regierung den Wunsch hatte, Lieferungen der Pflanzen zu erlangen, die damals nur ihrer Schönheit wegen seine Aufmerksamkeit fesselten. Im

Jahre 1856 machte Royle einen abermaligen und letzten Versuch, die ostindische Compagnie zu energischen Schritten hinsichtlich der Einführung von Chinchona-Pflanzen in Indien zu veranlassen, aber der beklagenswerthe Tod dieses ausgezeichneten Botanikers, dem Indien so vieles zu verdanken hat, brachte die Angelegenheit abermals ins Stocken, bis endlich 1859 diejenigen Maßregeln ergriffen wurden, die vollständig zu dem erstrebten Ziele führten. Der damalige Staatssecretär für Indien, Lord Stanley, beauftragte mich mit der Ausführung des Unternehmens, dessen Nothwendigkeit sich während der letzten Jahre nur noch dringlicher herausgestellt hatte. Im Jahre 1856, wo es Royle wiederholt befürwortet hatte, waren von dem indischen Gouvernement jährlich 7000 Pfund Sterling für Chinin verausgabt worden; 1857 war die Ausgabe bereits auf 12,000 Pfund Sterling gestiegen und hatte seitdem fortwährend zugenommen [*]).

Ich beschloß sogleich, solche Anordnungen zu treffen, daß Pflanzen und Samen aller der im vorigen Abschnitte aufgeführten werthvolleren Chinchona-Arten erlangt, daß dieselben womöglich in den verschiedenen weit von einander getrennten Regionen zu gleicher Zeit gesammelt und nicht, wie in Java, auch in Indien Chinchona-Arten eingeführt würden, deren Rinde keinen Handelswerth hätte. Hierzu waren erfahrene Männer nöthig, die in Neu-Granada, in Ecuador, in den Huanuco-Wäldern des nördlichen Peru's, in Caravaya oder Bolivia zugleich sammeln konnten. Es schien mir nöthig, das Geschäft wo möglich in einem Jahre zu vollenden, um den Schwierigkeiten zu entgehen, die uns die erwachende engherzige

---

[*]) Nach dem Gouvernements-Bericht wurden 1856 2051 Pfund und 1857 1190 Pfund Chinin nach Indien gesendet. Nach dem „Friend of India" vom 10. Decbr. 1860 betrug jedoch der Verbrauch von Chinin und Chinarinde in den Gouvernements-Hospitälern in Indien von 1857—59 6915 Pfd. und von 1858—59 5097 Pfund. Die Gouvernements-Druggisten Indiens verkaufen, wie dasselbe Blatt sagt, die Unze Chinin für 1 Pfund Sterling; nimmt man aber an, daß die Unze nur 10 Schillinge koste, so ergiebt sich nach obigen Zahlen schon ein Aufwand von 54,520 Pfund Sterling für 1857—59 und 40,898 Pfund Sterling für 1858—59!

Eifersucht der Bevölkerung der südamerikanischen Republiken mit
der Zeit in den Weg legen konnte; außerdem war es meine Pflicht,
auch ökonomisch zu Werke zu gehen, und es war kaum zu bezweifeln, daß die Anstellung mehrerer Beauftragten für einige Monate
nicht so viel kosten konnte, wie die Absendung eines einzelnen Reisenden, der um Tausende von Meilen zurückzulegen, leicht drei bis
vier Jahre brauchen konnte. Der Staatssecretär für Indien ge-
nehmigte alle Einzelheiten meines Planes, nur mit Ausnahme der
Expedition nach Neu-Granada und der Absendung eines Dampf-
schiffes, das die Pflanzen über das stille Meer direct nach Indien
bringen sollte*). Es war jedoch nicht so leicht, Männer zu finden, welche der Aufgabe gewachsen waren; sie mußten von den
Chinchona-Wäldern persönliche Kenntniß haben, mußten das Land,
das Volk, die Sprache und die jeder Region eigenthümliche Chinchona-Art kennen. Für die Chinchona-Wälder von Ecuador war
ich so glücklich die Hülfe des Botanikers Spruce zu gewinnen, der
seit mehreren Jahren die Wildnisse Südamerika's zum Gegenstand
seiner Forschungen gemacht hatte und über dessen Befähigung kein
Zweifel obwalten konnte. Die ihm angewiesene Region war die
wichtigste, da die hier heimische „Rothrinde" (C. succirubra) reicher
an fiebervertreibenden Alkaloiden ist als irgend eine andere Chinchona-Art, und ich knüpfte gerade an diese Region die Hoffnung auf
den günstigsten Erfolg, weil das Land der Rothrinde an den westlichen Abhängen der Anden leichter zugänglich war als irgend ein
anderes, und weil schiffbare nach dem stillen Ocean führende Flüsse
das schwierige Unternehmen ersparten, die Pflanzen über die schneebedeckten Einöden der Cordilleren zu schaffen. Ich selber übernahm
die Erforschung der Wälder von Carabaya oder Bolivia, um die
C. Calisaya und andere wichtige Arten dieser entfernteren Region zu sammeln, während ich für die Wälder der peruanischen
Provinz Huanuco, für die Sammlung von Pflanzen und Samen

---

*) Trozdem wachsen jetzt in Indien Pflanzen der C. lancifolia, der
Gattung, welche in Neu-Granada gewonnen worden sein würde. Sie
sind zum Theil gegen Austausch anderer Pflanzen aus Java nach Indien
gekommen.

der die sogenannte „graue Rinde" spendenden Chinchona-Art, Herrn Pritchett gewann, der einige Jahre in Südamerika gelebt hatte und gerade mit dieser Region genauer bekannt war. Außerdem waren mir sowohl, als auch meinem Gehülfen Spruce erfahrene Gärtner beigesellt. Gegen Ende des Jahres 1859 waren alle Vorbereitungen getroffen, die der Einführung der Chinchona-Pflanze in Indien, nachdem man seit zwanzig Jahren die Wichtigkeit ihres Anbaues erkannt hatte, einen endlichen Erfolg versprachen. Wir segelten am 17. December 1854 von England ab und erreichten Lima, die Hauptstadt von Peru, am 26. Januar 1860. Dreißig zur Aufnahme der Pflanzen bestimmte große Gefäße waren um das Cap Horn transportirt worden, wovon ich fünfzehn zur Aufnahme von Herrn Spruce's Sammlung nach Guayaquil, fünfzehn für mich selber nach Islay sendete. Nach zweimonatlichem Aufenthalte in Lima benutzten wir die Dampfboote zur Reise nach Süden und landeten am 2. März 1860 im Hafen von Islay, der zur Reise nach dem südlichen Peru oder nach Bolivia günstiger gelegen ist als irgend ein anderer Hafen.   *

Viertes Kapitel.

Reise von Islay nach Arequipa und über die Cordilleren nach Puno.

Der Hafen von Islay ist der commercielle Ausgang der Bezirke Arequipa, Cuzco und Puno im südlichen Peru und so ist seit 1830, durch den damaligen Präfecten von Arequipa, General La Fuente begründet, auf der nackten von einer sandigen Wüste umgebenen und durch ein unfruchtbares Gebirge vom Innern des Landes abgeschnittenen Felsenküste eine kleine Stadt entstanden. Ein sehr steiler Pfad führt von der Uferklippe zu einem Maulhhause empor, das die eine Seite des kleinen Freiplatzes bildet, der beständig mit Schaaren aus dem Innern kommender Maulthiere angefüllt ist, und eine von diesem Platze aufwärts führende Straße bildet mit einigen Nebengäßchen die ganze Stadt Islay, die trotzdem in ihrem

Verkehr die Wichtigkeit des Landes bekundet, deren Hafenplatz sie
ist. Die Hauptausfuhrartikel sind Alpaca= und Schafwolle, Vi=
cuña=Wolle, Kupfer, Chinarinde, Gold und Silber; der Gesammt=
werth dieser Ausfuhr betrug im Jahre 1859 336,642 Pfund Ster=
ling und der Betrag der größtentheils aus europäischen Waaren
bestehenden Einfuhr beläuft sich ziemlich auf dieselbe Summe.

Die Umgegend von Jslay ist die traurigste Wüstenei, die dem
Auge irgendwo begegnen kann, aber vom Juli bis zum October,
wo an der Küste die meiste Feuchtigkeit herrscht, schmücken sich die
sonst nackten Gebirge, die ungefähr eine Stunde von der Küste
entfernt steil aus der Einöde sich erheben, mit einem grünen blu=
mendurchwirkten Teppich, wobei auch die näher um Jslay gelegene
Ebene zu einigem Pflanzenwuchs gelangt. Diese ans Meer gren=
zende Gebirgskette heißt die „Lomas" und in Folge eines ungewöhn=
lich reichlichen Regens zu Anfang des Jahres 1860 war auf diesen
Lomas im März neues Grün entsprossen und auch in der nächsten
Umgegend von Jslay blühten vereinzelte Compositae, wilder Tabak,
Nympha, Oxalis, Salvia, ein Doldgewächs mit einer großen
weißen Blume, Verbenen, Heliotropen, ein rothes Solanum, ein
Amaranth und andere Blumen. Die Gegend ist von jähen Schluch=
ten zerrissen und am Fuße des Gebirges enthalten einige derselben
Bodenniederschläge, welche während der feuchten Jahreszeit von
den kleinen Bächen zugeführt, einigen kleinen Gruppen von Feigen=
und Olivenbäumen genügende Nahrung bieten. Von einer dieser
Schluchten aus wird das Wasser in Röhren nach der Stadt Jslay
geleitet und der Aufseher dieser Wasserleitung, ein Jrländer, der
nebenbei das Gewerbe eines Zimmermannes und Grobschmieds
betrieb, leistete uns in unsren Bemühungen, den für unsere Pflan=
zengefäße entsprechenden Boden zu gewinnen, sehr wesentlichen
Beistand. Da an den üppigsten Stellen jener Schluchten eine große
Menge von allerlei wilden Blumen gedieh, so glaubten wir uns,
für den Fall, daß wir keine zweckentsprechendere Bodenlage fänden,
vorläufig mit diesem Boden begnügen zu können.

Wir erfreuten uns während unseres Aufenthalts in Jslay der
Gastfreundschaft des englischen Consuls. Außer ihm besteht die

Einwohnerschaft aus peruanischen Beamten, aus Agenten der Han-
delshäuser in Arequipa, einigen Krämern und Handwerkern, aus
Maulthiertreibern und anderen Zugvögeln und aus Packträgern
und Bootsleuten indianischer und afrikanischer Abkunft. Nachdem
unsere Maulthiere und Pferde angelangt waren, brachen wir am
Morgen des 6. März nach dem gegen neunzig englische Meilen entfernten Arequipa auf. Eine düstere Gebirgsschlucht, zu beiden
Seiten von nackten Felsen eingeschlossen, an welchen nur hier und
da ein riesenhafter dürrer Cactus sich erhebt, überall aber eine dichte
Wolke weißen Staubes liegt, führt aus der Ebene von Islay zu
der großen oberhalb sich ausbreitenden Wüste und zu einem kleinen
aus Rohr erbauten Posthause „Tambo de Guerreros" empor, das
am Ausgange der Schlucht ungefähr acht Stunden von Islay
liegt. Von einer kleinen Erhöhung jenseit des Tambo oder Post-
hauses übersieht man die große Wüste von Arequipa, die zur Rechten
und Linken vom Horizont und nach vorn von der selbigen Gebirgskette begrenzt wird, welche diese Sandwüste von der fruchtbaren
„Campiña" von Arequipa trennt und von dem schneebedeckten Vul-
can überragt wird. Die Wüste besteht aus hartem Boden ohne
jede Spur von Vegetation und ist in kurzen Zwischenräumen mit
zwanzig bis dreißig Fuß hohen Wällen des feinsten weißen Sandes
bedeckt, die sämmtlich eine halbmondförmige Gestalt haben und
mit ihren Hörnern nach Nordwesten deutend, den herrschenden
Wind anzeigen. Diese Wälle heißen „Medanos"; sie verändern
zuweilen ihre Lage und legen sich quer über den Weg, bleiben einander aber immer vollkommen gleich, so daß sie dem Reisenden,
der seinen Weg verloren hat oder von der Nacht überrascht wird,
nirgend eine Landmark bieten. In der Mitte dieser Wüste liegt
das Posthaus oder Tambo von La Joya, das ein Engländer inne
hat. Wasser und Futter für die Thiere müssen aus weiter Entfernung herbeigeschafft werden und sind natürlich verhältnißmäßig
theuer, doch hatten wir, mitten in der Wüste, alle Ursache, mit
dem Aufenthalte in dem kleinen Tambo und seinen aus Brettern
roh zusammengezimmerten Räumlichkeiten vollkommen zufrieden
zu sein.

Es war um vier Uhr Morgens, bei sternenhellem Himmel, als wir wieder aufbrachen. Die lautlose Stille und wilde Großartigkeit der uns umgebenden Wüste waren von imposanter Wirkung, während die kühle Morgenluft köstliche Erfrischung bot. Als endlich die Sonne hinter den mächtigen Cordilleren emporstieg, wurden deren schneebedeckte Gipfel von blendendem Glanze übergossen. Unmittelbar vor uns sahen wir den Kegel des Vulkans von Arequipa, rechts die prächtigen Gipfel des Charcani und Chuquibamba, links die merkwürdige Gebirgskette Pichupichu. Man findet vielleicht in keinem Theile der Welt eine so großartige Ansicht von Gebirgsgipfeln wie von dieser Wüste aus bei Sonnenaufgang. Aber die Erhabenheit des Bildes gleicht dem Sonnenaufgange auf dem Meere; sie erfüllt die Seele mit dem Gefühl der Unendlichkeit und Großartigkeit, aber sie entbehrt all der Einzelheiten, die gewöhnlich zum großen Theil den Genuß bilden, welchen der Anblick einer gewöhnlichen Gebirgsgegend gewährt. Die Wüste liegt ungefähr 4—5000 Fuß über dem Meere und die Gipfel der Cordilleren haben eine Höhe von bald mehr bald weniger als 20,000 Fuß, so daß wir also innerhalb einer Entfernung von weniger als acht (deutschen) Meilen Gebirge sahen, die sich 16,000 Fuß über die Ebene erhoben, auf welcher wir uns befanden. Die Natur hat in diesem Lande der Incas nach wahrhaft riesenhaftem Maßstab geschaffen.

Die Wüste ist von Guerreros bis zu der Felsenschlucht, welche nach der Ebene von Arequipa führt, ungefähr vierzig engl. Meilen breit, während ihre Länge von dem querlaufenden Thale von Tambo bis zum Thale von Vitor wenigstens sechzig Meilen betragen muß. Unser Weg führte uns für den größeren Theil des Tages durch dürre Gebirgsschluchten und an felsigen im Zickzack laufenden Pfaden hinab, die hier und da mit Knochen und Gerippen von Maulthieren bedeckt waren, während eine kleine blaßrothe Remophila, ein kleiner Crucifer und die zauberischen Cacteen den einzigen Pflanzenwuchs dieser öden Gegend bildeten und einige häßliche Raubvögel, die träge hoch oben in der Luft schwebend mit ihrem scharfsichtigen Auge auf ein unter seiner Bürde zusammen-

finkendes Maulthier lauerten, die einzigen Vertreter des thierischen
Lebens waren.

Endlich wurden unsre Augen durch den Anblick des grünen
Thales von Tiavaya in der Campiña von Arequipa erfreut. Reihen
hoher Weidenbäume, saftgrüne Luzerne-Felder und weiße Bauern-
häuser waren nach dem einförmigen Anblick von Felsen und Sand
eine wahre Erquickung; trotzdem erreichten wir erst spät in der
Nacht unsere gastliche Wohnung in der Stadt Arequipa.

Arequipa, die zweite Stadt von Peru, ist an dem Ufer des
reißenden Flusses Chile und am Fuße des großen Vulkans Misti
erbaut, der als vollkommener Kegel eine Höhe von 17,934 Fuß
hat und auf seiner oberen Hälfte mit Schnee bedeckt ist. Arequipa
selber liegt 7427 Fuß über dem Meere, so daß sich dieser Berg in
ununterbrochener Steigung zu einer Höhe von 10,500 Fuß erhebt.
Die Stadt ist aus weißem Stein vulkanischen Ursprungs erbaut
und die Häuser bestehen meist nur aus einem einzigen fest und solid
gebauten und mit gewölbten Decken versehenen Stockwerke, um
den häufigen Erderschütterungen um so besser widerstehen zu können. Räderfuhrwerke irgend welcher Art sind hier unbekannt; der
ganze Verkehr wird mit Pferden, Maulthieren, Eseln und Lamas
betrieben. Die Hauptstraßen führen sämmtlich nach dem großen
Platze, der am Morgen, zur eigentlichen Marktzeit, ein sehr leben-
diges und interessantes Bild gewährt. Er ist dann von buntfarbig
gekleideten Indianer-Frauen belebt, die theils ihre auf den Boden
ausgebreiteten Waaren feil halten, theils als Käufer in beständiger
Bewegung sind und in ihrer aus den prahlendsten Farben zusam-
mengesetzten Kleidung und in ihrer geschäftigen Beweglichkeit einen
überaus anmuthigen Anblick bieten. Den Hintergrund dieses Bildes bildet die schöne neue aus dem weißesten Steine erbaute Kathedrale, hinter welcher der mächtige Vulkan und die Gipfel des
Charcani (19,558 Fuß Meereshöhe) emporragen und mit dem
Glanze ihrer Schneedecke das Auge blenden.

Die Campiña von Arequipa, welche die Stadt umgiebt, ist
von dem Fuße der Cordilleren bis zu der Bergreihe, durch welche
sie von der Küstenwüste getrennt wird, ungefähr fünf englische

Meilen breit und ungefähr zwölf Meilen lang und hier zu beiden Seiten von einer sandigen Einöde begrenzt. Sie wird von dem auf der Westseite des Vulkans entspringenden Flusse Chile und von den kleineren Flüssen Posterio und Savandia bewässert, welche östlich von dem Vulkan in dem Pichupichu-Gebirge entspringen. Diese Flüsse vereinigen sich bei ihrem Austritt aus der Campiña und ergießen sich endlich in den Fluß Quilca. Die Campiña enthält außer der Stadt Arequipa eine Anzahl kleiner Dörfer und zahlreiche Farmhäuser und gewährt im März mit ihrem prächtigen Grün, mit ihren Mais- und Alfalfa-Feldern, mit ihren Reihen hoher Weidenbäume, ihren Obstgärten, ihren Häusern und Dörfern und der weißen Stadt in der Mitte einen reizenden Anblick.

Man schätzt die Bevölkerung der Campiña und der Stadt Arequipa auf ungefähr 50,000. Die Stätte wurde zuerst von dem Inka Mayta angebaut, der eine Anzahl „Mitimacs" oder Colonisten aus dem Dorfe Cavanilla bei Puno hierher versetzte und ihnen befahl hier zu bleiben und sich anzusiedeln. Daher der Name „Ari quepay", d. i. „Ja, bleib" oder wahrscheinlicher von „Arie quepa" d. i. „hinter dem spitzigen Gipfel". Diese Mitimacs waren die Vorfahren der jetzigen Indianer oder „Cholos", wie man sie nennt; sie bauten Dörfer und beschäftigten sich mit Maisbau. Die Stadt aber ist rein spanischen Ursprungs und wurde 1540 von Pizarro gegründet. Die Cholos oder Indianer von Arequipa haben sich schon seit langer Zeit durch ihr aufrührisches Wesen, sowie durch den Eifer hervorgethan, womit sie sich, wahrscheinlich aus bloßer Begierde nach Aufregung, jedem Revolutionsversuche anschließen. Sie sind dem Genusse des „Chicha", eines aus Mais gebrauten Getränks, in solchem Maße ergeben, daß fast aller in der Campiña erbaute Mais zur Bereitung dieses Getränks verwendet wird, unter dessen Einflusse die Cholos den Ruf von Arequipa als eigentlichem Mittelpunkt der peruanischen Revolutionen begründet haben. Aber die Gewohnheit übermäßigen Trinkens hat die Cholos, obschon sie im Stande sind, hinter Mauern mit Muth und Verzweiflung zu kämpfen, als Soldaten für den Feldzug völlig unbrauchbar gemacht. Sie unterscheiden sich in dieser Beziehung sehr zu ihrem

Peru. 15

Nachtheil von den Inka-Indianern des Innern, die mit ihren mit Vicuña-Wolle beladenen Lamas in den Straßen der Stadt erscheinen. Jene sind ein unruhiger leicht erregbarer Menschenschlag, der hinter Mauern mit Verzweiflung kämpft, aber nicht im Stande ist, größere Beschwerden zu ertragen; diese dagegen sind geduldige ausdauernde Leute und können als Soldaten Märsche zurücklegen, welche denjenigen, deren Erfahrung sich auf die Bewegungen europäischer Truppen beschränkt, unglaublich erscheinen dürften. Den Cholos von Arequipa ist eine sichtbare Mischung spanischen Blutes eigen, während die Indianer des Innern zum größten Theil reiner Abkunft sind.

Der Weg über die Cordilleren nach Cuzco und Puno führt durch die nördliche Vorstadt von Arequipa und erhebt sich dann über einen felsigen Bergrücken zu dem höheren Thale von Chihuata oder Cangallo (9676 Fuß über dem Meere) auf der Südseite des Vulkans. Eine elende Steinhütte mit Lehmfußboden ist das einzige Obdach, das sich dem Reisenden auf diesem Wege für die Nacht darbietet. An dem einen Ende der Hütte brannte ein Feuer, an welchem eine alte Hexe als Köchin beschäftigt war und das den ganzen Innern Raum mit Rauch erfüllte, an dem anderen breitete sich jeder Reisende, wie er ankam, aus Decken und Ponchos sein Nachtlager, trank seine Chocolade und legte sich nach kurzem Gespräch zur Nachtruhe zurecht, während das Feuer allmälig erlosch und das alte Weib mit einem Haufen Kinder im entgegengesetzten Winkel zusammenkauerte.

Als der Tag graute (23. März), waren wir alle in Bewegung; auch unser Nachtgefährte, ein Spanier mit einer großen „Tropa" von Maulthieren, die mit Aguardiente beladen waren, rüstete sich zum Aufbruch. Die Schneegipfel des Pichupichu und des Vulkans boten, noch von flockigen Wolken umschwebt, als die Sonne allmälig emporstieg, einen wundervollen Anblick. Der übrige Himmel war blau, bewölkte sich aber, indem der Tag vorrückte, und das Thal mit dem auf einem runden Hügel gelegenen freundlichen Dorfe Cachimatca prangte in üppig grünen Alfalfa-Feldern. Die am Wege blühenden Gewächse waren dieselben wie in der Campiña

von Arequipa, nur daß eine kleine gelbe Calceolaria häufiger vorkam. Es umwehte uns eine frische erquickende Morgenluft, als wir
unsere Maulthiere bestiegen und uns dem langen Zickzack-Pfade zu-
wendeten, der zu dem südlichen Gebirgszweige des Bulkans, dem
„Alto de los huesos" hinaufführt, so genannt nach den Gebeinen
unzähliger Maulthiere, die auf diesem Pfade umberliegen, der den
Reisenden aus dem gemäßigten Thale Cangallo zu den rauhen
Ebenen der oberen Cordilleren hinaufführt. Die Reise ist sehr er-
müdend und der Uebergang von der angenehmen und erquickenden
Luft von Chihuata zu dem eiskalten Winde, der beständig über die
oberen Cordilleren streicht, war sehr empfindlich. In den späteren
Nachmittagsstunden trat ein staubregenartiger Nebel ein, der die
traurige Oede der Ebene noch düsterer machte. Dann und wann
tauchte auf einen Augenblick eine Heerde Lamas aus dem Nebel
hervor und als die Nacht eintrat, erreichten wir erschöpft, durch-
näßt und von Kälte erstarrt endlich das 14,350 Fuß hoch gelegene
Posthaus von Apo. Die Regenzeit der Cordilleren beginnt im November und dauert bis Ende März, und während dieser Zeit sind
die Beschwerden des Reisens so groß und die Flüsse so angeschwollen, daß diese Reise von einem gewöhnlichen Reisenden nur selten
unternommen wird. Doch regnet es im März weder anhaltend
noch sehr stark. Die Morgen sind gewöhnlich hell, aber Nachmittags tritt immer Nebel, Regen oder Schnee ein, der bis spät in die
Nacht anhält. Im April beginnt die trockene Jahreszeit und dauert
bis zum October, und während der Monate Mai, Juni, Juli und
August erscheint kaum ein Wölkchen am Himmel.

Die Posthäuser in dem öden Gebirge zwischen Arequipa und
Puno sind sämmtlich von gleicher Beschaffenheit. Es sind steinerne
niedrige, auf drei Seiten einen Hofraum umschließende Gebäude
mit fünf bis sechs Gemächern, die mit einem Lehm-Fußboden, einem
plumpen Tische und einer aus Stein und Lehm gebildeten Erhöhung
versehen sind, welche die Stelle eines Bettes zu vertreten hat. Das
Dach ist schlecht gedeckt und die Thüren sind so plump gezimmert,
daß es unmöglich ist, sie zu schließen. Menschen wie Thiere leiden
in Folge der in dieser bedeutenden Höhe herrschenden Luftverdünnung

an einer sehr peinlichen Krankheil, von den Peruanern „Sorochi" genannt. Ich war schon in Arequlpa von einem sehr ernstlichen Unwohlsein heimgesucht und daher wahrscheinlich für diese Krankheit vorbereitet worden. Schon vor der Ankunst in Apo hatte mir ein empfindlicher Schmerz im Kopfe und im Rücken großes Unbehagen verursacht; diese Empfindungen nahmen während der Nacht im Posthause an Heftigkeit zu, und als wir um drei Uhr Morgens wieder aufbrachen, war ich nicht im Stande, ohne Beistand mein Maulthier zu besteigen. Ein Ritt von sieben Stunden über grasbedeckte Ebenen, auf welchen hier und da Schnee lag und Hügelreihen mit schönen Felsenmassen eine Art Stufe der fernen Cordillerengipfel bildeten, brachte uns zu dem Posthause von Pall. Wir hatten auf dieser Strecke mehr als zwölfmal den Fluß zu überschreiten, der als Chile an Arequipa vorbeifließt. Die einzigen lebendigen Geschöpfe, welchen man hier begegnet, sind die Leccaleccas, große an den zahlreichen Flüssen lebende Wasservögel mit rothen Beinen, weißem Kopfe und grauem Körper, die unaufhörlich ihr gellendes Pfeifen hören lassen, und die anmuthigen Bicuña-Heerden, die in ihrer lieblichen Erscheinung den Antilopen gleichen und in den ödesten Regionen der Cordilleren ihre Weide suchen. Ein weiterer von Hagel- und Schneewetter begleiteter Ritt brachte uns zu dem „Alto de Toledo", dem höchsten Punkte des Weges, 15,590 Fuß über dem Meeresspiegel. Zur Zeit des Sonnenuntergangs schimmerten einige schneebedeckte Gipfel hellglänzend durch die Dunkelheit und erst spät am Abend erreichten wir das Posthaus von Cuevillas. Jenseit Cuevillas giebt es zwei große Alpenseen, von welchen aus ein Fluß sich hinab in den Titicaca ergießt, und wir passirten daher hier die Wasserscheide zwischen dem stillen Meere und jenem großen See. Die Landschaft ist großartig, aber öde, und der Weg führt zwischen zwei Seen hin, deren einzigen Abfluß eine Schlucht bildet, in welcher das Posthaus La Compuerta liegt, das wir vor Beginn des Nachmittagsregens erreichten. Am anderen Tage, mit dem ersten Morgenlicht wieder aufbrechend, zogen wir durch diese Schlucht nach grünen von weidenden Schafheerden belebten Ebenen hinab. Es ist ein Ereigniß, wenn man in diesen Einöden einem

Reisenden begegnet, und das Erscheinen eines solchen veranlaßt gewöhnlich eine Reihe von Fragen und Antworten. Uns begegnete
hier ein Cavallero, in dessen Kleidung und allgemeiner Erscheinung, die Tröster abgerechnet, wir unsere eigene Aeußerlichkeil wieder erkennen konnten. Er trug einen großen fast bis auf seine Füße
reichenden Poncho von prahlenden Farben, einen breitrandigen
Filzhut, den er mit einem blauen baumwollenen Taschentuch durch
einen Knoten unter dem Kinn fest gebunden hatte, einen ungeheuren
wollenen Tröster, der um Hals und Gesicht geschlungen fast nur
die Augen sehen ließ, ein Paar wollene hellgrüne, schwarzgestreifte
Gamaschen und mächtige Sporen. Es war ein Beamter auf dem
Wege nach Arequipa und er klagte über die Rauhheit des Wetters
und die Beschwerden des Wegs. Nach kurzer Unterhaltung zog er,
gefolgt von seinen beladenen Maulthieren, wieder von dannen und
war bald in der Ferne verschwunden.

Am Nachmittag sahen wir in der Nähe der großen Schäferei
Laya-laya, seitdem wir das Thal von Cangallo verlassen, zum
erstenmal wieder Spuren von Cultur — Quinoa-, Gersten- und
Kartoffelfelder mit dazwischen liegenden Indianerhütten, und nachdem wir einen felsigen Bergrücken überschritten, überblickten wir
eine ungeheure sumpfige Ebene mit der am Fuße einer schönen
felsigen Höhe gelegenen kleinen Stadt Bilque, die wir bei Sonnenuntergang erreichten. Von La Compuerta aus hatte unser Weg
fortwährend abwärts geführt; die Bicunas waren verschwunden,
da diese Thiere nur die höchsten und wildesten Gegenden der Corbilleren beleben, während in der niedrigeren Region zwischen Bilque
und Puno das Gefühl der Oede und Einsamkeit durch die zahlreichen Vögel, welche die Gegend beleben, und durch die zunehmende
Mannigfaltigkeit wilder Blumen zerstreut wird. Ein längerer Ritt
über ausgedehnte grasige Ebenen und an dem Dorfe Tiquillaca
vorüber brachte uns endlich an den Fluß Tortorani, der mächtig
angeschwollen eine Strecke weiter abwärts sich über einen 250 Fuß
hohen Abhang ergießt und einen prächtigen Wasserfall bildet. Nachdem wir ungefähr eine Meile unterhalb dieses Wasserfalls eine
Brücke gefunden und überschritten hatten, erblickten wir bei Sonnen-

untergang den großen See Titicaca. Ein steiler im Zickzack laufen-
der Pfad führt zur Stadt Puno hinab, die dicht an dem Ufer des
Sees liegt und von einem Kreise silberhaltiger Gebirge umgeben ist.
Puno, die Hauptstadt des Departements, verdankt ihren Ursprung und ihre frühere Blüthe dem Silberreichthum des umliegen-
den Landes. Man gelangt von der Nordseite her durch einen steinernen Thorweg in die Stadt, den der General Deustua, der 1850
Präfect war, hat erbauen.lassen. Die Straßen, die reinlich und
gut gepflastert sind, neigen sich in sanfter Abdachung nach dem See
hinab, der aber durch die Halbinsel Capachica und zwei an der
Bai von Puno gelegene Inseln zum Theil dem Blicke entzogen wird.
Die aus kleinen braunen Lehmziegeln erbauten, mit Stroh oder
rothen Ziegeln gedeckten Häuser erheben sich selten über das Erdgeschoß und die Zimmer öffnen sich nach dem Hofraume; Defen
sind hier unbekannt, obgleich in einer Höhe von 12,574 Fuß über
dem Meere die Nächte sehr kalt sind. Auf dem Hauptplatze der
Stadt erhebt sich die 1757 aus Stein erbaute Kirche mit einer schön
verzierten Vorderseite und zwei Thürmen; einen anderen Platz
schmückt ein großes Collegium von zwei Stockwerken. Beide Plätze
haben unter der Verwaltung des letzten Präsidenten, General Echenique, bronzene Brunnen erhalten.
Nahe bei Puno in südlicher Richtung liegen die berühmten
silberreichen Berge Cancharani und Laycacota, welchen Puno
seine Entstehung verdankt, und deren Werke um die Mitte des
17. Jahrhunderts in einem Jahre eine Ausbeute im Werthe von
1,500,000 Dollars gaben. Von 1775 bis 1824 gaben die Bergwerke bei Puno noch 1,786,000 Mark Silber (die Mark = 7 bis
9 Dollars). Am ergiebigsten war noch das Jahr 1802, das eine
Ausbeute von 52,000 Mark ergab; von 1816 an aber nahm der
Ertrag fortwährend ab und sank 1824 nach der Vertreibung der
Spanier auf eine sehr geringe Summe. Zwar haben es einzelne
Unternehmer seitdem versucht, die theilweise aufgegebenen Werke
wieder in Betrieb zu bringen oder durch neue zu ersetzen, aber ohne
erheblichen Erfolg. Zu den Uebeln, welche aus den seit der Erlangung der Unabhängigkeit entstandenen politischen Verhältnissen

Peru's entsprungen sind, gehört ein vollständiger Mangel an gegenseitigem Vertrauen unter den bestehenden Klassen und zugleich ein auffälliger Mangel an Unternehmungsgeist, so daß jede größere Vereinigung zu Bergwerkunternehmungen oder ähnlichen Zwecken fast unmöglich ist. Peru ist noch ein sehr junges Land und man kann hoffen, daß dieser Zustand der Dinge nicht fortdauern werde; gegenwärtig aber läßt das allgemeine Mißtrauen eben so sehr wie der Mangel an Thatkraft ein gesellschaftliches Unternehmen nicht aufkommen. So liegen die zahlreichen Bergwerke, die einst die Berge Cancharani und Laycayeota bedeckten und thatsächlich die an ihrem Fuße liegende Stadt Puno ins Dasein riefen, jetzt unbebaut. Gegenwärtig ist nur ein einziges kleines Bergwerk hoch oben auf dem Laycayeota, Cachi-Vieja genannt, im Betriebe, das nicht weit von dem einst so berühmten „Beta de la Cantolaria" entfernt liegt. Außer diesem in unmittelbarer Nähe von Puno gelegenen Bergwerke gibt es ungefähr vier Meilen südwestlich von der Stadt, bei San Antonio de Esquilache, noch einige ziemlich ergiebige Silbergruben, die seit 1847 von Don Manuel Costas, einem der einflußreichsten Bürger von Puno, betrieben werden. Dieser Don Manuel Costas, der während meines Aufenthalts in Puno mein Wirth war, erkannte auch zuerst den großen Vortheil, welcher dem Departement Puno aus einer Dampfschifffahrt auf dem Titicaca-See erwachsen würde. Er kaufte 1846 ein kleines Dampfschiff, das er in einzelnen Stücken fortschaffen ließ und mit der Bedingung an die Regierung verkaufte, daß diese die Kosten des Transports nach dem See hinauf bestreite, was jedoch nie geschehen ist. Man ist der Ansicht, daß alle zu diesem Zwecke später herzustellenden Dampfboote ungefähr vierzig Tonnen enthalten und vier und einen halben Fuß im Wasser gehen, mit Schaufelrädern (nicht mit Schrauben) und mit den nöthigen Bequemlichkeiten für Reisende versehen sein müßten. Sie würden alle Erzeugnisse der Wälder von Bolivia, Chinarinde, Bauholz, Cacao, Coca, Früchte und Oelen nach Puno und europäische Manufakturwaaren, Zucker von Abancay und Aguardiente von der Küste von Puno nach Bolivia führen. In den Wäldern von Caravaya könnten ungeheure

Quantitäten Bauholz geschlagen und während der Regenzeit auf
den Flüssen Tzangaro und Ramiz herabgeflößt werden und, nachdem Märkte und bequemere Verkehrsgelegenheiten entstanden, würden Handel und Gewerbe auf allen Seiten schnell zunehmen. Das
Land würde ein völlig verändertes Ansehn gewinnen; das Volk
würde neue Bedürfnisse kennen lernen und civilisirter werden und
Puno, jetzt eine Stadt mit leeren stillen Straßen, in deren Anker-
plätze selten mehr als ein halbes Dutzend aus Rohr gebauter Boote
liegen, würde sich zu einem blühenden und lebhaften Hafenort
erheben. Aber diese glänzenden Aussichten erfordern zu ihrer Verwirklichung Zeit und eine völlige Umgestaltung der politischen Verhältnisse Peru's. Eine andere wichtige Frage wäre es, ob in den
geschützteren Schluchten dieser hohen baumlosen Regionen nicht
Lärchen-, Fichten- und Birkenbäume heimisch gemacht werden
könnten. Es ließen sich große Pflanzungen für den Bedarf an Nutz-
und Brennholz anlegen, während die Indianer hinsichtlich der
Rahmen ihrer Dächer jetzt einzig und allein auf die krummen Stangen des Quehua-Baumes (Polylepis tomentella) und hinsichtlich
ihres Brennmaterials auf Lama-Mist und Tola-Sträucher (Baccha-
ris) angewiesen sind.

Die Hauptproducte des Departements Puno sind Wolle und
Silber, und der ganze Werth der Ausfuhr beträgt ungefähr
1,200,000 Dollars. Die Bevölkerung beläuft sich auf kaum
300,000 Seelen, wovon 9000 auf die Stadt Puno kommen.
Es kommen jährlich, theils als Bezahlung für die Wolle, theils
als Gehalte für Beamte, ohne den Sold für die Truppen, gegen
1,500,000 Dollars in das Departement und man nimmt an, daß
mehr als die Hälfte dieser Summe in die Hände der Indianer
fließt, die sie vergraben. Wenn man daher von dem Mineral-
reichthum Peru's spricht, so muß man auch die ungeheuren Summen geprägten Geldes, die Vasen und anderen aus edlen Metallen
gefertigten Gegenstände in Betracht ziehen, die von den Indianern
bereits verscharrt worden sind, denn dieser Brauch besteht schon
seit den Zeiten der Incas. Jetzt, wo das Courantgeld fast ausschließend aus schlechten Halbdollars von Bolivia besteht, wird

jeder spanische Dollar oder jedes andere gute Geldstück, das in die Hände der Indianer kommt, augenblicklich vergraben.

Ich mußte einige Zeit in Puno verweilen, um allerlei Erkundigungen einzuziehen und hinsichtlich des zweckmäßigsten Weges, den ich zur Erledigung meiner Aufgabe einzuschlagen haben würde, zu einem Entschlusse zu gelangen. Der Bedarf an Fieberrinde der Chinchona Calisaya wird jetzt ausschließlich aus den Wäldern von Munecas, Apollobamba, Yuracares, Larecaja, Inquisivi, Ayopaya und den Yungas von La Paz in Bolivia bezogen; aber ich fand, daß die Sammlung von Pflanzen und Samen in diesen Districten mit großen Schwierigkeiten verbunden sein würde, und diese Schwierigkeiten würden, wie sich später ergab, wirklich unüberwindlich gewesen sein. Da der hauptsächlichste Theil der Einkünfte von Bolivia aus dem Chinarinden-Handel gewonnen wird, was in Peru nicht der Fall ist, so bewachen die Bolivier ihr Monopol mit sehr eifersüchtigen und argwöhnischen Augen, und der Zweck meiner Sendung würde sehr bald erkannt worden sein. Außerdem drohte ein Krieg zwischen Peru und Bolivia; in drei Provinzen wurden ansehnliche Heeresmassen gesammelt, in Puno unter General San Roman, in Bilque unter Beltran und in Lampa unter Frisancho, und sobald die Feindseligkeiten einmal begonnen hatten, würde es für einen Privatmann geradezu unmöglich gewesen sein, seine Maulthiere gegen Beschlagnahme zu wahren. Der Krieg kam zwar nicht wirklich zum Ausbruch, aber Linares, der Präsident von Bolivia, erließ am 14. Mai eine Verordnung, die allen Verkehr zwischen den beiden Ländern aufhob und den Reisenden den Uebergang über die Grenzen verbot. Diese Verordnung, die erst im October wieder aufgehoben ward, wurde mit großer Strenge ausgeführt und würde es mir damals unmöglich gemacht haben, für mich und meine Gefährten mit beladenen Maulthieren ohne lange Verzögerung den Weg von Bolivia nach der Küste zu gewinnen. Eine Hauptursache des drohenden Krieges lag in dem Umstande, daß die Regierung dabei beharrte, schlechte und geringhaltige Halbdollars zu prägen und Peru damit zu überschwemmen. Jedenfalls ein eigenthümlicher Weg, finanzielle Mißverhältnisse auszugleichen!

Während ich auf diese Weise von einem Versuche, in den Wäldern von Bolivia Pflanzen zu sammeln, abgehalten wurde, erkannte ich, daß mir dieses Unternehmen in den Wäldern der peruanischen Provinz Caravaya, an der Grenze von Peru und Bolivia, ohne große Schwierigkeiten gelingen würde. Ich glaubte voraussetzen zu können, obgleich ich, wie ich später fand, mich irrte, daß, weil der Rindenhandel in Peru von keinem wesentlichen Belang sei, der Zweck meiner Sendung keinen Argwohn und keine Eifersucht erwecken würde. Etwaige Feindseligkeiten an der Grenze von Bolivia konnten den Weg zwischen den Caravaya-Wäldern und der Küste nicht wesentlich beeinträchtigen, und vor allen Dingen war Caravaya, in Rücksicht auf einen passenden Seehafen, näher und zugänglicher als irgend ein Theil der Chinchona-Wälder von Bolivia. Das letztere war von überwiegender Wichtigkeit, da aller Erfolg wesentlich von der Schnelligkeit abhing, womit die Pflanzen über die rauhen, kalten Einöden der Cordilleren gebracht werden konnten. Ich wußte durch Dr. Weddell, daß zwar der Chinarinden-Handel in Caravaya jetzt aufgehört und die Rinde dieses Distrietes in Folge thöriger Verfälschungen ihren Marktwerth verloren hatte, daß aber in den Wäldern dieser Provinz nördlich bis zum Thale von Sandia junge Pflanzen und fruchttragende Bäume der Chinchona Calisaya nachweislich vorhanden waren. Ich beschloß daher nach reiflicher Erwägung, von Puno aus meinen Weg unmittelbar nach den Wäldern von Caravaya zu nehmen.

Fünftes Kapitel.

Reise von Puno nach Crucero, der Hauptstadt von Caravaya.

· Es war am 7. April, als wir unsere Reise nach den Chinchona-Wäldern von Caravaya antraten. Man kann in Peru auf dreierlei Weise reisen, erstens, indem man die erforderlichen Maulthiere kauft und auf gewisse Zeit die dazu nöthigen Leute in

Dienst nimmt, zweitens, indem man einen Arriero oder Maulthiertreiber miethet, der die für die Reise nöthigen Maulthiere besorgt, oder drittens, indem man sich der elenden Thiere bedient,
die in den Posthäusern zu haben sind und die man auf jeder
Station wechseln kann, was aber nur auf den Hauptwegen möglich
ist. Die letztere Reiseart ist zwar die am wenigsten bequeme, aber
die billigste, und ich entschied mich daher für diese, was ich wahrscheinlich nicht gethan haben würde, hätte ich die damit verbundenen Beschwerden voraussehen können.

Von Puno nach Pucara folgte ich dem nach Cuzco führenden
Hauptwege, hier aber mußte ich in östlicher Richtung davon ab-
lenken, um durch die Provinz Azangaro nach der Provinz Caravaya zu gelangen. Der Hauptweg geht in nördlicher Richtung
weiter und führt über die Schneegebirge von Bilcañota bei Aya-
viri und abwärts in das Thal des Bilcamayu nach Cuzco. In
Pucara ließ ich Posthäuser und Postmaulthiere hinter mir, da dieselben nur auf den Hauptwegen zwischen Arequipa, Puno, Cuzco
und Lima zu finden sind, und war von nun an darauf angewiesen, Maulthiere oder Ponys von Privatleuten zu miethen.

Die Gegend, welche ich zwischen Puno und Azangaro kennen
lernte, ist von ziemlich gleichartiger Beschaffenheit — grasige
Hochebenen, die von Schaf- und Rinderheerden bevölkert, von
zahlreichen, in den Titicaca-See fließenden Flüssen bewässert und
von verschiedenen Gebirgszweigen durchschnitten sind, welche ihre
Gipfel bald bis zur Schneelinie erheben, bald zu felsigen, stufen-
artig über der Ebene liegenden Plateaus herabsinken. Was Einem
auf der Reise durch diese Gegend am meisten auffällt, das sind
die augenscheinlichen Beweise von der ungeheuren Bevölkerung,
die sie zur Zeit der Incas gehabt haben muß, denn überall sieht
man an den Abhängen der Berge Reihe über Reihe die Ueberreste
der für die Cultur bestimmt gewesenen Terrassen. Jetzt ist die
ganze Gegend vorzugsweise Weideland, und die mit der Beaufsich-
tigung der großen Heerden beschäftigten Indianer bauen nur so
viel eßbare Wurzeln, als sie für sich selber oder für den Markt der
nächsten Stadt brauchen. Die Hirten sind häufig sogenannte

„Yanaconas", Indianer, welche bei den Eigenthümern der Heerden, die gewöhnlich von 400 bis 1000 Köpfe zählen, in Dienst stehen und deren Lage ziemlich traurig ist, denn sie haben monatlich nur eine Arroba „Chuhus" (gefrorne Kartoffeln) oder Quinoa und ein Pfund Coca oder vier Dollars monatlich an Geld.

Puno, Juliaca, Lampa, Pucara und Uyangaro liegen sämmtlich zwischen 12,800—13,000 Fuß über dem Meere. Die mittlere Temperatur betrug an diesen Orten vom 26. März bis 19. April 52½° F., das mittle Minimum bei Nacht 37½°. Uyangaro ist die Hauptstadt der Provinz gleichen Namens und vorzugsweise die Stadt verborgener Schätze. Eine alte Ueberlieferung sagt, daß die Indianer mit dem zum Lösegeld des gefangenen Inca Atabualpa bestimmten Gold und Silber unterwegs gewesen seien, als sie in Sicuani die Nachricht von seiner Tödtung durch Pizarro und zugleich von dem Inca Manco, der sich in Cuzco befand, den Befehl erhielten, den Schatz nach einer „größeren Entfernung" in Sicherheit zu bringen, worauf sie ihn in der Nähe dieser Stadt vergruben. Asuan heißt „mehr", carun „entfernt"; daraus soll der Name Uyangaro entstanden sein. Es wird allgemein angenommen, daß dieser Schatz, sieben Millionen Dollars an Werth, wie auch die kostbaren Kirchengeräthschaften, die, fünfzehn Maulthierladungen betragend, 1781 von Diego Tupac Amaru in die Stadt gebracht wurden, irgendwo verborgen seien und daß einigen Indianern die Stelle bekannt sei, aber von ihnen nicht verrathen würde. Natürlicher Weise sind verschiedene Versuche gemacht worden, diese Schätze zu entdecken, und ein Unterpräfect hat unter dem Fußboden der Kirche mehrfache Nachgrabungen vornehmen lassen, die aber keinen Erfolg gehabt haben. Dor nicht gar langer Zeit war dem Unterpräfecten von einem alten Indianer, der in dem Hause, wo der Inca Diego Tupac Amaru gewohnt hatte, Diener gewesen war, die Mitthellung gemacht worden, daß man bei einer Eingrabung an einer von ihm bezeichneten Stelle ungefähr zwei Fuß tief auf eine Schicht Flußsand, dann auf ein Schicht Kalk und Mörtel und endlich tiefer unten auf eine Schicht großer Steine stoßen würde, unter welchen der Schatz vergraben liegen sollte. Die Ausgrabung

wurde vorgenommen und die Erwartungen waren aufs Höchste
gespannt, als man die Schichten genau so vorfand, wie der Indianer sie angegeben hatte; von einem Schatze aber war nichts zu
entdecken. Vielleicht hatte der Indianer das Geheimniß nur halb
gewußt oder nur halb mitgetheilt; vielleicht waren diese Schichten
nur ein Merkmal, von welchem aus in gewisser Richtung und in
gewisser Entfernung die Stelle zu finden war, wo der Schatz verborgen lag. Aber diese Nachforschungen sind doch auch wieder
nicht ganz erfolglos gewesen. Man hat unter Azangaro verschiedene unterirdische Gänge und Gewölbe entdeckt. Einer derselben,
der erst vor einigen Jahren aufgefunden ward und offenbar ein
Ueberrest aus dem Alterthum der Indianer ist, führte nach dem
Hauptplatze der Stadt und endete in einer Vertiefung, wo man
verschiedene Mumien mit goldenen Sonnen und Armspangen und
goldenen, die Ohren bedeckenden Halbkugeln vorfand, die jetzt das
Eigenthum meines Wirthes, Don Luis Quiñones, waren.

Azangaro ist eine Provinz, wo bedeutende Viehzucht und ein
sehr bedeutender Käsehandel mit Arequipa und anderen Orten betrieben wird. Ich hatte große Mühe, die zur Fortsetzung meiner
Reise nach Crucero nöthigen Thiere zu erlangen, und mußte mich
endlich mit vier erbärmlichen kleinen Ponys begnügen.

Crucero liegt auf einer sumpfigen, sehr hohen Ebene und besteht aus einer Anzahl unbehaglicher Lehmhütten mit einer kleinen
verfallenen Kirche. Es war in Folge heftiger Schneestürme ganz
empfindlich kalt, und die Leute saßen, ohne sich an einem Feuer
wärmen zu können, in ihre Mäntel eingehüllt und suchten bald
nach Sonnenuntergang ihr Bett, das einzige behagliche Plätzchen
ihres Hauses. Ich wurde von dem Unterpräfecten Don Pablo
Pimentel, einem militärischen Veteranen und langjährigen Regie-
rungsbeamten in Caravaya, sehr gastfreundlich aufgenommen.
Dr. Weddell hat eine neue Gattung chinchonaartiger Pflanzen zu
Ehren des würdigen, alten Unterpräfecten, der ihm so sehr gefallen hatte, Pimentelia genannt. Wir hatten von Puno bis hierher eine Reise von 151 englischen Meilen zurückgelegt, und ich ver-
weilte einige Tage in Crucero, bevor ich nach den Chinchona-Wäl-

dern in den Thälern von Sandia und Tambopata aufbrach. Während dieser Rast hatte ich hinreichende Gelegenheit, von Don Pablo Pimentel und dem Richter Sennor Leesdael ausführliche Kunde über die Provinz Caravaya zu erlangen. Don Pablo hatte fast jeden Theil derselben bereist, und außerdem hatte ich schon in Arequipa von einem ehemaligen Unterpräfecten, Don Augustin Aragon, vielfache Erkundigungen eingezogen, so daß ich auch über diejenigen Theile von Caravaya, die ich nicht selbst besucht habe, einige Auskunft zu geben vermag, die den Inhalt des nächsten Abschnittes bilden soll. Caravaya ist eine Gegend, von welcher den europäischen Geographen nicht viel bekannt ist und die meines Wissens noch kaum ein Reisender beschrieben hat.

Sechstes Kapitel.

Die Provinz Caravaya in historischer und geographischer Hinsicht.

Die peruanische Provinz Caravaya ist von Flüssen bewässert, die einen Theil des Flußgebietes eines der größten und am wenigsten bekannten Nebenflüsse des Amazonenstromes, des Flusses Purus, bilden. Der Purus ist der einzige große vom Süden her in den Amazonenstrom sich ergießende Nebenfluß, dessen Lauf noch nie erforscht worden ist. Wir haben genaue Berichte von dem Huallaga durch Maw, Smith, Pöppig und Herndon, von dem Ucayali durch Smyth, Herndon und Castelnau, und von dem Madeira durch Castelnau und Gibbon; aber von dem Purus, dem größten dieser Nebenflüsse, der wahrscheinlich im Laufe der Zeit der wichtigste wird, wissen wir so viel wie nichts. Nur seine Mündung und der Lauf seiner Zuflüsse am Fuße der Anden sind beschrieben worden. Condamine und Smyth berichten von der bedeutenden Tiefe und Wassermasse des Purus an seiner Mündung in den Amazonenstrom; Herndon hörte von einem brasilianischen Handelsmann in Barra, der den Lauf dieses Flusses eine Strecke weit aufwärts verfolgt hatte, daß derselbe von bedeutender Größe und durch keine Hemmnisse unterbrochen sei, und Haenke spricht auf Grund zuverlässiger geographischer Angaben, die er von Indianern gesammelt hatte, die Ueberzeugung aus, daß ein großer Fluß, der östlich von Cuzco den Anden entströme, westlich von der Mündung des Madeira den Amazonenstrom erreiche. Das ist die Summe unserer Kenntniß von der Mündung und dem tieferen Laufe des Purus. Seine Zuflüsse bewässern die östlichen Abhänge der Anden von der Breite von Cuzco bis an die Grenze von Bolivia, indem diese Grenze die Flüsse, die sich auf der peruanischen Seite in den Purus ergießen, von denjenigen scheidet, die auf der bolivianischen Seite den Beni speisen. Diese Zuflüsse des Purus theilen sich in drei verschiedene Gebiete; das äußerste nördliche und östliche enthält die Flüsse, welche durch das große Thal von Paucartambo fließen und sich unter dem Namen Madre de Dios oder Amaru-mayu vereinigen; die Flüsse des mittlern Gebiets bewässern die Schluchten von Marcapata und Ollachea, und das südliche und östliche besteht aus den zahlreichen Flüssen der Provinz Caravaya bis an die Grenze von Bolivia, welche als Ynambari zusammenfließen. Der Madre de Dios und der Ynambari bilden vereinigt den Fluß Purus.

Das Flußgebiet von Paucartambo ist das einzige, das von neueren Forschern beschrieben worden ist. Zur Zeit der Spanier wurden die dasselbe bildenden Flüsse näher untersucht und an ihren Ufern Cacao- und Coca-Pflanzungen angelegt, und gegen Ende des vorigen Jahrhunderts wurde eine Expedition zur Erforschung des Laufes des Madre de Dios ausgesendet. Nachdem Peru seine Unabhängigkeit erklärt hatte, sendete General Gamarra, der erste republikanische Präfect von Cuzco, eine Expedition aus, welche den Zweck hatte, die Pflanzungen in dem Thale von Paucartambo gegen die Gewaltthätigkeiten der wilden Chunchos-Indianer zu schützen und den Lauf des Madre de Dios zu erforschen. Der Anführer dieser Expedition, Dr. Sevallos, lebt jetzt als sehr alter Mann auf einer Farm in den Wäldern von Caravaya, hat aber unglücklicher Weise sein Tagebuch verloren. General Miller, der 1835 eine Expedition nach derselben Gegend unternahm und weiter vordrang als irgend ein Forscher vor oder nach ihm, hat nur einen sehr kurzen

Bericht in der Zeitschrift der K. geographischen Gesellschaft geliefert, während sein viel reichhaltigeres Tagebuch ungedruckt geblieben ist. Im Jahre 1852 besuchte der amerikanische Lieutenant
Gibbon die Thäler von Paucartambo, und im folgenden Jahre
verfolgte ich selber einen Theil von dem Laufe ihres Hauptflusses,
des Tono. Eine spätere, von einigen peruanischen Abenteurern
unternommene Expedition blieb ohne Erfolg. Seitdem haben die
wilden Chuncho-Indianer ihre Angriffe auf die in diesen Thälern
befindlichen Pflanzungen fortgesetzt, und gegenwärtig ist davon
nicht eine mehr vorhanden.

Folgt man den östlichen Anden-Abhängen nach Süden und
Osten, so kommt man zunächst zu den Flüssen, welche die Thäler
Marcapata und Ollachea bewässern, von welchen jedoch nicht viel
bekannt ist. Diese Thäler liegen in der Provinz Quispicanchi und
im Departement Cuzco, und sie sollen in früherer Zeit mit Vortheil bebaut worden sein und viele Coca-Pflanzungen enthalten
haben. Zu Anfang des vorigen Jahrhunderts fand ein Jesuit in
einem Berge des Thales Marcapata, Camante genannt, Gold, und
eine spanische Gesellschaft, die daselbst eine Goldwäscherei anlegte,
beschäftigte in der Folge mehrere hundert Indianer und gewann
auf jenem Berge Gold in Klumpen, bis eines Tages, ungefähr
1788, ein ungeheurer Erdsturz alle Arbeiter auf immer ver-
scheuchte. Vierzig Jahre nach diesem Ereignisse gab es in Marcapata weder Coca-Pflanzungen noch Goldwäschereien mehr, bis
1828 der Cura des Dorfes gleichen Namens aufs Neue einen Weg
in die Thäler öffnete und mit einigen Genossen wieder mehrere
Coca- und Fruchtpflanzungen anlegte. Im Jahre 1836 traten
mehrere junge Unternehmer zu einer Gesellschaft zusammen, welche
den lange verlornen Goldberg Camante wieder aufsuchen wollte,
aber keinen praktischen Erfolg erreichte. Dann trat 1851 Oberst
Bolognesi an die Spitze einer Expedition zur Sammlung von
Chinarinde in den Wäldern von Marcapata. Sein Gefährte war
ein junger Engländer, Namens George Backhouse. Sie drangen
in die Wälder ein, bis sie auf verschiedene Haufen der wilden
Chuncho-Indianer stießen, die anfänglich durch Geschenke, aus

Messern und anderen Kleinigkeiten bestehend, gewonnen und sogar veranlaßt wurden, dem jungen Backhouse und seinen Leuten beim Rindensammeln behilflich zu sein, aber weil sie sich der Arbeit nicht annahmen, die in Backhouse's Dienst stehenden Indianer so sehr erbitterten, daß es zu einem Kampfe kam, in welchem der junge Backhouse und all seine Leute ermordet wurden. Bolognesi sammelte eine kleine militärische Streitmacht und schlug sich, in die Wälder eindringend, Tag für Tag mit den Chunchos herum, war aber doch so glücklich, tausend Centner Rinde zu gewinnen. Auch Spuren der alten Goldwäschereien wurden bei diesem Unternehmen aufgefunden, aus welchem zugleich zu ersehen ist, daß beschwerliche Wege und Fieber nicht die einzigen Gefahren sind, die man bei der Aufsuchung von Chinchona-Pflanzen zu fürchten hat.

Von Marcapata bis zur Grenze von Bolivia erstreckt sich endlich, 180 englische Meilen weit, längs desjenigen Theils der östlichen Anden, der als die Schneekette von Caravaya bekannt ist, das Gebiet, wo die zahlreichen Flüsse entspringen, die sich schließlich zu dem Ynambari vereinigen. Madre de Dios, Marcapata und Ynambari sind demnach die drei großen Quellen des Purus, und die Nebenflüsse des letztern bewässern die Provinz Caravaya. Wir finden diese Gegend zuerst in den Schriften des alten Inca-Historikers Garcilasso de la Vega erwähnt, welcher sagt: „Die reichsten Goldminen Peru's sind diejenigen von Collahuaya, von den Spaniern Caravaya genannt, wo man viel und sehr gutes Gold von vierundzwanzig Karat findet." Auch der Jesuit Acosta erwähnt „das berühmte Gold von Caravaya in Peru." Nach der Besiegung des jüngern Almagro in der Schlacht von Chupas 1642 gingen einige seiner Gefährten über die Schneekette und stiegen in die großen tropischen Wälder von Caravaya hinab, wo sie Flüsse entdeckten, deren Sand ungewöhnlich goldreich war. An den Ufern dieser Flüsse bauten sie die Städte Sandia, San Gavan und San Juan del Oro. Es wurden große Summen in Gold nach Spanien gesendet und die letztgenannte Ansiedelung erhielt von Karl V. den Titel einer königlichen Stadt. Schließlich aber wurden die Goldwäscher von den wilden Chuncho-

Indianern des Sirineyri-Stammes überfallen und überwältigt.
Im folgenden Jahrhundert wurden die Goldwäschereien in Caravaya von gewissen Mulatten betrieben, welchen der König zur
Belohnung für ihre goldbringenden Bemühungen die Gewährung
jeder Gnade zusagte, welche sie sich ausbitten würden. Die Mulatten baten um die Erlaubniß sich „Sennores" nennen und in jede
Stadt auf weißen, mit rothem Geschirr und klingenden Glöckchen
geschmückten Maulthieren einziehen zu dürfen. Auch sie wurden
schließlich verjagt, weil sie in der Trunkenheit den Priester von
San Juan del Oro während des Messelesens auf den Kopf geschlagen hatten. Es giebt in verschiedenen Theilen von Caravaya noch mancherlei Spuren von den Goldwäschereien dieser
Mulatten. Die Spanier fuhren jedoch noch lange Zeit fort, die
goldhaltigen Flüsse von Caravaya auszubeuten, und legten in
einigen von vorspringenden Zweigen der Cordilleren gebildeten
Schluchten Coca- und Kaffeepflanzungen an: Gold blieb jedoch das
Erzeugniß, wodurch Caravaya sich vorzugsweise auszeichnete. Im
Jahre 1615 sprach der Vicekönig Marquis von Montes Claros von
den reichen Goldwäschereien von Caravaya und sein Nachfolger,
der Prinz von Esquilache, schrieb darüber 1620 einen langen Bericht. Das reichste Bergwerk von Caravaya scheint damals Aporuma gewesen zu sein, das, wie es scheint, seit fünfzehn Jahren
von mehreren vereinigten Unternehmern betrieben worden war,
welche bei dem Vicekönig zur vollständigeren Ausbeutung der
Werke und damit das königliche Fünftheil sich vermehre, um eine
„Mita" von Indianern nachsuchten. Der Vicekönig gewährte ihnen
eine solche „Mita" für einen Umkreis von mehreren Meilen, jedoch
mußten sie sich verpflichten, jedem der auf diese Weise ihnen dienst-
pflichtig gewordenen Indianer monatlich drei Dollars und außerdem gesalzenes Fleisch und andere Lebensmittel zu verabreichen.
Im Jahre 1678 belief sich das königliche Fünftheil von den Goldwäschereien von Caravaya auf 806 Dollars für drei Monate. Von
dieser Zeit bis zum siebzehnten Jahrhundert waren Franziskaner-
Missionäre unter den wilden Chunchos der Wälder von Caravaya
thätig. Gegen Ende des vorigen Jahrhunderts wurde Caravaya von

Peru getrennt und dem Vicekönigthum Buenos Ayres einverleibt, und die aus Weißen und civilifirten Indianern bestehende Bevölferung belief sich damals auf ungefähr 6500 Seelen. Kurz zuvor, am 15. December 1767, war die Stadt San Gavan mit 4000 Familien und einem bedeutenden Schaße von den Carangas und den Suchimani-Chuuchos überfallen und vollständig zerstört worden. Die Stadt San Juan del Oro war einige Zeit zuvor verlassen worden, und jeßt weiß man kaum noch die Stätte anzugeben, wo diese Städte einst standen. Als Peru seine Unabbängigkeit erklärt hatte, wurde Caravaya ein Theil des peruanischen Departements Puno.

Im Juli 1849 entdeckten zwei Brüder Namens Poblete, die Chinchona-Rinde suchten, in dem Sande der Caravaya-Flüsse eine große Menge Goldstaub. Natürlicher Weise war die Kunde von dieser Entdeckung schnell und weit verbreitet und Caravaya wurde das Californien Südamerika's. Bis zum Jahre 1852 strömten allerlei Abenteurer, namentlich viele Franzosen, herbei, von welchen jedoch die meisten mit leeren Händen zurückkehrten; gegenwärtig ist der ganze Lärm wieder verstummt. Der Chinarinden-Handel, der einst so ergiebig war und in welchem viele Peruaner außerordentliche Thätigkeit und Ausdauer zeigten, hat seit 1847 aufgehört, weil der üble Gebrauch, die Calisaya-Rinde mit geringeren Sorten zu vermischen, die Waare von Caravaya in schlechten Ruf gebracht und schließlich unverkäuflich gemacht hatte. Diese Fälschung geschah entweder in betrügerischer Absicht oder aus Unwissenheit. Im erstern Falle hätte man sehr kurzsichtig gehandelt; Don Pablo Pimentel, der 1816 Unterpräfect von Caravaya wurde, erklärt jedoch, daß es aus Unwissenheit geschehen sei, indem die Rindensammler die „Metofolo" (C. micrantha) und „Carhua-Carhua" (Cascarilla Carua) für Calisaya-Rinde gehalten hätten.

Was die geographische Beschaffenheit dieser interessanten Provinz anlangt, so besteht dieselbe aus einer schmalen Hochebene, die an die von Azangaro grenzt, aus einem ungefähr 120 englische Meilen langen Theil der Schneekette der östlichen Anden und den ungeheuren tropischen Wäldern, die sich ostwärts nach der Grenze

16*

von Brasilien hin erstrecken. Sie grenzt im Osten und Süden an
Bolivia, nordwestlich an die Provinz Quispicanchi im Departement Cuzco, nördlich und nordöstlich an grenzenlose Wälder und
westlich an Azangaro. Die Hochebene westlich von den Schnee-
Anden nimmt die ganze Länge der Provinz, eine Ausdehnung von
120 engl. Meilen ein, ist aber nur von fünf bis zu zehn englischen
Meilen breit. Sie liegt 13,000 Fuß über dem Meere und hier
wurde ungefähr vor einem Jahrhundert, nach der Zerstörung von
San Gavan, die Stadt Crucero begründet. Diese schmale Ebene,
die man als den am meisten geeigneten, gegen die Angriffe der
wilden Indianer geschützten Mittelpunkt der Provinz zur Anlegung der Hauptstadt auserwählt hat, ist sehr sumpfig und
kalt und mit langen Büscheln des Ychu-Grases bedeckt. Sie
dient zum Weideland für ungeheure Heerden von Schafen und
jenen eigenthümlichen, zuerst vom Cura Cabrera 1826 aus einer
Kreuzung der Alpaca und der Bicuña erzeugten Bastardthieren,
den sogenannten „Paco-Bicuñas", deren schwarze und weiße lange
feine Wolle das schönste seidenartige Gewebe giebt.

Aber der größte und einzig wichtige Theil von Caravaya besteht aus den waldbedeckten Thälern östlich von den Anden. Auf
der östlichen Seite erhebt sich diese Gebirgskette von einem Plateau
von 14,000 Fuß Meereshöhe jählings zu schneebedeckten Gipfeln,
auf der westlichen Seite aber senkt sie sich plötzlich zu tropischen
Thälern hinab. Nordwärts laufen von der Hauptgebirgskette
lange Gebirgszweige aus, die allmälig an Höhe abnehmen, aber
zuweilen erst in einer Entfernung von sechzig oder achtzig englischen Meilen in den endlosen, waldbedeckten Ebenen des Innern
Südamerika's ihr Ende erreichen. Die Thäler zwischen diesen Gebirgszweigen sind von zahlreichen Flüssen bewässert, die dem
Ynambari zufließen, und in diesen Thälern, am Fuße der Haupt-
kette der östlichen Anden, liegen die wenigen Dörfer, Coca- und
Kaffeepflanzungen Caravaya's. Durch diese langen Gebirgszweige
und tiefen Thäler unterscheidet sich Caravaya in seiner geographischen Eigenthümlichkeit von dem nördlicher gelegenen Paucar-
tambo, wo die Anden viel plötzlicher sich in die Ebene neigen.

In den warmen Thälern ist der ganze Reichthum und die ganze Bevölkerung von Caravaya vereinigt. Die Bevölkerung besteht aus 22,000 Seelen, vorzugsweise Indianern, und ihr Reichthum, außer den Schafheerden auf der westlichen Hochebene, in den Erzeugnissen der Coca-, Kaffee-, Zuckerrohr- und Ijipfeffer-Pflanzungen, den Obstgärten und Goldwäschen. Genaue statistische Berichte sind in Peru unbekannt, aber es mag, so viel ich erfahren konnte, wohl ein jährlicher Ertrag von 20,000 Pfund Kaffee und 360,000 Pfund Coca erzielt werden. Hinsichtlich des Goldertrags konnte ich keine zuverläßigen Angaben erlangen.

Das am weitesten nördlich und westlich gelegene Thal Caravaya's ist das an Marcapata grenzende Thal Ollachea, wo am Fuße der Anden ein kleines Dorf liegt. Dann kommen die Thäler Ituata und Coroni, das kleine Dorf Apapata an der Quelle des gleichnamigen Flusses, und dreißig engl. Meilen tiefer nach dem Innern die Zuckerrohr-Pflanzung eines unternehmenden Peruaners, Namens Don Augustin Aragon, der durch die Lage seiner Besitzung zwischen der Vereinigung zweier Flüsse gegen die Angriffe der wilden Chunchos geschützt, von dem Dorfe Apapata einen Weg nach seiner Pflanzung angelegt und sich überzeugt hat, daß es weit vortheilhafter ist, aus Zuckerrohr geistige Getränke zu bereiten als Gold zu graben oder Chinarinde zu suchen. Er ist ein Mann von großer Thätigkeit und reichlichen Mitteln, der jedem Plane zur Entwickelung der Hilfsquellen des Landes seinen Beistand widmen würde und mit Zuversicht des Tages harrt, wo ein Dampfschiff den Purus und Ynambari hinaufkommen und, mit den Erzeugnissen von Caravaya beladen, nach dem atlantischen Ocean zurückfahren wird.

Man vermuthet, daß die alte spanische Stadt San Gavan an dem Flusse gleichen Namens, ungefähr zwanzig engl. Meilen von Aragon's Pflanzung, gelegen habe. Die Stätte ist jetzt mit dichtem Walde überwachsen und seit der Zerstörung der Stadt noch nie untersucht worden; doch glaubt man, daß unter den überwachsenen Trümmern ungeheure Schätze verborgen seien, da der Ueberfall der Chunchos ein plötzlicher und zugleich erfolgreicher war. Die wilden Indianer fragen nichts nach kostbaren Metallen und Savan war der Hauptverwahrort für das in Carabaya gewonnene Gold. In früherer Zeit hatten die Chunchos mit den Spaniern in freundlichem Verkehr gestanden und sogar bei ihnen Dienste genommen; schließlich aber verwandelte die Tyrannei der letzteren diesen freundschaftlichen Verkehr in leidenschaftliche Erbitterung, deren Folge die Zerstörung von San Gavan war. Seitdem haben die Chunchos, die übrigens demselben Stamme angehören, wie die früher erwähnten wilden Indianer in den Thälern von Paucartambo, in einzelnen Stämmen in den Wäldern ihr Asyl gehabt, die unversöhnlichen Feinde aller Weißen und Inca-Indianer.

Weiter an den östlichen Abhängen der Anden nach Südosten hin und dem Dorfe Ayapata zunächst liegt in einer andern, tiefen Schlucht der Ort Croasa; dann folgen Usicayus, Phara und Limbani. Bei Phara giebt es mehrere ehemalige Bergwerke der erwähnten Mulatten und nicht weit davon liegt die berühmte Goldmine Aporuma. Auch geht über Phara der Weg nach den von den Brüdern Poblete entdeckten Goldgräbereien, die von 1849—1854 so viele unglückliche Abenteurer anlockten. Sie liegen nördlich von Phara, und der allmälig abwärts führende Pfad berührt ein kleines Dorf, La Rina genannt. Von hier gelangt man auf einem sehr gefährlichen, mit ungeheuren Schieferblöcken bedeckten und an furchtbaren Abhängen hinführenden Wege in einigen Stunden an die Ufer des Ynambari, der hier Huari-Huari heißt und siebenzig Ellen breit ist, und über welchen eine „Oroya", eine aus Seilen gebildete Brücke führt, auf welcher man in einer Art Netz oder Käfig, hoch über der schäumenden Fluth, nach dem andern Ufer gezogen wird. Auf der andern Seite, an der Vereinigung des Huari-Huari und des Goldflusses Challuma, liegt ein Ort, den einige französische Unternehmer „Versailles" genannt haben. Von hier bis zu den „Lavaderos" oder Goldwäschereien beträgt die Entfernung noch ungefähr achtzehn englische Meilen; der Weg führt in einer engen, bewaldeten Schlucht empor, und man muß auf dieser Strecke den Challuma nicht weniger als drei-

undfünfzig Mal durchwaten, wobei das Wasser bis an die Hüften
reicht und jeder Fehltritt unvermeidliches Verderben bringt. Die
Zuflüsse des Challuma, Quimzamayu, drei Flüsse genannt, entspringen in Bergen, die gänzlich von den Anden geschieden sind,
und ihr Sand ist sehr goldreich. Unmittelbar über den Goldwäschereien erhebt sich ein Berg, Capacurco und von den Franzosen Montebello genannt, der aus Quarz und anderen Urselsen
besteht und sehr reiche Goldadern hat. Don Manuel Costas in
Puno hatte hier ein Haus erbaut und eine Maschinerie zur Zer-
malmung des Quarzes errichtet, aber das Unternehmen scheiterte
an der Mangelhaftigkeit der Maschinen und an der Schwierigkeit,
durch solche Gegend die nöthigen Materialien fortzuschaffen. In
dem Challuma wird jedoch noch immer von einigen Speculanten
Gold gewaschen. Diese Goldsucher sind tiefer in die Wälder eingedrungen und dem Hauptstrome des Purus näher gekommen als
irgend welche anderen Forscher, und ihre Entdeckung des Challuma
und der goldhaltigen Berge an seinen Ufern hat Einiges zu
unserer geographischen Kenntniß von diesem Lande beigetragen.

Die übrigen Dörfer am östlichen Abhange der Anden von Carabaya sind Patambuco, Sandia, Cuyo-cuyo, Quiaca, Sina und
die Farm Saqui an der Grenze von Bolivia. Der Fluß Sandia
hat eine seiner Quellen in der Nähe des zwanzig englische Meilen
nordöstlich von Crucero gelegenen Passes, von wo aus er an
Sandia vorbei und mehrere Meilen weit durch eine enge, zu beiden
Seiten von großartigen, steil emporsteigenden Felsen eingeschlossene
Schlucht fließt. Zwanzig Meilen unterhalb Sandia, in einer
Schlucht Ypara genannt, beginnen 3000 Fuß über dem Meere
die Coca- und Kaffeepflanzungen. Jenseit Ypara hört die Cultur
auf und der Fluß ergießt sich, durch die Vereinigung mit dem
Huari-Huari in seiner Wassermasse verdoppelt, mehrere Meilen
weit zwischen Bergen, die bis zu ihrem Gipfel mit dichtem tropischen Wald bedeckt sind. Diese Gegend heißt San Juan del Oro
und war einst wegen ihrer Goldwäschereien berühmt; hier befand
sich die Stadt gleichen Namens. Die Wälder enthalten werthvolle
Arten von Chinchona-Bäumen und waren bis vor ungefähr fünf-

zehn Jahren von zahlreichen Rindenſammlern beſucht. Ungefähr ſechzig engl. Meilen weſtlich von Sandia erreicht der Fluß Hatunpunka oder „Valle Grande", wo die Bewohner von Sandia ausgedehnte Coca- und Kaffeepflanzungen haben. Der Bogen, den der Fluß für dieſe Entfernung macht, iſt ſo bedeutend, daß die Bewohner von Sandia ihre Pflanzungen in Valle Grande unmittelbar erreichen können, wenn ſie die Schlucht über Ypara verlaſſen und ihren Weg über die grasbedeckten Berge nehmen. Von Valle Grande aus fließt der Fluß an Verſailles vorbei, wo er den Challuma aufnimmt und, mit den übrigen Flüſſen von Caravaya ſich vereinigend, ſchließlich den großen Ynambari bildet, der, mit dem Madre be Dios ſich vereinigend, zum mächtigen Purus wird.

Der Fluß Huari-huari, der durch zwei von den Dörfern Sina und Quiaca ausgehende Flüſſe gebildet wird, vereinigt ſich ungefähr dreißig engliſche Meilen unter Sandia mit dem Fluſſe dieſes Namens und ihre verrinigten Ströme bilden den Ynambari. Endlich entſpringt in der Näbe der genannten Farm Saqui der Fluß Tambopata, gerade an der Grenze zwiſchen Peru und Bolivia, am Fuße einer Bergkette der öſtlichen Corbilleren. Nach einem Laufe von vierzig engl. Meilen nimmt er den Fluß San Blas auf, an deſſen Ufern die Bewohner von Sina ihren Coca bauen, und achtzig Meilen tiefer vereinigt er ſich mit dem Fluſſe Pablobamba, der auf einem Berge, Corpa-pchu, an der Grenze von Bolivia, entſpringt und während ſeines ganzen Laufes nur durch eine einzige Bergkette von dem Tambopata getrennt wird. Die Grenze zwiſchen den beiden Republiken iſt nie vermeſſen worden. Nach ihrer Vereinigung ergießen ſich die beiden Flüſſe in die ungeheuren waldbedeckten Ebenen, in welche ſich allmälig die Zweige der Anden hinabſenken, und ihr Lauf iſt von hier an unbekannt; doch glaube ich, daß der Tambopata ſich unmittelbar in den Purus ergießt, ohne ſich vorher mit dem Ynambari zu vereinigen.

Siebentes Kapitel.

Caravaya. — Das Thal von Sandia. — Die Coca-Cultur.

Am 16. April, schon ziemlich spät am Nachmittag, brach ich, begleitet von dem Gärtner Herrn Weir, einem jungen Mestizen, Namens Pablo Cevallos, und zwei Lastmaulthieren, von Crucero auf, um die Reise nach den Wäldern anzutreten. Am zweiten Tage trafen wir in einer Hütte einen Mann mit rothem Gesicht, der ungefähr fünfzig Jahre zählen mochte und sich Don Manuel Martel nannte. Er erzählte mir, daß er Oberst gewesen und wegen der Treue, womit er seiner Partei angehangen, vielfach verfolgt worden sei; daß er im Cascarilla-Handel viel Geld verloren habe und jetzt damit umgehe, in den Wäldern von Caravaya eine Lichtung zu machen, um Zuckerrohr zu bauen; er sprach ferner von Herrn Haßkarl, der 1854 unter dem angenommenen Namen Müller Chinchona-Pflanzen gesammelt hatte, und versicherte mir, daß, wenn irgend Jemand es jemals wieder wagen sollte, Cascarilla- (Chinchona-) Pflanzen aus dem Lande zu führen, er das Volk aufstacheln würde, diese Leute zu ergreifen und ihnen die Füße abzuschneiden. Jedenfalls lag in seiner Großsprecherei einiger Bezug auf mich und ich vermuthete nicht ohne Grund, daß er auf irgend eine Weise von dem Zwecke meiner Reise Kenntniß erlangt hatte und darauf ausging, denselben zu vereiteln. Ich hatte, seitdem ich Arequipa verlassen hatte, sorgfältig jede Andeutung hinsichtlich meines Unternehmens vermieden. Martel sagte, er gehe nach Poti, um Goldstaub zu kaufen; so wurde ich glücklicher Weise seiner bald wieder ledig, und nachdem wir einen von Wassergeflügel belebten Gebirgssee berührt hatten, neigte sich endlich unser Weg in die goldenen Thäler von Caravaya hinab.

Auf der linken Seite bildete eine schwarze, senkrechte und wohl 2000 Fuß hohe Klippe die eine Seite des Abhangs; ich bemerkte hier einen kleinen Gletscher, den einzigen, den ich an den Anden gesehen habe, während der kleine Fluß Huaccupo mit einem langen Wasserfall in die Schlucht hinabstürzte. Für eine Strecke von tausend Fuß bleibt die Vegetation noch eine magere alpenartige, aus grobem Gras und blühenden Kräutern bestehend. Indem wir tiefer hinabstiegen, wurde das Landschaftsbild immer großartiger. Die glatten Oberflächen der senkrechten Klippen glänzten hier und da im Schmucke schäumender Bäche, die theils wie dünne Faden, theils breiter über die Felsen sich ergossen oder aus den die Berge umziehenden flockigen Wolken hervorzustürzen schienen, während zackige, dunkle, mit glänzendem Schnee gestreifte Gipfel über den Nebel emporragten, der ihren Fuß verhüllte. Endlich überschritt der Weg einen Felsenrücken und brachte uns an. den Gipfel der tiefen und engen Schlucht von Cuyo-cuyo.

Am Morgen des 20. April führte mich mein Weg durch eine schöne Schlucht nach der Vereinigung der Flüsse Sandia und Huaceuyo hinab, die sich von hier aus, als brausender Strom über ungeheure Felsenmassen stürzend, mit reißender Schnelligkeit durch die Schlucht hinab nach Sandia ergießen. Auf beiden Seiten erheben sich mehrere tausend Fuß hohe düstere Gebirgsmassen, deren phantastisch gestaltete Gipfel hier und da von leichten Wölkchen verschleiert sind. Die Vegetation wurde immer üppiger, je tiefer wir hinab kamen. Die niedrigen Sträucher wichen allmälig Bäumen und hohen Büschen. Ueberall stürzten Wasserfälle von den Gebirgen herab — einige als weiße Schaumflächen, die sich schließlich in ungeheure Betten von Farnkraut und Blumen zu ergießen schienen, andere als leichter Staub; ja, ein zwischen zwei Gipfeln hervorspringender Wasserfall schien sich in die unterhalb schwebenden Wolken zu stürzen. Das ganze Naturbild war so bezaubernd, daß man wenig Zeit hatte, an den überaus schlechten und an mehreren Stellen sehr gefährlichen Weg zu denken. Er glich an den besten Stellen einer steilen, durch ein Erdbeben zerstörten Treppe. Ungefähr vier Stunden von Cuyo-cuyo vereinigt sich der Bach Racorequi mit dem Sandia; von hier an wird zwischen dem Flusse und dem Gebirge, wo es die vorspringenden schroffen Klippen gestatten, Mais gebaut. Die Indianer wohnen in Hütten, die wie Horste, hier und da zwischen Maisterrassen, hoch oben an den Bergen hangen.

Sandia ist ein kleiner Ort, dessen Einwohner, was Sitten und
Erziehung anlangt, die rauhesten Hinterwäldler und bis zum
Uebermaß dem Genusse des Aguardiente und dem Cocakauen ergeben sind; aber sie sind warmherzig und gesellig, während sie in
der Bestellung ihrer Kaffee- und Cocapflanzungen in der fernen Montaña, in der Anlegung von Wegen zwischen diesen Besitzungen und
Sandia eine ziemlich lebendige Thätigkeit bekunden. Die reicheren
Bewohner von Sandia haben sämmtlich mehr oder weniger indiani-
sches Blut, und ihre Frauen und Töchter sprechen nur die Quichua-
Sprache, so daß auf diese Weise hier eine engere Verknüpfung mit
den Interessen und Gefühlen der Masse der Bevölkerung vorzu-
herrschen scheint, als dies in irgend einem andern Theile von
Peru der Fall ist. Die Indianer des Districts Sandia zerfallen,
abgesehen von den Bewohnern der Orte Sandia, Cuyo-cuyo und
Patambuco, in sechs Stämme, die in zerstreuten Hütten auf den
um Sandia gelegenen Bergen wohnen und theils Mais und Kartoffeln, theils Gerste und Alfalfa für die Maulthiere bauen. Die
Bevölkerung des Kirchspiels von Sandia beläuft sich auf 7000
Seelen, wovon 4000 auf Sandia und seine sechs Stämme, 2000
auf das Dorf und die Schlucht von Cuyo-cuyo und 1000 auf
Patambuco kommen. Fast tausend Einwohner raffte die furchtbare
Pest des Jahres 1855 hinweg, die in allen Theilen der peruanischen
Anden wüthete. Fast jede Indianerfamilie besitzt außer einigem
bei Sandia gelegenen Lande eine kleine Coca- oder Kaffeepflanzung
unten in der Montaña, wohin zur Erntezeit Männer, Frauen und
Kinder sich auf den Weg machen. Ich habe in allen Gegenden der
Anden wie auch in dem Thale von Sandia die Indianer jederzeit
höflich und gefällig gefunden; sie grüßen stets mit einem „Ave
Maria Taylay" und einer Berührung des Hutes, wenn man ihnen
begegnet. Sie sind allerdings zurückhaltend und schweigsam und
oberflächliche Beobachter wollen darin einen Beweis von Dumm-
heit erkennen, aber dies ist ein gewaltiger Irrthum, der durch ihre
Geschicklichkeit im Schnitzen und in allen Zimmermannsarbeiten,
im Malen und Sticken, durch die feinen Gewebe, die sie aus Bi-
cuñawolle fertigen, durch die wahrhaft rührende Poesie ihrer

Liebesgefänge und Yaravis, und durch die Traditionen ihrer
Stämme, die fie mit religiöfer Sorgfalt bewahren, hinreichend
widerlegt wird.

Die Häufer in Sandia find nichts weiter als Scheunen mit
Lehmwänden und elenden Dächern, die das Waffer durchlaffen.
Die ganze Familie fchläft gemeinfchaftlich in demfelben Raume,
wo am frühen Morgen fich Schweine und Federvieh tummeln. In
einem folchen Raume pflegt auch der Friedensrichter, Francisco Far-
fan, Recht zu fprechen. Er fitzt auf einer Art Lehmbank an einer
Seite des Gemaches, wo fein Bett aufgefchlagen ift, und der An-
gefchuldigte und eine Anzahl Alcalden und Zufchauer ftehen vor
ihm. Die Verhandlung befteht in einem allgemeinen Durchein-
anderreden, das ungefähr zehn Minuten dauert, worauf der Ge-
fangene in das Gefängniß abgeführt wird. Die Friedensrichter
haben von Zeit zu Zeit einen durch Zeugen beftätigten Bericht über
ihre Amtsthätigkeit an den „Richter erfter Inftanz" in der Hauptftadt der Provinz einzufenden.

Da ich einmal von diefen Localbehörden fpreche, will ich zugleich der durch die Conftitution von 1856 in ihre Hand gelegten
Gewalt gedenken, erftlich weil ich glaube, daß die durch diefe Conftitution verfügten Maßregeln einen dauernden und wohlthätigen
Erfolg für das Volk haben werden, und zweitens weil die auf diefe
Weife mit einer gewiffen Machtvollkommenheit ausgeftatteten Leute
ihrem patriotifchen Eifer dadurch zu bethätigen fuchten, daß fie mir
und meinem Unternehmen Schwierigkeiten in den Weg legten.
Nach einer Beftimmung diefer peruanifchen Verfaffung follte in der
Hauptftadt jedes Departements eine Junta Departmental eingefetzt
werden, deren Mitglieder auf diefelbe Weife wie die Mitglieder des
Nationalcongreffes gewählt werden follten. Diefe Juntas follten
hinfichtlich des Emporkommens und materiellen Gedeihens des
Departements Berathungen pflegen und Gefetze erlaffen, die aber
null und nichtig waren, wenn fie irgend einem Gefetze des Con-
greffes widerfprachen. Offenbar kann eine derartige Einrichtung
nur darauf hinauslaufen, das Land in kleine Gemeinden mit ver-
fchiedenen Intereffen zu fpalten, was in dünn bevölkerten und

halbcivilisirten Staaten sich stets als unheilvoll erwiesen hat. Ein
sehr gut geschriebener Aufsatz über die Verfassung, in einer in Lima
erscheinenden Zeitschrift, geht von derselben Ansicht aus und erklärt
die Juntas Departamentales für die Anbahnung eines Föderativ-
systems, das stets die Zerstückelung der Länder in kleine entvölkerte
Districte, wie in Mexico, Central-Amerika, Neu-Granada und
der Argentinischen Republik, zur Folge gehabt und Bürgerkrieg,
Anarchie und Auflösung herbeigeführt habe. Der Verfasser hätte
jetzt auch noch die „Vereinigten Staaten" von Nordamerika als
Beispiel anführen können. Die Juntas Departamentales sind durch
die verbesserte Verfassung von 1860 auch wirklich aufgehoben worden. Ganz anderer Art und zu denjenigen Einrichtungen gehörig,
von welchen ich gesagt habe, daß sie einen wohlthätigen Einfluß
haben würden, sind die Juntas Municipales, die in jedem District,
wo sich dazu Veranlassung bot, eingerichtet und mit der Regelung
der lokalen Fonds und der Förderung der Lokalinteressen überhaupt
betraut worden sind. Sie haben aus den einflußreichsten Bürgern
zu bestehen, die von ihren Mitbürgern gewählt werden. Der Verfasser des oben erwähnten Aufsatzes spricht von diesen Gemeinde-
behörden mit dem größten Lobe und sagt, daß sie von entschiedenem
Nutzen wären, ohne in irgend einer Weise ein Föderativsystem an-
zubahnen. Sie werden jungen Leuten Gelegenheit geben, sich mit
den öffentlichen Angelegenheiten bekannt zu machen, und sie allmälig für wichtigere politische Pflichten heranbilden. Ich betrachte
diese Einrichtungen als eine nicht unwichtige Grundlage für eine
bessere Zukunft Peru's, und so lange sie Thätigkeit zeigen, sei es
auf richtigem oder falschem Wege, werden sie von Nutzen sein. Die
Gewohnheit, an den öffentlichen Angelegenheiten thätigen Antheil
zu nehmen, ist unter allen Umständen besser, als die Erstarrung
und Gleichgültigkeit, die früher herrschte. Ich bemerkte während
meiner Reise von Puno aus verschiedene Beweise von Thätigkeit
dieser Behörden. In Lampa versuchte man eine Fabrik glasirter
Ziegel in der Stadt wiederherzustellen; in Tzangaro sammelte man
Subscriptionen für eine über den Fluß zu legende Brücke, zu
welcher ein Mitglied der Behörde die Hälfte der erforderlichen

Summe beigetragen hatte, und in Sandia war man beschäftigt einen Bericht über den Zustand der Wege aufzusetzen und die zu deren Herstellung und Verbesserung erforderliche Summe zu berechnen. Außerdem aber suchten die Juntas Municipales von Sandia und Quiaca, namentlich die letztere, aus Gründen, die zwar ihre volkswirthschaftliche Unkenntniß, zugleich aber auch ihre Thätigkeit und ihren patriotischen Eifer bekundeten, der von mir bezweckten Sammlung von Samen und Pflanzen der Chinchona allerlei Hindernisse in den Weg zu legen.

Die Municipalbehörde von Sandia bestand aus dem Alcalde Municipal, der den Vorsitz führt, dem Teniente Alcalde, dem Syndicus, zwei Friedensrichtern, drei Regidoren, deren einer Don Manuel Mena war, und einem Secretär. Mein ursprünglicher Plan war gewesen, während dieses Monats die Chinchona-Wälder zu untersuchen, so viele meteorologische und andere Beobachtungen als möglich anzustellen und vielleicht eine kleine Sammlung von Pflanzen nach der Küste zu senden; die Hauptsammlung von Pflanzen und Samen wollte ich aber erst im August vornehmen, wo der Samen der C. Calisaya zur Reife gelangt. Ich war aber noch nicht zwei Tage in Sandia gewesen, als ich in Erfahrung brachte, daß jener Martel, den ich unterwegs getroffen, bereits an verschiedene Einwohner geschrieben und sie ermahnt hatte, es nicht zu dulden, daß ich Chinchona-Pflanzen aus dem Lande führe, und die Sache vor die Municipal-Junta des Districts zu bringen. In gleicher Weise war er auch, wie ich hörte, in den an die Chinchona-Wälder gränzenden Dörfern thätig gewesen. Meine Sendung fing an, im ganzen Lande besprochen zu werden, und ich erkannte, daß ich nur auf Erfolg rechnen konnte, wenn ich das Werk der Pflanzensammlung nicht um einen Augenblick länger verzögerte und damit den zur Verhinderung meines Unternehmens beabsichtigten Maßregeln wo möglich zuvorkam.

Sandia war der Ort, wo ich meine letzten Vorbereitungen zu einer Reise in die Wälder treffen mußte, denn jenseit dieses Ortes wurde die Möglichkeit, Lebensmittel und andere Bedürfnisse zu erlangen, sehr zweifelhaft. Ich kaufte einen ungefähr für einen

Monat hinreichenden Brodvorrath, der in dem Ofen des Cura, dem einzigen, der hier zu finden war, geröstet wurde und mit etwas Chocolade und Käse die für mich selber und den Gärtner bestimmten Vorräthe ausmachte; dann überredete ich den Richter, den Alcalden von vier Indianerstämmen zu befehlen, mir vier Indianer und zwei Last-Maulthiere zu stellen. Die Indianer hatten ihre Vorräthe an Lebensmitteln selber mitzubringen, wozu ich ihnen Geld vorstreckte. Nach vielfacher Verzögerung war meine kleine Expedition, aus mir selber, dem Gärtner Weir, dem Mestizen Pablo Gevallos, vier Indianern und zwei Maulthieren bestehend, zum Aufbruch bereit. Unsere Vorräthe waren in sechs lederne Säcke verpackt, die Thee und Zucker, Chocolade, geröstetes Brod, Käse, Lichter, Bouillonthee-Tafeln, Kleider zum Wechseln, Instrumente, Pulver und Schrot, und ferner ein Zelt, ein Luft-bett, Guttapercha-Ueberwürfe, Ponchos, ein Holzmesser, eine Gartenkelle und Mais und gesalzenes Fleisch für Pablo und die Indianer enthielten.

Das Klima von Sandia ist um diese Jahreszeit überaus angenehm; die Tage sind bis spät am Nachmittag schön und hell und nicht zu heiß. Der vorherrschende Wind weht aus Nordost im Thale herauf; es ist der Passatwind, der über die ungeheuren waldbedeckten Ebenen des Innern hinwegstreicht und mit seinem warmen Hauche es bewirkt, daß Cuyo-cuyo ein weit milderes Klima, eine weit tropischere Vegetation hat als Arequipa, obgleich das erstere 3000 Fuß höher liegt als dieses. Gleich nach Sonnenuntergang wird es in Sandia ziemlich kalt, während um Mittag die Sonne sehr heiß ist. Die Gipfel der Berge sind gewöhnlich von leichtem Gewölk umgeben und auf den Mauern der Häuser wie an den Ufern des Flusses prangen in unendlicher Mannigfaltigkeit die schönsten Farnkräuter*).

Am 24. April, ziemlich spät am Nachmittag, brachen wir von

---

*) Das Thermometer zeigte während meines Aufenthaltes in Sandia zwischen dem 20. und 25. April 63½° als mittle Temperatur, 50½° als niedrigste Temperatur bei Nacht; 65° als höchste, 47° als niedrigste Temperatur.

Sandia auf und erreichten vor Eintritt der Dunkelheit das „Tambo" oder die Raßhütte Cahuan-chaca. Der Weg führt in der Thal- schlucht abwärts längs schmaler den Fluß überhangender Klippen und ist nicht ungefährlich, die Landschaft aber ist prächtig und die Vegetation wird immer reicher und tropischer, je tiefer man hinab- kommt. Einer von unseren Indianern entlief schon am ersten Tage, so daß uns nur drei blieben, die kaum im Stande waren, die Vor- räthe fortzubringen. Diese drei aber, Andres Vilca vom Oruro- Stamme, Jullan Teurl vom Cuyo-cuyo-Stamme und Santos Quispi vom Apabuco-Stamme, bewährten sich als treue und wil- lige Mitarbeiter. Es waren schmucke junge Männer, die ihr Haar in langen über den Rücken hangenden Flechten trugen und mit Beinkleidern und Hemden von grober Packleinwand bekleidet wa- ren. Sie tragen ihre Bürden in Bündel geschnürt, die sie wieder in ein großes Laken schlagen, das über eine Schulter geworfen und über der Brust zusammengebunden wird. Mit diesen Bün- deln, ceepis genannt, gehen sie tiefgebückt mit schnellen Schritten. In dieser Weise pflegen die Indianer in ganz Peru ihre Lasten und die Frauen ihre Kinder zu tragen. Das Tambo Cahuan-chaca ist nichts als ein Schuppen, auf einer Seite offen, und wir übernach- teten hier in Gesellschaft von drei Indianern und einer Frau, die nach Hatun-punca gingen, um die Coca-Ernte einzubringen, und ganz gut von gesalzenem Hammelfleisch, Eiern und Kartoffeln lebten.

In einer tiefen Schlucht fanden wir die ersten Chinchona- Pflanzen, junge Pflanzen der C. Calisaya (Josephiana), die mit ihren überaus schönen rosenfarbigen Blumen und rothgeäderten Blättern am Wege standen. Der Felsen, auf welchem wir uns be- fanden, war metamorphosirender Schiefer, unfossilisch, etwas glim- merartig und eisenhaltig mit hier und da vorkommendem Quarz, der Boden ein fester brauner Lehm. Das thierische Leben schien nicht sehr reichlich vertreten zu sein. Ich bemerkte viele große Tau- ben, einige Enten am Flusse, einen prächtigen Specht und eine große Anzahl schwalbenschwanzartiger purpurrother Schmetter- linge mit lichtblauen Flecken auf den Oberflügeln.

Die Gegend ist hier überaus schön. Hohe Gebirge mit funkeln-
den Wasserfällen sind bis zu ihren Gipfeln mit üppigem Grase bekleidet, während die Schluchten und Spalten mit blühenden Bäumen
und Sträuchern angefüllt sind. An vielen Stellen auf halber Höhe
erheben sich, Reihe über Reihe, mit Farnkräutern und Begonien
eingefaßte Coca - Terrassen mit ihren zartgrünen Coca-Schößlingen,
unter welche sich hier und da das dunklere Grün des Kaffees mischt.

Wir waren hier im Mittelpunkte der Coca-Cultur und ich will
hier einen Augenblick inne halten, um einen kurzen Bericht von
der Cultur jener Pflanze zu geben, die uns seither so vielfach begegnet war und die mir Kraft gab, zu Fuß und mit Leichtigkeit die
ungeheuren Tabenpässe zu überwinden.

Das Coca-Blatt ist für die peruanischen Indianer, was der
Betel für die Hindus, Kava für die Südsee-Insulaner und der Tabak
für die übrige Menschheit ist; aber sein Genuß hat kräftigeure Wirkung, die jene anderen Reizmittel nicht hervorbringen. Es ist dieses
beliebte Blatt bei den Peruanern schon seit den ältesten Zeiten in
Brauch und sie betrachten es noch immer mit einer Art abergläu-
biger Verehrung. Zur Zeit der Incas war es der Sonne geweiht
und der Huillac Umu oder Hohepriester kaute das Blatt während
der Ceremonie; auch wurde es vor der Ankunft der Spanier, wie
der Cacao in Mexico, als Geld gebraucht. Nach der Eroberung des
Landes machten einige Fanatiker den Vorschlag, den Gebrauch des
Coca-Blattes zu untersagen und die Pflanze auszurotten, weil sie
dem alten Aberglauben gedient habe und weil ihr Anbau die Indianer von anderer Arbeit abzöge. Das zweite Concilium von
Lima, aus den Bischöfen aller Theile Südamerika's bestehend, sprach
1580 über den Gebrauch des Coca das Verdammungsurtheil,
„weil das Blatt nutzlos und verderblich und der Glaube der Indianer, daß das Coca-Kauen Kraft gebe, eine Täuschung des Teu-
fels sei." Die spanische Regierung suchte den Coca-Bau aus besseren
Beweggründen zu unterdrücken; sie verbot 1569 die Benutzung
der Indianer als Zwangsarbeiter (mitas) zur Einsammlung von
Coca-Blättern, wegen der angeblichen Ungesundheit der Thäler.
Endlich wurde vom Vicekönig Don Francisco Toledo die Coca-

Peru. 17

Cultur mit freiwilligen Arbeitern und unter der Bedingung, daß die Indianer gut bezahlt würden, wieder freigegeben. Dieser fruchtbarste aller peruanischen Gesetzgeber erließ über diesen Gegenstand allein, vom Jahre 1570—1574, nicht weniger als siebenzig Verordnungen. Coca ist stets einer der wichtigsten Handelsartikel Peru's gewesen und wird ungefähr von 8 Millionen Menschen gebraucht.

Die Coca-Pflanze (Erythoxylon coca) wird in einer Höhe von 5000—6000 Fuß über dem Meere in den warmen Thälern der östlichen Andenabhänge erbaut, wo Feuchtigkeit und Trockenheit fast den einzigen Wechsel des Klima's ausmachen, wo Frost unbekannt ist und wo es mehr oder weniger in jedem Monat des Jahres regnet. Sie ist ein Strauch von vier bis sechs Fuß Höhe; ihre Zweige sind gerade und wechselweise stehend, die Blätter in Gestalt und Größe den Theeblättern ähnlich, die Blumen einzeln mit einer kleinen gelblich-weißen Krone in fünf Blumenblättern, zehn Staubfäden von der Länge der Blumenkrone, herzförmigen Staubkolben und drei Pistillen *).

Das Aussäen geschieht im December und Januar, wo der bis zum April fortdauernde periodische Regen beginnt. Der Samen wird auf einem kleinen Pflanzbeete, das gewöhnlich mit einem Dache überdeckt ist, auf die Oberfläche des Bodens gestreut, wo er nach ungefähr vierzehn Tagen aufgeht. Die jungen Pflanzen müssen fortwährend begossen werden und durch das Dach (huasichi) gegen die Sonne geschützt bleiben. Im nächsten Jahre werden sie in einen durch gründliches Jäten vorbereiteten Boden verpflanzt, oft auf Terrassen, die nur für eine einzige Pflanzenreihe Raum bieten. In Caravaya und Bolivia besteht der Boden, in welchem die Cocapflanze wächst, aus einem schwärzlichen Lehm, der durch die Zersetzung des Schiefers entstanden ist, welcher den geologischen Grundzug des Gebirges bildet. Nach achtzehn Monaten geben die Pflanzen die erste Ernte und können dann fast vierzig Jahre lang

---

*) Jussieu war der erste, der 1750 Exemplare dieser Pflanze nach Europa schickte. Dr. Webbell vermuthet, daß das coca von dem Aymara-Worte khoka, Baum, d. i. Baum par excellence, herkomme. Doch schreibt der Inca-Historiker Garcilasso de la Bega: „cuca".

nußbar bleiben. Die erste Ernte, wobei man, um nicht die Wurzeln der zarten Pflanzen zu zerstören, die Blätter sehr vorsichtig
einzeln abpflückt, heißt quita calzon, während die folgenden Ernten, die sich jährlich drei- auch viermal wiederholen, mitta (b. i.
Zeit) genannt werden. Am ergiebigsten ist die Märzernte, unmittelbar nach der Regenzeit, am spärlichsten die Juniernte, mitta de
San Juan genannt; die dritte Ernte, mitta de Santos genannt,
fällt in den October oder November. Bei hinreichender Bewässerung genügen vierzehn Tage, die Pflanzen mit frischen Blättern
zu bedecken. Die Ernte wird von Frauen und Kindern besorgt.

Die grünen Blätter, matu genannt, werden in ein Tuch gelegt,
womit jeder Pflücker versehen ist, und dann auf dem zum Trocknen
bestimmten Platze (matu-cancha) sorgfältig ausgebreitet. Das
getrocknete Blatt heißt coca. Der zum Trocknen bestimmte Raum
ist aus Schieferfliesen gebildet und sobald die Blätter gänzlich getrocknet sind, werden sie in cestos oder Säcke genäht, die aus
Pisangblättern gefertigt sind, außerdem noch durch eine äußere Hülle
von Leinen gesichert werden und deren jeder zwanzig Pfund wiegt.
Der Sack coca wird in Sandia für acht Dollars verkauft, während in Huanuco die Arroba (25 Pfund) fünf Dollars kostet.
Pöppig berechnete den Gewinn einer Coca-Pflanzung auf 45
Procent.

In heißen feuchten Lagen erzielt man die reichlichsten Ernten,
doch wird das an trockenen Plätzen, an den Bergabhängen gewach-
sene Blatt für das wohlschmeckendste gehalten. Das Trocknen erfordert die größte Sorgfalt, denn wenn die Blätter bei zu viel
Sonne zusammentrocknen, verlieren sie ihren Geschmack, während
sie feucht verpackt sehr leicht stinkend werden.

Acosta sagt, daß zu seiner Zeit der Coca-Handel in Potosi
jährlich 500,000 Dollars werth gewesen sei und daß im Jahre
1683 die Indianer 100,000 Cestos Coca verzehrt hätten, wovon
in Cujco ein jeder 2½, in Potosi 4 Dollars gekostet habe. Im
Jahre 1591 wurde die Coca mit einer Steuer von 5 Procent belegt und im Jahre 1746 und 1750 brachte diese Steuer 8000 be-
züglich 500 Dollars von Carabaya allein. Zwischen den Jahren

17*

1785 und 1795 wurde der Coca-Handel in dem peruanischen
Vicekönigreich auf 1,207,430 Dollars veranschlagt, mit Einschluß
des Handels von Buenos-Ayres auf 2,641,487 Dollars. In dem
District Sandia giebt es zwei Arten von Coca, die von Ypara und
die von Haiun-Punta, die ein größeres Blatt hat. Der Ertrag
beträgt jährlich 45,000 Cestos. Der Coca-Handel ist in Bolivia
ein Regierungsmonopol; der Staat hat sich das Recht vorbehalten,
von den Producenten zu kaufen und an die Consumenten zu verkaufen. Dieses Recht wird gewöhnlich an den Meistbietenden ver-
pachtet. Im Jahre 1850 brachte die Coca-Steuer dem Staatseinkommen von Bolivia 200,000 Dollars.

Die Coca-Production in Peru beträgt annähernd jährlich
15,000,000 Pfund, durchschnittlich 800 Pfund auf den Acker;
mehr als 10,000,000 Pfund werden jährlich in Bolivia erzeugt,
so daß der jährliche Coca-Ertrag in ganz Südamerika, einschließ-
lich Peru, Bolivia, Ecuador und Chesto auf 30,000,000 Pfund
veranschlagt werden kann. In Tacna kosten 50 Pfund 9 bis 12
Dollars; die Schwankungen des Preises werden durch die leicht
verderbliche Beschaffenheit der Waare verursacht, die sich auf längere Zeit nicht in Vorrath aufbewahren läßt. Die Coca hält sich
an der Küste durchschnittlich fünf Monate; nach dieser Zeit verliert
sie, wie es heißt, an Geschmack und wird von den Indianern als
werthlos verworfen.

Der Glaube an die außerordentliche Wunderkraft der Coca ist
bei den peruanischen Indianern so mächtig, daß man in der Provinz Huanaco, wenn ein Sterbender ein auf seine Zunge gelegtes
Blatt zu schmecken vermag, dies für ein untrügliches Zeichen seiner
zukünftigen Glückseligkeit hält.

Jeder Indianer hat seinen, aus Lamatuch gefertigten, roth-
blauen und mit Quasten geschmückten chuspa oder Coca-Beutel
an seiner Seite hängen, und wenn er Coca kauen will, setzt er sich
nieder, nimmt den Beutel vor sich, steckt die Blätter eines nach
dem andern in den Mund und kaut und dreht sie so lange bis er
eine Kugel gebildet hat. Hierzu bedient er sich einer kleinen Quantität kohlensauren Kalis, das aus dem Stengel der Quinoa-Pflanze

gewonnen wird. Man verbrennt denselben, mischt die Asche mit Kalk und Wasser und formt aus dieser Masse kleine Kuchen oder spitzige Klumpen (llipta), die getrocknet und dann in einer hörnernen, zuweilen auch silbernen Büchse ebenfalls in der „Chuspa" aufbewahrt werden. Diese Kuchen schabt man mit einem spitzigen Instrument und streut das Pulver auf das Kügelchen der Coca-Blätter. Das geschieht während der Tagesarbeit gewöhnlich dreimal und jeder Indianer verbraucht täglich ungefähr drei Unzen Coca.

In den Bergwerken der kalten Region der Anden ist Coca für die Indianer ein Genußmittel von großem Werthe; der laufende chasqui oder Bote hat auf seinen langen Reisen über Gebirge und durch Einöden keine andere Nahrung als den Inhalt seines Coca-Beutels und etwas Mais; ebenso der Hirt, der auf den Hochebenen seine Schafe weidet. Das Coca-Blatt hat einen angenehmen aromatischen Geruch und strömt, wenn man es kaut, einen noch lieblicheren Duft aus, der mit einem leichten, auf den Speichel wirkenden Reiz verbunden ist. Sein Genuß hat die Wirkung, daß man bei sehr geringer Nahrung ein sehr großes Maß von Anstrengungen ertragen und ohne Athmungsbeschwerden die steilsten Berghöhen erklimmen kann. Aus Coca-Blättern bereiteter Thee schmeckt fast wie grüner Thee und hat, bei Nacht getrunken, in hohem Grade die Eigenschaft, wach zu erhalten. Aeußerlich angewendet lindert Coca durch Erkältung entstandene rheumatische Schmerzen und heilt Kopfweh. Im Uebermaß genossen ist Coca wie Alles der Gesundheit nachtheilig, doch ist von allen narcotischen Genußmitteln der Menschen die Coca das unschädlichste, das lieblichste und kräftigendste. Der wirkende Grundstoff des Coca-Blattes ist vor einigen Jahren von Dr. Niemann ausgeschieden und „Cocaïn" genannt worden. Reines Cocaïn krystallisirt sehr schwer, ist in Wasser nur wenig auflösbar, leicht auflösbar dagegen in Alkohol und noch leichter in Aether.

Ich kaute Coca, seit meiner Abreise von Sandia, zwar nicht beständig, aber doch sehr häufig und fand, abgesehen von seiner angenehmen Wirkung, daß ich mit weit geringerer Unbequemlichkeit, als es sonst der Fall gewesen sein würde, lange ohne Nahrung bleiben und mit einem Gefühl der Leichtigkeit und Elasticität und ohne den Athem zu verlieren die steilsten Höhen überwinden konnte. Man könnte dieser Eigenschaften wegen das Coca-Kauen allen Alpenreisenden und überhaupt allen Fußreisenden empfehlen, wahrscheinlich aber würden die Blätter durch die Seereise viel von ihrer Kraft verlieren; für die peruanischen Indianer dagegen, die sich die Blätter schon einige Wochen nach der Ernte verschaffen können, ist die Coca eine leicht zu erlangende Erquickung, deren wohlthätige Wirkung nicht zu verkennen ist.

Achtes Kapitel.

Carovaya. — Allgemeine Bemerkungen über die Chinchona-Wälder.

Am Morgen des 27. April gingen wir auf einer kunstlosen Brücke über den Huari-huari und begannen die Ersteigung des jenseitigen steilen Gebirges. Der Weg führte anfänglich durch einen dichten Wald und dann zu dem grasbedeckten Hochland empor, bis wir, nachdem mehrmals Halt gemacht worden war, den Gipfel der Bergkette erreichten. Wir hatten von hier aus nach allen Seiten hin eine sehr weite Aussicht. Hinter unzähligem Reihen von hintereinander liegenden Bergrücken erhoben sich im Hintergrunde ungeheure Schneegipfel und mehr als tausend Fuß unterhalb schlängelten sich der Sandia und Huari-huari, nur noch als glänzende Faden kenntlich, durch die gewundenen Schluchten. Wir hatten jetzt die „Pajonales" erreicht und befanden uns auf einer Bergkette zwischen den Flüssen Laccani und San Lorenzo, die sich mit dem Huari-huari vereinigen. Es war eine grasbewachsene, verhältnißmäßig kalte Gegend und das hier und da sich erhebende Dickicht bildete gewissermaßen den Schopf der tropischen Wälder, welche die Wände der Schluchten bekleiden, durch welche sich tief unten die Flüsse dahin winden.

Bei Sonnenschein geben diese „Pajonales" eine sehr anmuthige Landschaft; die Grasflächen, mit hübschen milchweißen Blumen (sayri - sayri) geschmückt, sind von dichtem Gebüsch durchschnitten, das bald in Spalten und Wasserfurchen wächst, bald, wie in englischen Parks, in Gruppen sich zusammendrängt, während die anmuthigen Wipfel der Palmen und Farnbäume über alle übrigen Bäume emporstreben. Hier und da liegt am Saume eines Dickichts ein dunkler kleiner Teich, über welchen Chinchona- und Huaturu-Bäume ihre Zweige neigen; überall im Vordergrund öffnen sich die waldbewachsenen Schluchten und die Ferne begrenzen großartige Gebirgsreihen.

Die Vegetation der Dickichte in diesen „Pajonales" besteht aus Palmen, Farnbäumen, Melastomaceen mit prächtigen Blumen, allerliebsten Ericaceen, Vacciniem, Huaturu- oder Weihrauchbäumen und der Chinchona Caravayensis und einigen anderen Arten. Die C. Caravayensis, eine werthlose Species, hat Rispen von schönen rosigen Blumen, große haarige Samenkapseln und lanzenförmige Blätter, die oberhalb glatt und von purpurrothen Adern durchzogen, unterhalb haarig sind. Sie kann wahrscheinlich größere Kälte vertragen als irgend eine andere Chinchona-Art.

Wir verbrachten den Nachmittag unter ziemlich erfolglosen Bemühungen, Pflanzen der strauchartigen C. Calisaya aufzufinden. Zwar fanden wir bei Durchsuchung der Dickichte ein einzelnes Exemplar, das offenbar zur Species Calisaya gehörte; aber es war 5680 Fuß über dem Meere wachsend kein Strauch, sondern ein Baum, der fast neunzehn Fuß hoch war und zwei Fuß über dem Boden acht und einen halben Zoll im Umfang hatte. Ich war ungewiß, ob derselbe zu der Baumgattung (Calisaya vera) oder zur Strauchgattung (Calisaya Josephiana) gehört, denn Weddell giebt die Höhe der letzteren nur auf acht bis zehn Fuß an.

An dem Ufer eines der dunklen von überhängenden Zweigen beschatteten Teiche fanden wir eine Hütte, die aus einem plumpen aus Gras gebildeten und von vier Pfählen getragenen Dache bestand, und hier schlugen wir unser Nachtlager auf. Die Hütte war wahrscheinlich von einigen Weihrauchsammlern aus Bolivia erbaut worden, die diese Wildnisse von Zeit zu Zeit durchstreifen. Von diesem Punkte aus war meinen Indianern der Weg nach dem

Tambopata-Thale unbekannt. Derselbe war seit der Zeit des Rindenhandels, der vor ungefähr fünfzehn Jahren aufgehört hatte,
nicht mehr betreten worden, und man vermuthete, daß der Wald
ihn völlig geschlossen und überwuchert habe. Ich verließ daher sehr
früh am Morgen mit Andres Bilca unsern Lagerplay, um zu
kundschaften. Der Bergrücken, den wir verfolgten, war nicht eben,
sondern wie eine Säge ausgezackt und sehr beschwerlich. Nachdem
wir eine Strecke von ungefähr anderthalb Stunden zurückgelegt
hatten, endete dieser Bergrücken an einer querlaufenden niedrigeren
Bergkette, welche die auf der andern Seite des San Lorenzo und
Laccani sich erhebenden Gebirge verbindet und die Schluchten ab-
schließend, die Quellen dieser Flüsse enthält. Diese Bergkette, Marun-
kunka genannt, ist mit dichtem Walde bedeckt, in welchem wir
uns alsbald den Weg bahnten. Für die ersten hundert Schritte
stemmten sich uns in der Gestalt dicht gedrängt liegender umgefal-
lener Bambusrohre mächtige Hindernisse entgegen und dann verfolgten wir den Lauf eines Baches, der in den Felsen einschneidend
einen vier bis sechs Fuß tiefen und gegen drei Fuß breiten Pfad
bildete, welcher von einem Geflecht dichter Farnkräuter und den
Wurzeln riesenhafter Waldbäume überwölbt und unterhalb mit
einem zwei Fuß hohen zähen Schlamm bedeckt war. An manchen
Stellen war es zur Mittagszeit fast dunkel, während es an andern
den Sonnenstrahlen gelang, das dichte Farnkraut-Geflecht zu durch-
dringen und dem düsteren Pfad ein bleiches Licht zu spenden. Der
ganze Weg hatte etwas Zauberhaftes, Unheimliches. Nach mehrstündigem, mühsamem Wandern hatten wir endlich die Bergkette
Marun-kunka überschritten und gelangten auf ein anderes „Paju-
nal" auf der Ostseite, wo sich eine großartige Aussicht auf die
Wälder von Tambopata und die Schneegipfel der Cordilleren oberhalb Quiaca und Sina öffnete.

Wir brachten den Nachmittag wieder darauf zu, in den Büschen
Pflanzen der Calisaya Josephiana zu suchen; die C. Caravayensis
war in Menge vorhanden; auch an Pflanzen der strauchartigen Calisaya und an einigen Normalbäumen der Calisaya von 20 bis
30 Fuß Höhe fehlte es nicht. Es lag diese Gegend 5600 Fuß über

dem Meere. Später am Tage zogen wir weiter und der sehr beschwerliche Weg führte uns theils über grasige Pajonales, theils wieder durch ebenso dicht verwachsene Wälder wie auf dem Marun-tunka. In einem dieser Wälder fand ich einen Calisaya-Baum, der 38 Fuß hoch war und ungefähr drei Fuß über dem dick mit Laub bedeckten Boden einen Fuß drei Zoll in Umfang hatte. Endlich begannen wir in das Tambopata-Thal hinabzusteigen; 1200 Fuß tief führte der Weg über schlüpferiges Gras und Gestein, dann durch einen Waldgürtel, bis wir plötzlich auf einen offenen Raum am Ufer des großen reißenden Flusses gelangten, wo eine Bambus-hütte stand. Sie war von einer kleinen Coca- und Zuckerrohr-pflanzung umgeben, aber ihr Bewohner war abwesend. Mit rührendem Vertrauen hatte er die Thüre seiner Hütte offen gelassen und meine Indianer machten es sich bequem, während ich mit Weir das Zelt aufschlug.

Der Fluß Tambopata, von der Farm Saqui an der Grenze von Bolivia herabkommend, fließt hier in nördlicher Richtung. Den Fluß aufwärts sah ich einiges Rodeland, abwärts aber gab es nichts als Urwald. Zu beiden Seiten erhob sich eine großartige mit prächtigem Walde bedeckte Gebirgskette und durch die Mitte der Schlucht brauste der reißende hochgeschwellte Fluß. Das Gestein aller Gebirgsketten zwischen den Flüssen Huari-huari und Tambopata ist ein gelber Thonschiefer mit Massen von weißem Quarz.

Früh am Morgen zogen wir weiter nach dem Thale hinab. Wir kamen durch einen Wald prächtiger Bäume und an der Tambo-pata-Hütte vorüber, die mir von Dr. Weddell als der Punkt bezeichnet worden war, wo sich zu seiner Zeit die „Cascarilleros" oder Rindensammler hauptsächlich versammelt hatten. Nachdem wir durch den kleinen Fluß Llami-llami gewatet waren, der sich mit dem Tambopata vereinigt, kamen wir auf eine kleine mit Zucker-rohr bepflanzte Lichtung. Diese Pflanzung, die erst im December 1859 angelegt worden war und nach dieser Richtung den äußersten Posten der Civilisation bildete, war das Eigenthum eines unternehmenden und gefälligen alten Boliviers, Namens Don Juan de

la Cruz Gironda, der mit zwei jungen Söhnen und einigen Indianern in einer an zwei Seiten offenen Hütte wohnte und eifrig
damit beschäftigt war, Wald zu lichten, Zuckerrohr zu bauen und
mit einem von ihm selber hergestellten Brennzeug Rum zu bereiten.
Außer Zuckerrohr baute er noch Mais und eßbare Wurzeln und
begann bei unserer Ankunft eben seine „miahca" oder kleine Maisaussaat. Seine Leute machten mit langen Stangen ungefähr einen
Fuß tiefe Löcher in den Boden, die vier bis sechs Körner auf-
nahmen und dann wieder geschlossen wurden. Diese Löcher sind
vier Fuß von einander entfernt, denn der Mais erreicht hier eine
ungeheure Höhe. Die Ackerwerkzeuge waren von der urthümlich-
sten Art. Gironda verwendet den kleinen Ertrag seiner Zuckerrohr-
Pflanzung bis jetzt ausschließlich zur Bereitung von Spiritus oder
Rum und etwas Sirup. Das Rohr wird mittelst einer sehr einfachen Mühle ausgepreßt.

Gironda gab mir nachstehenden Nachweis über Klima und
Jahreszeit im Thale Tambopata, der einige Beachtung verdient,
da dieses Thal der eigentliche Mittelpunkt der Region der C. Calisaya ist:

Januar: Unaufhörlicher Regen mit feuchter Wärme bei Tag
und Nacht. Sonne fast immer verhüllt. Früchte reifen.

Februar: Unaufhörlicher Regen. Große Hitze. Sonne immer
verhüllt. Eine Coca-Ernte.

März: Weniger Regen; heiße Tage und Nächte; wenig Sonne.
Während der Regenzeit die meisten Bananen.

April: Weniger Regen; Hitze, feuchte Nächte und wenig Sonnenschein.

Mai: Ein regnerischer Monat, aber ohne heftigen und anhal-
tenden Regen. Die Zeit zum Pflanzen der Coca und des
Zuckerrohrs, und zur sogenannten „Michca" oder kleinen
Maissaal, sowie zur Saal von Yucas, Aracachas, Camotes
und anderer Wurzeln. Die Kaffee-Ernte beginnt.

Juni: Ein trockner heißer Monat; viel Sonne und wenig Regen. Coca-Ernte; Orangen und „Paccays" reifen. Kühle
Nächte, aber während des Tages ungeheure Hitze.

Juli: Der heißeste und trockenste Monat, aber mit kühlen Nächten. Selten Regenschauer. Zeit zum Säen der Kürbisse und Wassermelonen.

August: Gewöhnlich trocken. Baumblüthe. Monat zum Pflanzen.

September: Anfang der Regenzeit. Blüthezeit vieler Bäume. Coca-Ernte.

October: Zunehmender Regen. Mais-Ernte und Zeit zur „sembra grande" oder großen Maisaussaat.

November: Heftige Regen. Eine Coca-Ernte.

December: Heftige Regen. Kürbisse reifen.

Die Bewohner des Thales Tambopata bestehen aus Gironda, seinen zwei Knaben, einem gewissen Victorio Jovi Villalba und dem Cascarillero Martinez. Ein anderer Cascarillero, Namens Ximenes, war kurz vorher gestorben. Sie leben mit ihren Familien an einem Punkte, der Huaccay-churu heißt, ungefähr eine Viertelstunde am Llami-Uami-Flusse aufwärts, wo es einige Hütten und eine kleine Waldlichtung giebt. Gironda's kleine Farm ist die äußerste bewohnte Stätte; jenseit derselben beginnt der endlose Urwald, der sich hunderte von Meilen nach der Küste des atlantischen Oceans erstreckt. Dieser Wald ist seit dem Jahre 1847, wo der Rindenhandel aufhörte, nicht durchwandert worden und ist völlig geschlossen.

Nachdem am Tage unserer Abreise von Sandia einer meiner Indianer entlaufen war, hatten die drei anderen und Pablo Sevallos die Vorräthe und anderen Reisebedürfnisse kaum noch fortbringen können; ich fand daher als ich Gironda's Lichtung erreichte, die Lenco-Huayccu heißt, daß ich nur noch auf sechs Tage Lebensmittel hatte. Gironda war nicht viel besser daran und lebte von Wurzeln und „Chunus" oder Kartoffeln, die man, um sie zu erhalten, in den höheren Gegenden der Anden gefrieren läßt. Ich beschloß jedoch, zur Aufsuchung von Chinchona-Pflanzen, auf sechs Tage in den Wald einzudringen und mich hinsichtlich der Erlangung neuer Lebensmittel für die Rückreise nach Sandia auf Gironda's Gefälligkeit zu verlassen.

Ich war so glücklich, den Beistand des erfahrenen Cascarillero Mariano Martinez zu gewinnen, der schon dem Dr. Weddell bei dessen Besuche des Thales im Jahre 1846 als Führer gedient hatte. Er kannte sehr genau alle verschiedenen Arten der Chinchona-Bäume; war in dieser Waldeinsamkeit aufgewachsen und daher ein ausgezeichneter und erfahrener Waidmann, verständig, nüchtern, thätig und gefällig.

Am 1. Mai rüsteten wir uns zum Eintritt in den dicht verwachsenen Wald, den noch nie ein Europäer und außer den „Colla-huayas" oder Weihrauchsammlern seit dreizehn Jahren kaum ein menschliches Wesen betreten hatte, und nachdem wir hier bis zum 11. Mai, mit Einrechnung der Pflanzen, die wir auf unserem Rückwege über die Bajonales zu sammeln gedachten, eine zur Füllung der in Islay bereit gehaltenen Gefäße genügende Anzahl von Chinchona-Pflanzen zusammengebracht hatten, so ging Weir nach unserer Rückkehr auf Gironda's Pflanzung, alsbald ans Werk, die Pflanzen sorgfältig in Moos zu verpacken, worauf sie in Matten eingenäht werden sollten. Ich selber begab mich inzwischen nach einer kleinen Lichtung einige Leguas in der Schlucht aufwärts, wo ein junger Mann, ein Neffe Gironda's wie ich gehört, eine C. Calisaya gepflanzt hatte. Die Lichtung lag auf einem steilen zum Flusse sich hinabneigenden Abhange und ihr einsamer Bewohner hatte sie zum Theil mit Kaffee und Coca bestellt. Der erwähnte Baum, eine Calisaya morada, war im Jahre 1859 als zwölf Zoll langer Wurzelschößling gepflanzt worden und war jetzt sieben Fuß hoch, während sein Stamm einen Umfang von 6½o Zoll hatte und die Ausdehnung der längsten Zweige von einer Seite des Stammes bis zur anderen drei Fuß drei Zoll betrug. Er stand an einem steilen Abhange und am Rande einer Lichtung, nach Süden, Osten und Südosten ganz frei, während dicht hinter ihm, im Norden und Westen, waldbedeckte mächtige Gebirge sich erhoben. Der Boden, in welchem er wurzelte, bestand aus einem steifen gelblichen Lehm, zusammengesetzt aus vegetabilischen Stoffen und einer Zersetzung des weichen Thonschiefers. Es ist dies wahrscheinlich der einzige angepflanzte Chinchona-Baum in Peru. Auf dem Rückwege nach Lenco-huayccu fah ich eine Schaar von „Alectors", großen den Truthühnern ähnlichen Vögeln, und sehr viele Papageien, und als ich Gironda's Pflanzung erreichte, fand ich, daß Weir unsere Pflanzen bereits in Mattenbündel verpackt hatte, und daß wir somit schon am nächsten Morgen nach Sandia aufbrechen konnten.

Meine in den Chinchona-Wäldern angestellten Beobachtungen umfaßten eine Strecke von vierzig engl. Meilen längs der westlichen und eine Tagereise längs der östlichen Seite der Tambopata-Schlucht. Diese Gegend ist mit geringer Ausnahme von dem Ufer des Flusses bis empor zu den Gebirgsgipfeln mit dichtem tropischen Walde bedeckt. Die Formation ist überall, wie ich schon vorher bemerkt habe, ein nicht fossiler, glimmerartiger, wenig eisenhaltiger metamorphosirender Thonschiefer mit Quarzadern und die Flüsse enthalten sämmtlich mehr oder weniger Goldstaub. Dem Wetter ausgesetzt, verwandelt sich dieser Thonschiefer schnell in einen zähen gelben Lehm, weiter unten ist er sehr brüchig und zerbricht leicht in dünne Schichten. Der durch die Zersetzung des Gesteins gebildete und mit vegetabilischen Stoffen gemischte Boden ist ein schwerer, gelblich brauner Lehm, aber es ist an den felsigen Wänden der Schlucht sehr wenig davon zu finden, wie es hier, an den wenigen ebenen Stellen und sanfteren Abhängen in der Nähe der Flußufer ausgenommen, überhaupt keinen Boden von einiger Tiefe giebt. Forbes schreibt, indem er der großen Ausdehnung der silurischen Formation gedenkt, von welcher die Tambopata-Berge einen Theil bilden, das häufige Vorkommen goldhaltiger, gewöhnlich mit Pyriten verbundener Quarzadern der Nähe von Granit zu, von wo sie in die silurischen Schiefer eingedrängt worden sind. Bei der Abkühlung und Festigung des Granits ist der Quarz dasjenige mineralische Element, das zuletzt krystallisirt und fest wird, und Forbes vermuthet, daß während der Abkühlung die durch die Krystallisation der Bestandtheile veranlaßte Ausdehnung den Quarz und das Gold in noch flüssigem Zustande in die Spaltungen der benachbarten Gebirge eingedrängt und so die goldhaltigen Quarzadern gebildet habe. Dieselben sind nur in den Schieferfelsen entwickelt, welche, wenn solche Adern vorkommen, in der

Nähe von entweder sichtbaren oder voraussichtlich vorhandenen Granit-Eruptionen befindlich sein müssen.

Die Chinchona-Wälder, die ich in dem Tambopata-Thale untersuchte, liegen zwischen 13° und 12° 30′ südl. Br. An den Ufern des Flusses betrug die Meereshöhe 4200 Fuß, während die höchsten Gipfel der denselben überhangenden Berge eine Höhe von ungefähr 5000 Fuß erreichten. Ich habe oben (Seite 266 und 267) eine allgemeine Uebersicht von der Beschaffenheit des Klima's während des ganzen Jahres gegeben, und mein Aufenthalt war von zu kurzer Dauer, als daß ich einen umständlicheren Nachweis über die einzelnen Monate geben könnte; doch habe ich nicht verfehlt, während meines Aufenthaltes in dem Thale sorgfältige Beobachtungen anzustellen, die wenigstens das während des Maimonats herrschende Klima genauer erkennen lassen. Das Ergebniß dieser Beobachtungen war während der ersten Hälfte des Mai folgendes:

Mittle Temperatur . . . . . 69⅝° F.

     „   „   7 Uhr Morgens   66°   „

     „   „   3 „ Nachm. . 71½° „

     „   „   9 „ Abends . 69° „

Mittles Minimum bei Nacht . . 62⅗° „

Höchster Temperaturgrad . . . 75° „

Niedrigster   „   . . . . 56° „

Variation im Ganzen . . . . 19° „

Mittle Variation in 24 Stunden . 10½° „

Größte   „   „   „ . . 15° „

Geringste . „   „ . . . . 6° „

Der Wind weht gewöhnlich während der Tageszeit im Thale aufwärts und die aufsteigenden Wolken werden von der kühleren Nachtluft verdichtet. Wir hatten daher bei Nacht fast durchgängig Regen, gewöhnlich heftige Regengüsse, aber zuweilen auch nur Sprühregen, die meist bis zum Vormittag anhielten. Gegen Mittag klärte sich das Wetter zu einem schönen Nachmittag und nur zweimal regnete es den ganzen Tag. Das Thal und der Lauf des Flusses liegen nordnordwestlich und südsüdöstlich.

Die drei werthvolleren Species der in Tambopata heimischen Chinchonas wachsen in verschiedenen Höhenzonen und in Gesellschaft anderer chinchonaartiger Pflanzen an den abhängigen Wänden der Schlucht. Von den Ufern des Flusses bis zu einer Höhe von ungefähr 400 Fuß besteht der Wald aus Bambus, verschiedenen Palmenarten, Farnbäumen, Paccays und anderen Leguminosen, Lastonemas, Cascarilla Carua, der Chinchona micrantha und dem chinchonaartigen Baum, den Martinez Huidapu nannte. Das ist die niedere Zone. Die C. micrantha, die Martinez verde pallaja und molosolo nannte*), war im Mai in Blüthe. Ich fand sie durchgehends an feuchten, niedrigen Stellen, und mehrere Bäume dieser Art breiteten ihre großen eiförmigen Blätter und weißen, duftigen Blumenbüschel sogar unmittelbar über den Fluß. Die C. micrantha giebt eine gute Rinde und ich sammelte sieben gute Pflanzen dieser Species.

Die mittle Zone liegt in einer Höhe von 400 bis 600 Fuß über dem Flusse und enthält die Calisaya-Pflanzen. Hier besteht die Vegetation hauptsächlich aus ungeheuren Balsam- und Federharzbäumen, Hualucus, Melastomaceen, Aceite de Maria (Eloeagia Mariae), Compadre de Calisaya (Gomphosia chlorantha) und einzelnen Bäumen der Cascarilla Carua, die eigentlich der niedern Zone angehören. Die jungen Bäume der C. Calisaya wachsen hier in Menge, aber die Cascarilleros hatten in früheren Jahren offenbar tüchtig Hand ans Werk gelegt, denn jeder einzelne Baum von einiger Größe war gefällt worden, obgleich viele der Wurzelschößlinge wieder eine Höhe von 20 und 30 Fuß erreicht hatten und mit Samenkapseln tragenden Rispen bedeckt waren. Diese werthvollen Bäume waren am häufigsten unter den hier und da hervorragenden Felsenrücken, wo der Boden nicht so dicht mit Pflanzenwuchs bedeckt war und die jungen Pflanzen hinreichend Licht und Luft hatten, aber auch zugleich durch die Zweige höherer Bäume gegen die unmittelbare Einwirkung der Sonnenstrahlen geschützt

---

*) Dr. Weddell hielt sie für eine von der C. micrantha von Huanuco verschiedene Species und nannte sie C. Assinia.

waren. Die Calisaya-Pflanzen auf dem Abhange Crasa-fant hatten jedoch gar keinen Schatten und waren mit Samenkapseln bedeckt. Die C. Calisaya ist unstreitig der schönste Baum dieser Wälder. Seine Blätter sind dunkelgrün, glatt und glänzend, mit hoch-rothen Adern und einem grünen, roth eingefaßten Stiele, während die köstlich duftenden Blumenbüschel eine weiße Farbe, rosenfarbige Zacken und weiße Randhaare haben. Aber es ist wohl kaum zu bezweifeln, daß wir diese Bäume in diesen Wäldern nicht eben zu ihrem Vortheile sehen; sie waren hoch aufgeschossen, als hätten sie Sonne, mehr Licht und Luft und einen tiefern und reichern Boden gesucht. Martiueg theilte mir mit, daß die Calisaya, wenn sie zu sehr von andern Bäumen überschattet werde, die rothe Farbe der Stiele und Blattadern verliere und daß fünfzehn Leguas am Flusse abwärts (ich vermuthe ungefähr 4000 Fuß über dem Meere) die Blätter der Calisaya morada auf der ganzen untern Seite purpurroth würden.

Gironda sowohl als auch Martineg sagten mir, daß es drei Arten vom Calisaya-Baum gebe, nämlich die Calisaya fina (C. Calisaya vera Wedd.), die Calisaya morada (C. Boliviana Wedd.) und die hohe Calisaya verde. Von letzterer sagten sie, es sei ein sehr großer Baum, der keine rothfarbigen Blattadern habe und gewöhnlich tief unten in den Thälern, fast in den offenen Ebenen wachse. Ein Baum von dieser Varietät soll sechs bis sieben Centner Rinde geben, während die Calisaya fina nur drei oder vier Centner giebt. Gironda wollte in der bolivianischen Provinz Muneros einen solchen Baum gesehen haben, der zehn Centner „Tabla" oder Stammrinde gegeben habe.

Meine Bemerkungen hinsichtlich des Standes der C. Calisaya an den Wänden der Schlucht beziehen sich nur auf den Wald un-terhalb Lenco-huaycu; oberhalb dieser Lage findet man sie nicht hoch an den Wänden der Gebirge, wahrscheinlich weil dieselben hier der Schneeregion der Cordilleren näher liegen. Der nächste Schnee mag, nach dem Fluge der Krähe berechnet, ungefähr vierzig englische Meilen von Lenco-huaycu entfernt sein. Ich fand auch, daß die Calisaya fina am Jana-mayu sehr zahlreich vertreten war,

während die Calisaya morada in dem oberen Theile der Schlucht
besonders reichlich vorkam. Aber es war für ein ungeübtes Auge
sehr schwierig, auch nur den geringsten Unterschied zwischen diesen
zwei Varietäten zu entdecken; erst wenn man die Blätter neben
einander legte, war allenfalls zu erkennen, daß das Blatt der morada um einen Schatten dunkler grün war. Dr. Weddell hat in
seinem Werke die Calisaya morada als eine verschiedene Species
Chinchona Boliviana genannt, ist aber jetzt, wie ich vernehme, der
Ansicht, daß sie kaum mehr als eine Varietät der Calisaya vera
sei, da ihre Rinde meistens als die der letzteren gesammelt und
verkauft wird. Keine von allen Pflanzen, die ich im Walde sah,
ließ sich hinsichtlich der Kraft und Regelmäßigkeit des Wuchses mit
den Bäumen vergleichen, die Gironda's Neffe am Rande einer
Lichtung gepflanzt hatte, und ich glaube, das kann als Beweis
dienen, daß ein genügendes Maß von Licht und Luft für das kräf-
tige Wachsthum der C. Calisaya unentbehrlich ist, so lange es
hinreichende Feuchtigkeit und in den ersten zwei Jahren genügenden
Schutz gegen die sengenden Sonnenstrahlen giebt. Die C. Calisaya
ist ohne Zweifel die zarteste und empfindlichste von allen Species
der Chinchona.

Oberhalb der Waldregion, wo die C. Calisaya wächst, liegt
die dritte oder obere Region von 600 bis 800 Fuß über dem
Flusse. Hier, mitten in einer sehr dichten und feuchten Vegetation,
wo der Boden mit Farrnkräutern und Moosen bedeckt ist, findet
man zuerst die Bäume der C. pubescens und Pimentelia glomerata und etwas höher hinauf zahlreiche Bäume der zwei werthvollen Species der C. ovata, nämlich α) vulgaris und β) rußnervis,
mit sehr großen, eiförmigen Blättern, von welchen sich die der
letzteren Species durch dunkelrothe Adern auszeichnen. Mit ihnen
wächst die Cascarilla bullata, die noch etwas höher über die Linien
dieser Region hinausgeht. Die Rinde der Varietät β) rußnervis
wird gewöhnlich zur Fälschung der Calisaya benutzt, der sie sehr
ähnlich ist; sie wird von den Cáscarilleros zamba morada genannt, während die Varietät α) vulgaris unter dem Namen morada ordinaria bekannt ist. Martinez erzählte mir von der Lebens-

zähigkeit der Zamba morada; ein Zweig, den er weggeworfen, habe, auf dem Moose liegend, nach vierzehn Tagen, wo er ihn wiedergefunden, noch immer Keime getrieben. Beide Varietäten der C. ovata geben werthvolle Rinde.

Oberhalb der Zone der C. ovata und dem Schnee der Cordilleren näher (denn tiefer thalabwärts sind die Häupter der Gebirge mit Wald bedeckt) beginnen die offenen grasigen „Pajonales", die ich bereits beschrieben habe. Hier ist die Formation genau dieselbe wie im Thale Tambopata, und die Vegetation des Dickichts, das in den Einschnitten und Furchen wächst und die grasigen Lichtungen durchzieht, besteht aus Huaituru, Gaultheriae, Vacciniae, Lusiandrae und anderen Melastomaceen, Chinchonae, Palmen und Farnbäumen. Die Chinchonae bestehen aus C. Caravayensis und der strauchartigen Varietät der C. Calisaya, die von den Eingebornen ychu cascarilla genannt wird. Die Strauch-Calisaya (β Josephiana) ist gewöhnlich 6½ bis 10 Fuß hoch, aber ich fand ein nach meiner Meinung zu dieser Varietät gehöriges Pflanzen-Exemplar, das eine Höhe von 18½ Fuß erreicht hatte, und dies veranlaßt mich zu der Ansicht, daß diese strauchartige Calisaya überhaupt nicht als eine Varietät der eigentlichen C. Calisaya zu betrachten sein dürfte, sondern daß ihr weniger aufstrebender Wuchs wahrscheinlich nur eine Folge der höheren Lage und des rauheren Klima's ist. Weddell bemerkt, daß ihr Aussehen, je nach der Lage, in welcher sie gefunden werde, sehr verschieden sei, und daß Farbe und Beschaffenheit ihrer einzelnen Theile je nach dem Grade der Aussetzung sich veränderten. Ich fand die strauchartige Calisaya Ende April in Blüthe.

Unser Weg führte uns durch zwei Pajonal-Regionen, wovon die eine über dem Thale von Sandia und die zweite zwischen diesem und dem Thale von Tambopata lag. Die Meereshöhe der ersteren betrug 5422, die der letzteren 5600 Fuß. Es war zu Ende des Aprils und zu Anfang des Mais, als ich diese Gegenden bereiste und ich bereiste jede derselben zweimal, so daß ein Auszug aus meinen meteorologischen Beobachtungen, obgleich sie sich nur auf den 25. bis 28. April und auf einige Tage in der

Mitte des Mais beschränkten, einen ziemlich genauen Nachweis hinsichtlich des in dieser Jahreszeit herrschenden Klima's geben können.

Mittle Temperatur . . . . 59° F.
Mittles Minimum bei Nacht . . . . 52° „
Beobachteter höchster Temperaturgrad 67° „
„   niedrigster   „   49° „
Abweichung im Ganzen . . . . 18° „

Am frühen Morgen lagen gewöhnlich in den Schluchten große
Massen weißer Wolken, während am Nachmittag ein dichter mit
Sprühregen verbundener Nebel über das Pajonal zog.

Die strauchartigen Calisayas, die reichlich am Wege wuchsen,
waren vollkommen ohne Schuß und Schatten und der Berg, auf
welchem sie wuchsen, lag gegen Westen. Es ist ein Höhenunter-
schied von 1000 Fuß zwischen der Gegend, wo wir die strauchartige
Calisaya fanden, und der Region der eigentlichen Baum-Cali-
saya in den Wäldern von Tambopata; und das strauchartige Ge-
wächs ist auch dem Schnee der Cordilleren um viele Leguas näher.
Diese Umstände allein genügen, den Unterschied der Eigenthümlichkeit dieser zwei Formen der C. Calisaya zu erklären, und es ist
kaum zu bezweifeln, daß die Rinden der strauchartigen Chinchona-
Barietäten speciell gut sind, wenn ihr verbutttetes Wachsthum eine
Folge örtlicher Höhe ist.

Unsere Sammlung von Chinchona-Pflanzen war am 18.Mai
vollendet und die Tambopata-Wälder hatten uns folgende Ausbeute gewährt:

C. Calisaya (calisaya fina) . . . . 237 Pflanzen
C. Bolivia (calisaya morada) . . . . 185 „
C. ovata var. α vulgaris (zamba ordinaria) . 9 „
C. ovata var. β rußnervis (zamba morada) . 16 „
C. micrantha (verde pallaya) . . . . . 7 „
C. Calisaya var. β Josephiana (ychu cascarilla) 75 „

Im Ganzen 529 Pflanzen.

Neuntes Kapitel.

Reise von den Wäldern von Tambopata nach dem Hafen von Islay.

Am 11. Mai vollendete Herr Weir die Verpackung der Pflanzen und wir rüsteten uns, nachdem wir zuvor die Calisaya-Bäume ausgewählt hatten, von welchen wir im August Samen zu erlangen gedachten, für den nächsten Tag zur Reise nach den Pajonales, als Gironda einen ominösen Brief von Don José Mariano Bobadilla, dem Alcalde Municipal von Quiaca, empfing, der ihm befahl, mich nicht eine einzige Pflanze wegführen zu lassen, mich und denjenigen, der mir zum Führer gedient, zu verhaften und uns nach Quiaca zu senden. Ich erfuhr, daß Don Manuel Martel, der Mann, dem ich auf dem Wege nach Sandia begegnet war, ein allgemeines Geschrei gegen meine Unternehmungen erweckt hatte und daß die Bewohner von Sandia und Quiaca durch die Behauptung aufgereizt worden waren, die Ausführung von Cascarilla-Samen werde ihr und ihrer Nachkommen Verderben sein. So freundschaftlich und gastfrei sich Gironda nun auch bewiesen hatte, so fürchtete er doch als derjenige, der einem Fremden erlaubt habe, seine Landsleute zu beeinträchtigen, die allgemeine Erbitterung auf sich zu ziehn. Er verlangte, ich sollte sämmtliche Pflanzen wegwerfen bis auf einige wenige, die wir unbemerkt fortbringen könnten, und hätten wir unsere Schätze nicht fortwährend bewacht, so würde er, ohne uns weiter zu fragen, seine Absicht ausgeführt haben. Ich erkannte, daß in einem schleunigen Rückzuge die einzige Hoffnung lag unsere Pflanzen zu retten, und setzte unserm Wirthe auseinander, daß sein Verlangen ungerechtfertigt sei und daß wir nöthigenfalls unser Eigenthum mit Gewalt vertheidigen würden. Zugleich richtete ich einen Brief an Don José Bobadilla, worin ich ihm andeutete, daß seine Einmischung ein nicht zu rechtfertigendes Verfahren sei, dem ich mich nicht fügen würde, daß die Functionen der Juntas Municipales, soviel ich die Bestimmungen der Verfassung von 1856 verstände, rein consultativer und legislativer Art seien und keinerlei Executivgewalt umfaßten, und schließlich meine Anerkennung seines patriotischen Eifers, zugleich aber auch mein Bedauern aussprach, daß

derselbe mit einem so beklagenswerthen Verkennen der wahren Interessen seines Landes vereinigt sein könnte. Trotzdem aber behielt
ich die Ueberzeugung, daß schleunige Flucht unser einziges Rettungs-
mittel war, besonders als ich durch einen Indianer von Quiaca
Kunde erhielt, daß Martels Sohn und Genossen, die den Brief gebracht hatten, nur die Vorhut einer Anzahl Mestizen wären, welche
in dem Thale herabkämen, um mich zu ergreifen und meine Sammlung von Chinchona-Pflanzen zu zerstören.

So nahmen wir denn früh am Morgen des 12. Mai von unserm alten Freund Gironda, dessen gastfreundlicher Beistand uns vor
Hungersnoth bewahrt hatte, und von dem ehrlichen Martinez herz-
lichen Abschied. Gegen Gironda sprach ich mein aufrichtiges Bedauern
aus, daß am Schlusse unseres Beisammenseins noch ein Mißverständniß entstanden wäre, und Martinez versprach ich, dafür zu sorgen,
daß ihm wegen der Dienste, die er mir geleistet, keine Belästigung
widerführe. Die traurigste Zugabe des Reisens ist die Trennung von
Freunden auf Nimmerwiedersehn.

Nach einem beschwerlichen Aufsteigen durch den Wald trafen wir
Martels Sohn und seine Genossen an der Grenze des Pajonals.
Sie hatten uns offenbar erwartet, machten aber keinen Versuch, uns
aufzuhalten. Das Zurschautragen meines Revolvers mochte sehr
wirksam sein, war aber an sich ganz harmlos, da das Pulver völlig feucht war. Der junge Martel fragte die Indianer in der Quichua-Sprache, wie sie es wagen könnten, die Pflanzen zu tragen,
und rief ihnen nach, daß sie in Sandia ergriffen werden würden;
gegen mich selber aber war er höflich und wir zogen ungestört weiter, obgleich nicht ohne Besorgnisse hinsichtlich dessen, was uns in
Sandia erwartete.

Unser Weg führte durch dieselbe Gegend, die wir auf der Reise
nach dem Tambopata-Thale kennen gelernt hatten. Am Rande eines
Bergrückens widerfuhr uns der Unfall, daß das Lastmaulthier kopf-
über zwanzig Fuß lief in den Abgrund und in eine dichte Masse
von Bäumen und Gestrüpp stürzte. Wir sahen, wie das arme Thier
mit den Beinen in der Luft herumschlug, aber es dauerte lange,
ehe wir es erreichen konnten, und wir brauchten mehr als zwei

Stunden, ehe wir uns einen Weg gebahnt hatten, auf welchem wir
es wieder emporbringen konnten. Wir lagerten für die Nacht auf
dem Bajonal und erreichten am nächsten Tage nach einer beschwerlichen Wanderung von zwölf Stunden das Ypara-Tambo im Thale
Sandia. Herr Weir hatte unterwegs noch zwanzig Pflanzen der
Calisaya Josephiana gesammelt. Am 14. Mai setzten wir unsere
Reise nach Sandia fort und sammelten auf dem Bajonal von Pac-
cay-samana noch weitere fünfundzwanzig Pflanzen der Calisaya
Josephiana, größtentheils Samensprößlinge.

Das Wasser der zahlreichen Wasserfälle ist sehr erfrischend und
in seiner hellen Durchsichtigkeit ebenso schön wie wenn es in blendenden schneeweißen Strömen von den Felsen herabstürzt. Wir befanden uns jetzt überdies auch in dem Lande köstlicher Orangen und
Chirimoyas. Der gewöhnlichste Vogel in dem Thale von Sandia ist
der Cuchu, eine Art großer Krähe mit krächzender Stimme. Er
hat einen langen gelben Schnabel, grünlich braunen Körper und
eben solche Flügel, rothe Rumpffedern und einen langen hellgelben
Schwanz mit einem schwarzen Streif in der Mitte. Die Cuchus
treiben sich den jungen Mais fressend, auf den Feldern herum und
nisten auf den benachbarten Bäumen. Kolibris sind zahlreich und
sehr schön; ich sah auch einen kleinen weißlichen Habicht und hoch
über der Schlucht schwebten stolze Adler, die ihre Horste in den unzugänglichsten Theilen der hohen Klippen haben. Als wir am frühen
Morgen des 15. Mai Sandia näher kamen, trafen wir zahlreiche
Indianer mit ihren Weibern und Töchtern, die am Wege übernachtet hatten und entweder nach ihren Cocaernten unterwegs waren
oder von dort herkamen. Sie kochten sich über kleinen Feuern von
trockenem lustig knisterndem Holze zum Frühstück ihre Kartoffeln.
Zu beiden Seiten des Thales stiegen großartige steile Gebirge empor und unten im Thalesgrunde, wo der kleine Fluß dahinrieselt,
lag an einem Maisfelde eine von Blumen umgebene Hütte, vor
deren Thür ein Mädchen in ihrer lichtblauen wollenen Kleidung saß.

Nach unserer Ankunft in Sandia lag mir zuerst das Geschäft
ob, meine Indianer abzulohnen, worauf Vilca, Cauri und Quispi
heimgingen. Ich hatte in diesen meinen Mitarbeitern den indiani-

schen Charakter schätzen gelernt. Die Indianer sind unstreitig, und nach der Behandlung, die ihnen gewöhnlich von den Weißen zu Theil geworden ist, mit gutem Grunde, etwas mißtrauisch, aber willig, ausdauernd in der Arbeit, verständig, heiter, jederzeit bereit einander zu helfen, geschickt in der Herstellung von Nachtlagern, immer gutherzig gegen Thiere und im Ganzen sehr thätige und umgängliche Leute.

Die Dinge standen für mich in Sandia ziemlich bedenklich; die meisten Bewohner waren durch Briefe aus Quiaca angeregt, mich an der Fortsetzung meiner Reise mit den Chinchona-Pflanzen zu verhindern, und es war zum Schutze der vermeintlichen Landesinteressen gegen die Beeinträchtigung durch Fremde mit andern Juntas Municipales eine Art Bund geschlossen worden. Wahrscheinlich würden die ergriffenen Maßregeln auch den beabsichtigten Erfolg gehabt haben, hätte mir nicht ein gut Theil Glück zur Seite gestanden. Man verweigerte mir die nöthigen Maulthiere, außer zur Reise nach Crucero, wo wie ich wußte mein Feind Martel mir auflauerte, um mein weiteres Fortkommen aufzuhalten, bis die Pflanzen durch Frost verdorben sein würden. Ich war in Verzweiflung und dachte daran, die Reise zu Fuß anzutreten und mein eigenes Maulthier mit den vier Pflanzenbündeln zu belasten, als mir Don Manuel Mena im Vertrauen erklärte, daß er, wenn ich mich entschließen könnte ihm meine Flinte zu geben, einen Indianer schaffen würde, der mir Maulthiere besorgen und mich nach Vilque auf dem Wege nach Arequipa begleiten sollte. Ich ging diesen Handel bereitwillig ein und schickte, um Martel von meiner Fährte abzulenken, Herrn Weir und Pablo nach Crucero, während ich selber mit den Pflanzen auf dem am wenigsten besuchten Wege nach der Küste eilen wollte.

Es war in allen an den Chinchona-Wäldern gelegenen Dörfern in Caravaya wie in Bolivia Lärm geschlagen und damit, wie ich erkannte, meine Absicht, im August zurückzukehren um Samen zu sammeln, nachdrücklich vereitelt worden. Martel hatte an alle Städte und Dörfer zwischen Crucero und Arequipa geschrieben, um meinem Rückzuge Hindernisse in den Weg zu legen, so daß ich mich genöthigt sah, alle Städte und Dörfer zu vermeiden und von Sandia auf einem Umwege direct über die Cordilleren nach Bilque zu gehen. Ungern entsagte ich endlich auch dem Plane, im August zurückzukehren und Samen zu sammeln, aber ich traf alle in meiner Macht stehenden Anordnungen, um durch einen zuverlässigen Agenten im nächsten Jahre Samen zu erhalten. Martel war ein schadenfroher intriguanter Mensch, die Juntas Municipales aber wurden von irregeleitetem Eifer für die Interessen ihres Vaterlandes und für die Erhaltung des strengen Monopols eines Handels beeinflußt, der factisch nicht mehr existirt, denn es wird jetzt aus Caravaya keine Rinde mehr ausgeführt.

Am Morgen des 17. Mai verließ ich Sandia auf meinem eigenen Maulthiere, zwei andere, die mit den Pflanzen beladen waren, vor mir hertreibend, während deren Eigenthümer, ein alter ehrbar aussehender Indianer, Namens Angelino Paco, zu Fuß nebenher ging. Herr Weir trat an demselben Tage seine Reise über Crucero nach Arequipa an. Ich verfolgte ohne Aufenthalt meinen Weg durch Cuyo-cuyo und stieg am Ufer eines Flusses in einer Gebirgsschlucht empor; Paco war aber noch nie über das Thal von Sandia hinausgekommen und konnte mir daher als Führer keine Dienste leisten. Ueberall an den Ufern des Flusses gab es viereckige Vertiefungen, die mit Kartoffeln angefüllt waren, welche hier zu „Chunus" gefrieren sollten. Höher oben in der Schlucht hörten alle Spuren menschlicher Nähe auf, obgleich es auch hier noch verlassene Terrassen gab, und die Gebirgslandschaft wurde wahrhaft großartig. Es wurde Nacht, ohne daß Mondschein eintrat, und ich hielt unter einer prächtigen Reihe drohender dunkler Klippen, wo ich im Dunkeln mein Zelt aufschlug; aber es gab kein Brennmaterial zu einem Feuer, und als ich meinen Ledersack öffnete, fand ich, daß man mir meinen kleinen Vorrath von Lebensmitteln und meine Zündhölzchen in Sandia gestohlen hatte. Ich war somit hinsichtlich meines Unterhalts ausschließlich auf Paco's getrockneten Mais angewiesen, der sich als eine ungemein harte Kost bewährte. Die Kälte war während der Nacht sehr empfindlich und durchdrang Zelt und Kleider bis auf das Mark.

Bei Tagesanbruch bepackten wir unsere Maulthiere und stiegen höher in der Schlucht hinauf, wo der Fluß Sandia, den wir aufwärts verfolgten, allmälig zu einem kleinen Bächlein wird und endlich als dünner silberweißer Wasserfall sich über eine dunkle Klippe ergießt. Als wir den Gipfel der Schnee-Cordilleren von Caravaya erreichten, führte unser Weg über hohe grasbedeckte Ebenen, wo der Boden mit hartem Frost bedeckt war. Auf der Ebene gab es Heerden von Bicuñas und an den Bächen Huallatas, große weiße Gänse mit braunen Flügeln und rothen Beinen; aber weiter hin hörten auch diese Spuren des Lebens auf und als die Nacht kam, schaute ich in dieser Einöde umher und erkannte, wie traurig der mir von der Rothwendigkeit gebotene directe Weg über die Cordilleren nach Pilque war. Ich hatte elf Stunden im Sattel gesessen, als Paco eine verlassene Hirtenhütte auffand, die aus lockeren Steinen erbaut, drei Fuß hoch und mit Ychu-Gras gedeckt war. Das Thermometer zeigte während der Nacht ein Minimum von 20° F.

Bei Tagesanbruch (19. Mai) klagte Paco, daß er vor Sonnenaufgang aufzustehen hätte, obschon er halb erfroren sein mußte. Die Maulthiere waren davon gelaufen und es vergingen drei Stunden, ehe wir sie wieder eingefangen hatten. Der Boden war mit scharfem Frost bedeckt und während des Vormittags führte unser Weg durch dieselbe hohe, aus grasigem Wellenland, rauhen Klippen und ungeheuren Felsenblöcken bestehende Einöde. Die Aussicht war nördlich und östlich durch die prächtigen Schneegipfel der Gebirgskette von Caravaya und nordwestlich durch die Gebirge von Vilcanota begrenzt. Die einzigen lebenden Wesen dieser einsamen Wildniß sind die anmuthigen Vicuñas, die mit ihren langen Hälsen hinter den grasigen Erhöhungen hervor nach uns ausschauten, die „Guanacos", die zwischen den Felsen wohnenden „Biscaches" und die „Huallatas".

Am Nachmittag stiegen wir eine felsige und gefährliche „Cuesta" hinab, wo uns die Maulthiere viel Noth machten, indem sie es beständig versuchten, sich niederzuwerfen und mit ihrer Pflanzenladung sich herumzukollern. Der steile Pfad führte in die Ebene

von Putina hinab, die mit Schafheerden und kleinen Farmen bedeckt war, welche von Guruña-Blumen beschattet unter den die
Ebene begrenzenden Sandsteinklippen lagen. Jenseit einer anderen
Bergkette gelangten wir auf eine sumpfige Ebene, wo Schafe und
Rinder weideten, und hielten abermals vor einer verlassenen Hirtenhütte. Ich hatte zehn Stunden im Sattel gesessen und war völlig
schwach vor Hunger, mußte mich aber trotzdem ohne Abendbrod
schlafen legen. Paco litt an einer bösen Fußwunde, die ich ihm
mit Zupfleinwand verbinden mußte, um ihn wieder auf die Beine
zu bringen. Er führte einen „Alco" oder peruanischen Hund bei
sich, der seinem Herrn sehr treu ergeben war. Diese Hunde haben
einige Aehnlichkeit mit den Neufundländern, sind aber bedeutend
kleiner und von schwarzer oder weißer Farbe. Man hört sie selten
bellen.

Am anderen Morgen führte der Weg für die ersten zwei Stunden über grasige von weidenden Heerden belebte Berge, wo sich von
nah und fern die anmuthigen Töne der von den Hirtenknaben ge-
blasenen „Pincullus" oder Flöten vernehmen ließen. Wir kamen
an mehreren blauen Gebirgsseen, mit buschigen Inseln und vielen
Enten, vorüber. Von zehn Uhr Morgens bis Sonnenuntergang
zogen wir über eine ungeheure Ebene, wo ebenfalls Schafe und
Rinder weideten, und unmittelbar nach Sonnenuntergang erreichten wir eine kleine „Estanzia" oder Schäferei-Farm. Sie war von
einer großen Familie gutmüthiger Indianer bewohnt, deren Augen
vor Freude glänzten, als ich ihr zur Vergütung für eine reichliche
Gabe von Milch und Käse ein Cesto Coca darbot, in dessen Besitz
ich mich befand. Es war spaßhaft die Glückseligkeit zu beobachten, die diese guten Leute über die Erwerbung dieses Schatzes
empfanden, und die von Kindern und Hunden getheilt wurde. Ich
selber fand hier Gelegenheit, den Hunger, den ich seit meiner Abreise von Sandia zu ertragen gehabt hatte, an Milch, Käse und
getrocknetem Mais zu stillen. Die Matten, in welche meine Pflanzen
eingeschlagen waren, umhüllte ich jede Nacht mit warmen Ponchos.

Bei Sonnenaufgang (21. Mai) war der Boden mit weißem
Frost bedeckt und an dem blauen Himmel zeigte sich nicht eine einzige

Wolke. Plötzlich erhob sich vom Ufer des Azangaro, der die Ebene
durchfließt, eine ungeheure Schaar von Flamingos, in der Quichua-
Sprache „Parihuanas"*) genannt, die mit ihren hochrothen Flügeln, ihren rosenfarbigen Hälsen und Körpern, in langer spiral-
förmiger Säule aufsteigend, den schönsten Anblick gewährten, den
ich je gesehen habe.

Nachdem wir abermals eine felsige Bergkette überwunden hatten, kamen wir in eine Ebene, die sich nach den Ufern eines großen
Sees erstreckte, an welchem die kleine Stadt Arapa liegt. Im Hintergrunde erheben sich düstere Gebirge. Ich glaube, ich bin der
erste englische Reisende, der diesen See gesehen hat, und Castelnau,
der in Puno einige Kunde von demselben erlangte, bemerkt, daß
er auf keiner Karte zu finden sei**). Längs des Ufers stand, wie
ein großes Regiment, eine lange Reihe von Flamingos aufgestellt,
von welchen einige gleichsam als Plänkler zum Fischfang vorge-
schoben waren. Außerdem gab es hier Huallatas, Ibisse, Enten
und eine kräftig gebaute untersetzte Kranichart. Weiter hin zogen
wir über eine Ebene, die sich viele Leguas weit um das nordwest-
liche Ende des Titicaca-Sees zieht und ziemlich reich an fest gebauten Estancias und an Schafheerden ist. Endlich erreichten wir
die über den Azangaro führende Furth, angesichts des auf dem
linken Ufer liegenden kleinen Dorfes Achaya. Das Wasser ging
den Maulthieren bis an die Bäuche; und bald nachher gelangten

---

*) Daher der Name der peruanischen Provinz Parinacochas: Pari-
huanacocha, der Flamingo-See.

**) „Wir geben hier", sagt Castelnau (III. pag. 420), „die Notizen,
die wir hinsichtlich der Existenz und Lage eines Sees gesammelt haben,
der auf keiner Karte zu finden ist und den Namen Arapa führt. Er soll
sechs Leguas nördlich vom Titicaca-See liegen und dreißig Leguas in
Umfang haben. Er geht von dem Fuße einer sehr steilen Gebirgskette aus
und hat die Gestalt eines Halbmondes. Er trägt einige Inseln und sein
Wasser ergießt sich, nachdem es westwärts zwei andere kleinere Seen durch-
laufen hat, in den Ramiz, der dadurch für alle Jahreszeiten schiffbar gemacht wird. Die hauptsächlichen Dörfer am See Arapa sind: Chacamena,
Chupan, Arapa und Belansas. Die Umgegend des letzteren Ortes soll
sehr reich an Silberadern und kostbaren Steinen sein."

wir an eine zweite über den Fluß-Pucara führende Furth. Die
beiden Flüsse vereinigen sich unmittelbar unterhalb Achaya und
bilden den Ramiz, den bedeutendsten Zufluß des Titicaca-Sees.
Wir verfolgten unseren über die Ebene führenden Weg noch mehrere
Stunden lang und erreichten endlich, nachdem ich wieder zwölf
Stunden im Sattel gesessen hatte, lange nach Sonnenuntergang
eine Indianer-Hütte. Die Maulthiere hatten uns während des
Tages allerlei tückische Streiche gespielt, waren bei jeder Gelegenheit nach verschiedenen Richtungen davongelaufen, und fortwährend
darauf ausgewesen, sich zu kollern.

Am 22. waren wir bei Tagesanbruch wieder unterwegs. Wir
gingen über den Fluß Lampa, durchschnitten den Weg zwischen
Lampa und Puno, zogen über eine felsige Cordillera und eine
weite Ebene und erreichten um vier Uhr Nachmittags die kleine
Stadt Vilque. Der Ort sah jetzt ganz anders aus als im März,
wo wir ihn auf dem Wege nach Puno berührt hatten. Es war
die Zeit der großen jährlichen Messe, wo sich in der kleinen Gebirgsstadt Käufer und Verkäufer aus allen Theilen Südamerika's versammeln. Es stammt diese Messe aus der Zeit der Spanier und es
ist nicht unwahrscheinlich, daß die Jesuiten, die einst die große
Schäferei-Farm Hanarico bei Vilque besaßen und die stets auf die
Förderung und Hebung ihrer Besitzungen bedacht waren, die hauptsächlichen Förderer dieses Marktes gewesen sind.

Außerhalb der Stadt warteten tausende von Maulthieren aus
Tucuman auf peruanische Käufer. Auf der Plaza standen Buden
mit allen möglichen Waaren aus Manchester und Birmingham;
anderwärts wurde Goldstaub und Kaffee aus Caravaya, Silber
aus den Bergwerken, Chinarinde und Chocolade aus Bolivia
feilgeboten; da gab es Deutsche mit Glaswaaren und gestrickten
Wollwaaren, französische Modisten, Italiener, Quichua- und
Aymara-Indianer in ihren verschiedenen malerischen Trachten —
kurz alle Nationen und Zungen. Auf der Plaza waren auch, sämmtlich unter Zelten, ganz vortreffliche Cafés und Speisehäuser aufgeschlagen; die Hausmiethe war ungeheuer und für Geld und gute
Worte nirgend eine Wohnung zu bekommen. Man klagte viel über

die Beeinträchtigung des Handels durch Kriegsbefürchtungen und
über das Edict des Präsidenten Linares, das allen Verkehr mit
Peru verboten hatte.

Ich legte meine Pflanzenbündel, sorgfältig in Ponchos eingehüllt, auf einem Gerstenfelde ab, wo mehrere mit ihren warmen
Aparejos bedeckte Arrieros lagerten; aber das Thermometer fiel
über Nacht auf 23° F. Am Nachmittag des 23. begab ich mich,
in Begleitung des Dr. Don Camillo Chaves, von Vilque nach der
Schäferei-Farm Taya-taya. Der Weg war mit allerhand Leuten
angefüllt, die von Arequipa zur Messe nach Vilque zogen; da sah
man einheimische Krämer, englische Kaufleute, die ihren Woll-
bedarf erhandeln, und lärmende Arrieros, die Maulthiere kaufen
wollten und die zur Vertheidigung ihrer Geldsäcke bis an die Zähne
mit Reiterpistolen, alten Flinten und ungeheuren Dolchen bewaffnet waren.

Die Schäferei-Farm Taya-taya, die vier Leguas von Arequipa in einer nackten von Bergen umgebenen Ebene liegt, besteht
aus einer Anzahl aus Lehm erbauter mit Stroh gedeckter Hütten,
welche einen großen „Patio" umgeben. Am Morgen wurde eine
Schaar von vierzig Lamas in dem Patio mit Wollballen beladen,
worüber sie bittere Wehklage erhoben. Wir brachen sehr früh wieder
auf und erreichten am Abend und nach einer Reise von 15 Leguas
das Posthaus von Cuevillas. Am nächsten Tage gelangten wir
bis zum Posthause Pati und am 26., nachdem wir am Fuße des
Vulkans Arequipa einen furchtbaren Sturm überwunden, ins Thal
Cangallo, worauf ich am Morgen des 27. mit meinen Pflanzen in
Arequipa einzog. Herr Weir kam erst am 29. an. Er hatte in-
Crucero wirklich unsern Feind Martel getroffen, dessen Absichten
somit vereitelt worden waren. Von Sandia nach Arequipa ist eine
Entfernung von ziemlich 300 englischen Meilen. Meiner Abreise
von Arequipa wurde kein Hinderniß in den Weg gelegt, obgleich
das Localblatt bald nachher etwas darüber zu berichten hatte, und
am 1. Juni waren die Pflanzen im Hafen von Islay in Sicherheit
gebracht. Der früher erwähnte, als Aufseher der Wasserleitung
von Islay angestellte Irländer hatte für genügenden Boden gesorgt,

und bis zum 3. Juni hatte Herr Weir alle Pflanzen in den für sie bestimmten Gefäßen untergebracht. Aber die Schwierigkeiten, die Pflanzen aus dem Lande zu bringen, waren noch nicht alle überwunden, nachdem ich Martel und den Juntas Municipales des Innern glücklich entronnen war. Der Oberaufseher des Zollhauses erklärte die Ausführung von Cascarilla-Pflanzen für gesetzwidrig und verweigerte die Erlaubniß zur Einschiffung derselben, sobald hierzu nicht ein besonderer Befehl von dem Minister der Finanzen und des Handels in Lima beigebracht würde. Er hatte wahrscheinlich von dem Inhalte der Gefäße von Vilque aus Kunde erhalten, wo zur Zeit der Messe alle Neuigkeiten zusammenlaufen. Es blieb mir nichts anderes übrig als nach Lima zu reisen und mir bei dem Finanzminister 'Oberst Salcado die verlangte Genehmigung auszuwirken, was mir nach mancherlei Schwierigkeiten auch gelang. Am 23. Juni war ich wieder in Islay.

Inzwischen hatten die Pflanzen, nachdem sie in ihre Gefäße eingesetzt worden waren, neue Keime und junge Blätter getrieben und damit bewiesen, daß sie sich von der Reise durch das nördliche Klima der Anden völlig erholt hatten. Am Abend des 23. wurden die Gefäße in ein Boot gebracht und am nächsten Morgen glücklich an Bord eines nach Panama bestimmten Dampfers geschafft.

Es war bedauerlich, daß nicht das britische Dampfschiff „Vixen", das damals müßig in Callao lag, dazu verwendet worden war, die Pflanzen direct über das stille Meer nach Madras zu bringen, wodurch jedenfalls die Mehrzahl in gutem Zustande erhalten worden wäre. Aber das war nun einmal nicht geschehen und so hatten wir die traurige Aussicht auf eine lange Reise, auf mehrere Umladungen und auf die heftige Hitze des rothen Meeres, ehe wir hoffen durften, unsere kostbare Sammlung glücklich an den Ort ihrer Bestimmung, nach dem südlichen Indien zu bringen. Dagegen war es auch, indem wir auf die außerordentlichen Schwierigkeiten, die wir überwunden, auf die Beschwerden und Gefahren unseres Waldlebens, auf das mühsame Aufsuchen der spärlich vorhandenen Pflanzen, auf die Hindernisse, die uns in den Weg gelegt worden waren, auf unsere eilige Flucht über unbekannte Theile der Cordilleren und endlich auf die noch in Jslay eingetretenen Hemmnisse zurückblickten, wiederum eine große Genugthuung, die große Mehrzahl der Pflanzen in ihren Gefäßen keimen und gedeihen zu sehen.

Das Klima von Jslay war während der Zeit, wo die Pflanzen dort bleiben mußten, vom 1. bis 24. Juni, folgendes:

Mittle Temperatur . . . . 69° F.
Mittles Minimum bei Nacht . . . 60° „
Beobachteter höchster Temperaturgrad 73° „
    „   niedrigster   „   58° „
Abweichung im Ganzen . . . . 15° „

Die Temperatur ist fast ganz dieselbe wie die der Tambopata-Wälder im Mai; aber in den Wäldern herrschte fortwährend große Feuchtigkeit, während es in Jslay überaus trocken war. Dies that jedoch den Pflanzen in ihren Gefäßen keinen Eintrag.

Zehntes Kapitel.

Peru's gegenwärtige Verhältnisse und Aussichten für die Zukunft. — Bevölkerung. — Bürgerkriege. — Regierung. — Constitution. — General Castilla und seine Minister. — Dr. Vigil. — Mariano Paz Soldan. — Küstenthäler. — Baumwolle, Wolle und Geld. — Der Amazonenstrom. — Guano. — Finanzen. — Litteratur.

Nach einem kurzen Aufenthalte in Lima sagten wir am 29. Juni 1860 dem Lande der Incas Lebewohl. Indem unser Dampfschiff längs der Küste hinfuhr und unser Blick auf den von pfadlosen Sandwüsten umgebenen smaragdgrünen Thälern, auf den hinter ihnen sich erhebenden mächtigen Cordilleren ruhte, drängte sich uns eine lange Reihe von Erinnerungen auf. Von allen Ländern der Erde hatte dieses Land allein das Ideal einer vollkommen patriarchalischen Regierungsform zur Verwirklichung gebracht. Hier waren die Schauplätze der romantischsten Episode der neueren Geschichte, der Kämpfe und Thaten der Pizarros. Die Leiden der edlen Indianer erweckten die Entrüstung der Ritterschaft Elisabeths; die aus

den Minen Peru's gewonnenen fabelhaften Reichthümer reizten den
Unternehmungsgeist der Seeräuber einer böseren Zeit, und der
wackere Kampf um Unabhängigkeit veranlaßte mehr als einen tapfe-
ren Engländer, für die peruanische Freiheit sein Blut zu vergießen.
Was ist der gegenwärtige Zustand dieses berühmten Landes, was
ist für Aussicht vorhanden, daß je die begeisterten Hoffnungen in
Erfüllung gehen, die Canning in seiner wohlbekannten Rede aussprach? Das sind Fragen, die einigen Anspruch auf unsere Theilnahme haben.

Man fühlt sich, wenn man von Peru's gegenwärtigem Zustande und seinen Aussichten für die Zukunft berichten will, durch
die Herzlichkeit und biedere Gastfreundschaft, die man überall im
Lande findet, verpflichtet mit so viel Schonung und Nachsicht zu
sprechen, als das Interesse der Wahrheit es erlaubt. Die südamerikanischen Republiken sind von einem Volke gemischten Ursprungs
bewohnt, das den Europäern geistig wie physisch jedenfalls nach-
steht, und der wankende Zustand, der unvermeidlich den Kämpfen
für eine Unabhängigkeit folgte, auf welche das Volk nicht vorbereitet war, hat länger gedauert als man hätte erwarten sollen.
Aber man scheint in Europa, durch die Berichte von Reisenden
beeinflußt, welche das Volk und seine Sprache nicht kennen gelernt
haben, die Südamerikaner ziemlich allgemein für eine verderbte
Mischrace zu halten, die hoffnungslos entartet keines Fortschritts
fähig sei*); so weit ich dagegen nach dem Umfang meiner Erfahrung und nach sorgfältiger Erwägung der Sache urtheilen kann,
ist kein Grund vorhanden, daran zu zweifeln, daß das Land der
Incas wirklich noch eine bessere Zukunft zu erwarten habe.
Einem zufälligen und flüchtigen Beobachter der Verhältnisse
Südamerika's, seit der Vertreibung der Spanier, mögen die Aussichten allerdings ziemlich düster erscheinen; aber eine nähere Be-
kanntschaft mit der Sache und besonders eine Kenntniß von der
unter der jüngeren Generation herrschenden Anschauungsweise,

---

*) „Pos las narraciones tan calumniosas como absurdas de algunos
aventureros maledicientes, se nos considera punto menos que sal-
vages", sagt ein peruanischer Schriftsteller.

wie sie sich in der Unterhaltung und in Schriften ausdrückt, würde erkennen lassen, daß unter der Oberfläche edle Bestrebungen und aufgeklärte Ansichten vorherrschend sind, die Früchte tragen und unsere Hoffnung auf eine bessere Zukunft rechtfertigen werden. Als Südamerika seine Unabhängigkeit errungen hatte, waren es zwei Hauptursachen, welche die hierauf folgenden Bürgerkriege anfachten: die Frage, ob Föderal- oder Central-Regierung, und die Streitigkeiten hinsichtlich der Grenzen. Durch die während der Revolution von den Heeren erlangte Macht und durch den selbstsüchtigen Ehrgeiz und die Verrätherei einzelner Staatsmänner wurden diese Quellen des Uebels mehr und mehr vergrößert. Aber andere Länder, die weit größer und hervorragender sind als diese armen ringenden Republiken, haben eine ebenso lange und demüthigende Krisis durchmachen müssen. Die jungen unerfahrenen Länder Südamerika's haben eine schwere Prüfung zu bestehen gehabt, und man kann, um der Wahrheit ihr Recht zu geben, nicht leugnen, daß sie bis jetzt ihre Rolle nur mittelmäßig gespielt haben. Sie verlangen Nachsicht und man darf sich nicht mit Mißachtung von ihnen abwenden. Ein großer Mißgriff mehrer der ehemaligen spanischen Colonien war die Einführung eines den Vereinigten Staaten nachgeahmten Föderal-Regierungssystems. Dies geschah in Mexico, in Central-Amerika, Neugranada und der argentinischen Republik. Es kann für ein dünn bevölkertes, fast weglosos Gebirgsland, das in den entlegneren Provinzen kaum die nöthigen befähigten Leute zur Verwaltung der Local-Regierung ausbieten kann, fast kein ungeeigneteres System geben. Die Macht fällt unter solchen Verhältnissen nothwendiger Weise in die Hände irgend eines schlauen Abenteurers; jeder kleine Staat wird ein Brennpunkt der Revolution und es folgen endlose Bürgerkriege. Und das ist in der That das Schicksal derjenigen Republiken gewesen, die sich für eine Föderal-Regierung entschieden hatten. Centralisation mag, wenn sie in alten, dicht bevölkerten Ländern zu weit getrieben wird, so verderblich sein wie sie will, in jungen Staaten mit einer über ein ungeheures Gebiet ausgestreuten dünnen Bevölkerung, ist sie eine absolute Nothwendigkeit. Die entlegenen un-

zugänglichen Districte tragen in sich selber nicht den Stoff zur
Selbstregierung und hängen hinsichtlich ihres Gedeihens und ihrer
Entwicklung nothwendiger Weise von der Hauptstadt ab.
Peru ist nur ein einzigesmal dem Experiment des Föderalismus unterworfen gewesen und hat nicht so viel durch innere Streitigkeiten gelitten, wie die unglücklichen Länder, die oben genannt
worden sind. Es behauptet eine Art Mittelstellung zwischen den
südamerikanischen Republiken; es ist nicht durch Anarchie so grausam zerrissen wie Mexico auf der einen Seite, und erfreut sich nicht
einer so guten und befestigten Regierung wie Chile auf der andern.
Auch mögen die Peruaner den Chilenen und den Eingebornen Neu-
Granada's an geistigen Fähigkeiten nachstehen, während sie dem
Volke von Central-Amerika und Mexico unendlich überlegen sind.
Man kann daher Peru als eine Art Durchschnitt-Beispiel dieser
halb spanischen halb indianischen Staaten aufstellen, und von diesem Gesichtspunkte aus will ich sein Volk, seine Regierung und
seine materiellen Hilfsmittel näher ins Auge fassen.
Die Bevölkerung Peru's umfaßt nach den jüngsten Berichten
1,880,000 Seelen; im Innern bestehen die arbeitenden Klassen
fast ausschließend aus reinen Indianern, die Handwerker und
Krämer in den Städten theils aus Indianern und theils aus Misch-
lingen oder Mestizen; die niedern Klassen an der Küste sind Neger
oder Zambos mit einigen eingeführten Chinesen gemischt, die
höheren Klassen Abkömmlinge der Spanier, die sich mehr oder
weniger mit indianischem Blute vermischt und nur in sehr seltenen
Fällen ihre spanische Abstammung rein erhalten haben. Die Abkömmlinge der Indianer stehen an Talent ihren Landsleuten von
rein spanischer Abkunft nicht nach und übertreffen sie vielleicht an
Thatkraft, und einige Indianer sind reiche unternehmende Leute,
während andere schon die höchsten Staatsämter bekleidet haben.
Die Peruaner sind intelligente aufgeweckte Leute, überaus gastfrei
und gutmüthig und in ihren Bürgerkriegen in der Regel sehr
menschlich und vergebsam; aber sie sind auch leicht wankelmüthig
und veränderlich, unfähig zu langandauernder Anstrengung und
zur Lässigkeit geneigt. Bestechlichkeit, Verrath und Kleinmuth sind

nur zu gewöhnliche Erfcheinungen; aber find das nicht vielleicht
mehr durch Bürgerkriege und zeitweilige anarchifche Zuflände her-
vorgerufene Lafter als wirkliche Charaktereigenthümlichkeiten des
Volks? Die Regerracen an der Küfte abgerechnet, gehört Peru zu
den wenigen Ländern, wo Verbrechen zu den Seltenheiten gehören.

Die Urfachen der inneren und äußeren Kriege, die feit der Erlangung der Unabhängigkeit Peru's Emporkommen aufgehalten
haben, laffen fich mit wenigen Worten bezeichnen. Die Urfache
der äußeren Kriege entfprang aus Streitigkeiten mit den Nachbarn
hinfichtlich der Grenzen. An der Südgrenze begründete der ehrgeizige Bolivar eine kleine Republik, vielleicht nur weil kindifche
Eitelkeit es ihm wünfchenswerth erfcheinen ließ, ein Land zu haben,
das feinen Namen trüge. Diefes Land, früher ein Theil des Vice-
königreichs, war in jeder Hinficht ein Theil von Peru; fein Volk,
feine Sprache, feine Traditionen und Gefühle waren diefelben.
Die Trennung der beiden Länder konnte eben nur üble Folgen
haben; fie hat durch Streitigkeiten über zweifelhafte Grenzen,
durch Eiferfüchteleien und Mißverftändniffe wegen eingeführter
europäifcher Waaren, die in dem peruanifchen Hafen Arica gelandet und durch peruanifches Gebiet nach Bolivia geführt werden
mußten, zwifchen einem Volke, das beftimmt war, unter einer und
derfelben Regierung als Brüder zu leben, eine von Jahr zu Jahr
fich fteigernde Feindfeligkeit und Erbitterung erweckt. Im Norden
grenzt Peru an die kleine Republik Ceuador, die bis 1830 einen
Theil von Columbia bildete und (mit Ausnahme von Callao) in
Guayaquil den einzigen guten Hafen an der weftlichen Küfte Südamerika's befitzt. Nach diefem Hafen hat Peru von jeher Verlangen gehabt und die Grenzfrage war hier noch überdies durch die
zur Zeit der Spanier zwifchen Peru und Quito beftandene Ver-
fchiedenheit der politifchen und kirchlichen Grenzen verwirrt worden. Die zwifchen den füdamerikanifchen Republiken allgemein
gültige Regel für Grenzentfcheidung ift der Befitzftand, der zur
Zeit des Unabhängigkeitskrieges in Geltung gewefen ift. Diefe
mit großer, durch frühere Eiferfucht genährter Erbitterung fort-
gefetzten Grenzftreitigkeiten führten endlich 1828 zu einem Kriege

zwischen Columbia und Peru, in welchem die letztere Republik den Kürzern zog, und zu gleicher Zeit zu einem Kampfe zwischen Peru und Bolivia, der mit einem Vertrage endigte *).

Verderblicher noch waren die inneren Zwistigkeiten, und die Ursache dieser war die Frage, ob Föderal- oder Central-Republik. Peru hatte sich nach Beendigung des Krieges mit Columbia, vom Jahre 1828 bis 1834, eines dauernden Friedens erfreut; vom Jahre 1834 an bis zum Jahre 1844 ward das unglückliche Land von fortwährenden Bürgerkriegen und Insurrectionen heimgesucht. Die zehn Jahre von 1834 bis 1944 waren Peru's schwerste Prüfungszeit. Seine Staatsmänner waren verderbte, kleinmüthige, dem eigennützigen Ehrgeiz verfallene Leute; das Land wurde von nichtswürdigen militärischen Abenteurern gequält und zerrüttet, und die Märsche der Heere hemmten und unterdrückten mit ihren gewaltsamen Recrutirungen alles, was die Wohlfahrt und das Gedeihen des Landes hätte heben können. Aber selbst in diese dunkle Zeit fällt ein Zwischenraum von zwei Jahren, wo General Santa Cruz seinen Traum von einer Föderal-Republik unter dem Namen der peruanisch-bolivianischen Conföderation zu verwirklichen suchte und wo sich das Land des Friedens und einiger Anzeichen rückkehrenden Gedeihens erfreute. Die Zeit der kräftigen Verwaltung des Generals Santa Cruz, dessen Mutter einen Indianer-Häuptling zum Vater hatte, war die einzige Oase in dieser traurigen Wüste der Anarchie.

In den folgenden zehn Jahren, erst unter der sechsjährigen Herrschaft des Generals Don Ramon Castilla und dann unter General Echenique, erfreute sich Peru des Friedens und machte während dieser Zeit hinsichtlich seines materiellen Gedeihens schnelle Fortschritte. Im Jahre 1554 aber wurde es aufs Neue durch eine Revolution erschüttert, mit welcher die allgemeine Mißstimmung des Volkes über die groben Unterschleife und schamlosen Betrüge-

___

*) Die Grenze zwischen Peru und Ecuador ist jetzt auf den Besitzstand von 1810 und den Vertrag von 1829 begründet.

rien zum Ausbruch kam, die sich die Regierung des Generals Echenique hatte zu Schulden kommen lassen. Castilla stellte sich an die Spitze der Bewegung und hat mit Hülfe eines bedeutenden Heeres bis auf den heutigen Tag seine Macht behauptet. Der Aufstand in Arequipa und die Meuterei auf der Flotte, 1857 und 1858, waren nur local und haben die allgemeine Ruhe des Landes nicht beeinträchtigt.

Gegen das Ende der zehnjährigen inneren Erschütterung Peru's hatte das Land (1839) eine Verfassung erhalten, die eine streng centralisirende Regierungsform begründete und der Centralgewalt eine ungeheure Macht überließ. Während der zehn Friedensjahre aber, welche der Erwählung Castilla's, im Jahre 1844, folgten, hatte man sich durch Reisen in Europa und durch allerlei Lectüre allgemein den freisinnigsten Ansichten zugewendet, so daß man die alte Verfassung nicht mehr für zeitgemäß hielt. So wurde denn im Jahre 1856 von einer durch Castilla zu diesem Zwecke zusammengerufenen Nationalversammlung eine neue Verfassung verkündigt, in welcher man unbesonnen und unbedenklich allerlei abstracte Ideen von Recht und Gerechtigkeit aufgenommen und eine starke Hinneigung zum Föderalismus und zur Selbstregierung der einzelnen Landestheile an den Tag gelegt hatte.

Mit einem Federstriche wurde die von den Indianern gezahlte Kopfsteuer, in gewöhnlichen Zeiten eine Haupteinnahmequelle, die Negersklaverei an der Küste und alle Todesstrafe abgeschafft. Man würde in der Abschaffung der Sklaverei und in der Gewährung einer Entschädigungssumme von 1,780,000 Dollars einen Act von Edelmuth und Großherzigkeit haben erkennen können, wenn dadurch die Lasten des Volkes in irgend einer Weise vermehrt worden wären; dies war aber nicht der Fall. In derselben Weise war die Abschaffung des von den Indianern gezahlten Tributs ein bloßer Act der Sorglosigkeit. Die neue Constitution setzte zwei gesetzgebende Kammern ein, einen Senat und ein Repräsentantenhaus; da aber die Hälfte der Repräsentanten durch's Loos berufen wurde, den Senat zu bilden, so war die eine Kammer eben nur das Duplicat der anderen. Die merkwürdigsten Bestimmungen aber waren diejenigen, welche, das unglückselige System der Vereinigten Staaten copirend, Einrichtungen vorschrieben, die zu nichts weiter als zu einer Föderal-Regierungsform führen konnten. Peru blieb in Departements getheilt, welche von ihren von dem Präsidenten zu ernennenden Präfecten verwaltet wurden; dagegen sollte jetzt in der Hauptstadt jedes Departements eine Art gesetzgebenden Körpers, Junta Departmental genannt, eingesetzt werden, deren Mitglieder vom Volke gewählt werden und hinsichtlich des Wohls des Departements Berathungen pflegen und dahin wirkende Gesetze erlassen sollten. Diese Maßregel war der Anfang jenes unglückseligen Systems, das einige der anderen Republiken erschüttert hatte, und ihr Zweck lag so offen, daß Castilla der Absicht beschuldigt wurde, Peru in ein Dutzend kleiner Staaten zu zersplittern, diese in Zwietracht gegen einander zu treiben und sich selber zum Dictator aufzuwerfen. Eine weisere und nützlichere Maßregel war die Einsetzung der sogenannten Juntas Municipales, die, für Städte und einzelne Dörfergruppen bestimmt, aus den angesehensten Einwohnern bestehen und mit der Ueberwachung und Förderung aller Localinteressen betraut sind.

Im November 1860 wurde diese Constitution verändert und verbessert, und was sie an besonders nachtheiligen Bestimmungen enthielt, zum großen Theil aufgehoben. Für das Verbrechen des Mordes wurde die Todesstrafe wieder eingeführt. Der Congreß soll sich aller zwei Jahre am 28. Juli versammeln; aller zwei Jahre zum dritten Theil sich erneuern und am Schlusse jeder Sessionszeit einen aus sieben Senatoren und acht Deputirten bestehenden permanenten Ausschuß wählen, der die Ausführung der vom Congreß gefaßten Beschlüsse zu überwachen hat. Ein wesentlicher Fortschritt war die Bestimmung hinsichtlich der Bildung des Senates. Die Mitglieder dieses Körpers werden von den Departements je nach der Anzahl der zu denselben gehörigen Provinzen gewählt, während die Wählbarkeit durch ein jährliches Einkommen von 1000 Dollars bedingt ist. Somit ist jetzt ein verständlicher Unterschied zwischen den beiden Kammern geschaffen und mit der Zusammensetzung des Senates sehr weise eine der wenigen

guten Bestimmungen der Verfassung der Vereinigten Staaten entlehnt worden. Die ausübende Gewalt ist einem Präsidenten und
zwei Vicepräsidenten, die auf vier Jahre gewählt werden, sowie
einem Ministerrath übertragen. Endlich wurden auch die unheil-
vollen Juntas Departmentales abgeschafft, die allerdings, so viel ich
glaube, nie zusammengetreten waren, während die die Municipal-
behörden betreffenden Anordnungen der Verfassung von 1856, die
nur von gutem Erfolg sein können, in Kraft blieben.

Dies ist die gegenwärtige Regierungsform in Peru, die vielleicht so gut ist, als das Land sie braucht, und in festen, ehrlichen
Händen vielleicht allen gegenwärtigen Anforderungen des Volkes
genügen kann. Aber es ist wichtiger, zu wissen, in wessen Händen
die Regierung des Landes sich befindet, von welcher Art die Männer
sind, denen man die Geschicke eines an Erinnerungen und materiellen Hülfsmitteln so reichen Landes, einer jungen Republik anvertraut hat, welche nach langen Bürgerkriegen noch immer aus
allen Poren blutet, aber mit wachsendem Eifer zu einer achtbaren
Stellung in der Reihe der Völker sich emporzuringen bemüht ist.
Ich will die Männer, die während meines Aufenthalts in Lima, im
Jahre 1860, die vollziehende Gewalt in den Händen hatten, mit
einigen flüchtigen Zügen zu schildern suchen.

General Ramon Castilla, der Präsident, ist in Tarapaca, im
äußersten Süden von Peru, geboren und muß jetzt bereits siebenzig
Jahre zählen. Er trat früh in die spanische Armee, schloß sich
1821 der Sache des patriotischen Heeres an und gelangte zum
Range eines Obersten. Nach dem Unabhängigkeitskampfe wurde
er 1826 Unterpräfect seiner heimischen Provinz Tarapaca; von
1834 bis 1836 war er Präfect von Puno, und nachdem er an
allen Bürgerkriegen betheiligt gewesen war und 1844 einen Sieg
gewonnen hatte, wurde er schließlich zum Präsidenten der Republik
erwählt. Castilla ist ein kleiner hagerer Mann von eiserner Constitution und großer Ausdauer. Seine glänzenden, stechenden, kleinen
Augen mit überhangenden Brauen, ein steifer, borstiger Bart und
eine vorstehende Unterlippe geben seinem Gesicht einen etwas wilden Ausdruck, doch liegt in seinem Wesen zugleich etwas Entschlos-

senes und Gebieterisches, das fast würdevoll erscheint. Dieser merkwürdige Mann ist ein ausgezeichneter Soldat, tapfer wie ein Löwe,
schnell und entschlossen, wo es gilt zu handeln, und von seinen
Leuten geliebt. Ohne Erziehung und wissenschaftliche Bildung,
verdankt er seine politischen Erfolge, die Beherrschung der Par-
teien, ausschließend seinem natürlichen Talent, während er seine
Siege nie durch Grausamkeit befleckt hat. Der Festigkeit und
Kraft, womit er die Zügel der Gewalt in seiner Hand hält, verdankt Peru eine lange Friedenszeit; er hat alle Parteizwistigkeiten
niedergehalten und damit dem Lande eine unberechenbare Wohlthat erzeigt, und wahrscheinlich hätte kein anderer Mann die
Fähigkeit oder die Kraft gehabt, dies zu erreichen. Aber wenn
Castilla für das Land eine Nothwendigkeit zu sein scheint, so ist er
zugleich auch ein nothwendiges Uebel. Sein Mangel an Bildung
hindert ihn, ein Staatsmann zu sein. Er hat im Allgemeinen für
alle das Gemeinwesen betreffenden Unternehmungen, für alle das
sittliche oder materielle Wohl des Landes fördernden Maßregeln
keine große Theilnahme gezeigt, während er ein ungeheures stehendes Heer unterhält, ungeheure Summen auf eine kostspielige Marine verwendet und damit den Staatsschatz zur Fortführung eines
verderblichen Systems ausbeutet. Der tapfere alte Mann war
eine Nothwendigkeit für das Land. Er allein ist im Stande gewesen, den Frieden zu erhalten und den Peruanern Zeit zur all-
mäligen Entwickelung der Hülfsquellen ihres Landes zu verschaffen, und wenn er einst nicht mehr sein wird, werden im Laufe
dieser Zeit der Ruhe unmerklich Vortheile und Einflüsse aufgewachsen sein, die eine Wiederkehr solcher anarchischer Zustände,
wie sie Castilla's erster Machtergreifung vorangingen, verhindern
werden.

Juan Manuel del Mar, der erste Vicepräsident, ein langer,
blasser, ernster Mann, ist aus Cuzco, der alten Hauptstadt der Incas,
gebürtig, und hat während Castilla's Abwesenheit schon mehr als
einmal die oberste Gewalt geübt. Dieser Staatsmann kam 1830
zum Gerichtshof und hat seitdem als Congreßdeputirter, als Richter
und als Minister ein thätiges öffentliches Leben geführt. Er ist

durchaus rechtschaffen, nicht ohne Fähigkeit und aufgeklärte Ansichten, sehr populär und allgemein geachtet. Der zweite Vicepräsident ist General Pezet, der Sohn eines Arztes französischer Abkunft, der in der Festung Callao, als diese von den Spaniern vertheidigt wurde, seinen Tod fand. General Pezet, in Lima geboren,
trat, damals erst elf Jahre alt, in die Reihen der Patrioten, als
diese 1821 in Peru landeten, und wurde sogleich in activen Dienst
genommen. Er nahm Theil an den Schlachten von Junin und
Ayacucho, welche die spanische Macht vernichteten, und an den
nachfolgenden Bürgerkriegen.

Die Minister, welche Castilla zur Zeit meiner Reise in Peru
umgaben, konnten nicht eben für Repräsentanten der fähigsten und
ausgezeichnetsten Classe der Peruaner gelten. Oberst Salcedo, der
Finanzminister, 1801 zu Lampa geboren, war eines der wenigen
Congreßmitglieder, die 1824 Bolivar's ehrgeizige Pläne mit
Festigkeit bekämpften und vereitelten, und hat seitdem fast ununterbrochen als Unterpräfect, Präfect oder Congreßmitglied ge-
wirkt. Ein anderer Minister war Don José Fabio Melgar, ein
Bruder des bekannten Poeten von Arequipa. Er hat seit 1833
verschiedene öffentliche Aemter bekleidet, ist ein liebenswürdiger
und verständiger Mann, aber ohne hervorragende Fähigkeiten.
Der Minister der auswärtigen Angelegenheiten war Don Miguel
del Carpio, ein Veteran, der 1795 geboren, mit den Patrioten gekämpft und, 1822 von den Spaniern gefangen genommen, lange
Zeit im Gefängnisse geschmachtet hat, seit der Unabhängigkeit aber
verschiedene wichtige Aemter in Bolivia und Peru verwaltet hat.
Aber Castilla will nur gehorsame Beamte, keine unabhängigen
Minister haben, und die wirklich fähigeren, geistig thätigeren Peruaner findet man nicht in hohen politischen Aemtern, sondern in
bescheidenen literarischen Berufskreisen, wo sie sich auf bessere Zeiten vorbereiten, oder auf ihren Besitzungen, wo sie mit Eifer und
Thätigkeit die Hülfsquellen des Landes entwickeln helfen. Solche
Leute sind Mariategui, Felipe Pardo, Vigil, Paz Soldan und
Elias, deren Patriotismus und Talent jedem Lande Ehre machen
würden.

Dr. Bigil ist einer von Peru's ausgezeichnetsten Söhnen. Früher ein thätiges und beredtes Congreßmitglied, hat er sich später durch ein sehr gelehrtes Werk über das Papstthum ausgezeichnet, wie er auch jetzt noch in seinen alten Tagen in seinen Schriften fortfährt, jede Sache und Maßregel, welche die religiöse Freiheit und das sittliche Wohl seiner Landsleute fördern kann, kräftig zu vertreten. Während der liebenswürdige und gelehrte Bigil die Gelehrten Peru's vertritt, ist Mariano Paz Soldan einer der würdigsten Vertreter der Männer der That. Sein menschenfreundliches Herz entsetzte sich über den erbärmlichen Zustand der peruanischen Gefängnisse, und er hat diesem Uebel mit einer Thatkraft abzuhelfen gesucht, welche genügen könnte, die Peruaner gegen den Vorwurf der Lässigkeit und Saumseligkeit zu schützen. Paz Soldan veröffentlichte 1853 einen sehr umständlichen Bericht über die Gefängnisse der Vereinigten Staaten und 1856 erhielt er nach unermüdlichen Vorstellungen von der Regierung die Verwilligung, in Lima ein Gefängniß nach den neuesten verbesserten Grundsätzen herzustellen. Die Anstalt, deren Bau hierauf sogleich in Angriff genommen wurde, wird dem Lande jedenfalls zur Ehre gereichen und ein dauerndes Denkmal von der Thatkraft und Ausdauer ihres Urhebers sein, der die Hoffnung hegt, daß man nach dem Muster dieser Anstalt noch andere Gefängnisse in verschiedenen Theilen des Landes herstellen werde. Paz Soldan ist außerdem auch mit der Ausführung einer topographischen Aufnahme Peru's beschäftigt.

Es giebt noch viele Landeigenthümer und andere Leute von Soldan's Schlage, welche die Zeit der Ruhe, die seit 1844 nur durch ein einziges Jahr der Revolution gestört wurde, eifrig dazu benutzt haben, ihre Besitzungen zu verbessern und damit den Wohlstand des Landes zu heben — namentlich in den Küstenthälern. Der lange Landstrich zwischen den Anden und dem stillen Ocean erfreut sich eines gleichmäßigen Klima's; Regen und heftige Stürme sind fast unbekannt, während die Nächte von erfrischendem Thau begleitet sind. Der größere Theil dieser Gegend besteht aus Sandwüsten, die von nackten Felsen durchschnitten sind, aber überall,

wo ein von den Anden herabkommender Fluß oder Bach mächtig
genug ist, sich bis zum Meere den Weg zu bahnen, schließt dessen
Ufer ein üppiges, fruchtbares Thal ein. Diese Thäler von größerer
oder geringerer Ausdehnung und in verschiedenen Zwischenräumen
bilden von der Bai von Guayaquil bis zum Flusse Loa, der Peru
von Bolivia trennt, die einzigen Unterbrechungen der Wüstenein-
förmigkeit und eignen sich ganz vorzüglich zum Anbau von Baumwolle, Wein, Oliven und Zuckerrohr.

Man hat aus diesen Thälern bereits unermeßlichen Reichthum
gezogen und ihre Ertragsfähigkeit würde sich noch unendlich steigern
lassen, wenn man darauf bedacht sein wollte, sich durch zweckmäßige
Vorrichtungen einen regelmäßigen Wasservorrath zu sichern. Das
Thal von Cañeta, südlich von Lima, das sich in den Händen von
sechs unternehmenden Eigenthümern befindet, und das ganz mit
Zuckerrohrpflanzungen bedeckt ist, gab im Jahre 1800 für eine
Million Dollars Zucker, der allein durch Chinesen und freie Neger
erbaut wurde. Weiter südlich geben die Thäler Pisco und Yca,
wo namentlich Don Domingo Elias und seine Söhne thätig sind,
70,000 Botijas eines unter dem Namen Pisco bekannten Spiritus, 10,000 Faß ausgezeichneten Weines, 800,000 Pfund Baumwolle und 40,000 Pfund Cochenille. Noch weiter südlich, in den
Departements Moquegna und Arequipa, giebt es noch viele andere
Thäler, die ihre Eigenthümer durch den Ertrag ihrer Zuckerrohrpflanzungen bereichern, und in dem Tambo-Thale bei Arequipa
giebt es 5000 Olivenbäume und sieben Mühlen.

Es ist gerade jetzt, wo die Baumwollenfrage so allgemeine
Aufmerksamkeit in Anspruch nimmt, gewiß erfreulich zu erfahren,
daß die Landeigenthümer an der Küste von Peru diese Sache sehr
ernst ins Auge gefaßt haben und daß seit dem Jahre 1860 die
Baumwollen-Cultur eine bevorzugte Speculation geworden ist.
Boden und Klima dieser Küstenthäler sind dem Baumwollenbau
ganz vorzüglich günstig, und obgleich die Quantität, die hier gewonnen werden könnte, im Verhältniß zu dem ungeheuren Bedarf
von Manchester unbedeutend sein würde, so ist doch die Qualität
gut und damit eins von den vielen Hülfsmitteln gewonnen, die

und später von den Conföderirten Staaten unabhängiger machen
können. Die Besitzungen des Don Domingo Elias und Anderer
in den Thälern Yca, Palpa, San Xavier und Nasca geben 800,000
Pfund vorzüglicher Baumwolle. Auch wird aus dem Hafen von
Payta eine ziemliche Quantität Baumwolle verschifft, wovon in
Liverpool das Pfund mit 8 bis 9½ Pence bezahlt wird. In dem
Thale von Lambayeque, zwischen Payta und Lima, das außerdem
auch große Quantitäten von Tabak, Zucker, Reis und Mais er-
zeugt, hat man in neuester Zeit den Baumwollenbau in groß-
artigem Maßstab begonnen. Im Jahre 1860 befanden sich in den
Distrikten Talambo, Cayalti, Collus und Calupe bereits 600,000
Pflanzen in der Erde, während auf benachbarten Besitzungen große
Landstrecken für den Baumwollenbau vorbereitet worden waren.
In Talambo, im Thale Pacasmayo, giebt es viele biscayische Familien, im Ganzen 176 Seelen zählend, die sich ausschließend mit
Baumwollenbau beschäftigen, und der Ertrag dieses Districts belief
sich im ersten Jahre auf 800,000 Pfund. In der Provinz Chiclayo
wurden 1860 gegen 700,000 Pflanzen in den Boden gebracht
und andere große Landstrecken für den Baumwollenbau vorbereitet.
Diese Baumwolle bauenden Provinzen Lambayeque, Chiclayo und
Truxillo sind fruchtbar und gut bewässert; Stürme und Regen
sind unbekannt und es herrscht ein gleichmäßiges Klima mit einer
durchschnittlichen Temperatur von 70 bis 84°F. Man hat berechnet, daß, nach Abzug eines Fünftheils des culturfähigen Landes
zur Erbauung der nöthigen Lebensmittel für die Einwohner, in
diesen Provinzen gegen 140,000 Fanegadas Land zum Baumwollenbau verwendet werden könnten*). Nimmt man an, daß jede Pflanze
vier Fuß Raum brauche und jährlich vier Pfund Ertrag gebe, so
würden diese 140,000 Fanegadas einen jährlichen Ertrag von
580,000,000 Pfd. Baumwolle geben, die, wenn man den Centner
am Ausführungshafen mit zwölf Dollars berechnet, eine Summe
von 69,600,000 Dollars vertreten. Zieht man hiervon 22,400,000
Dollars Kosten ab, so bleibt ein Gewinn von 47,200,000 Dol-

*) 1 Fanegada — 41,472 Quadrat-Baras (Ellen), 1 Ader — 4840
Baras.

lars. Aber diese Provinzen enthalten nur einen kleinen Theil der fruchtbaren Küstenthäler Peru's, und es ist nicht zu bezweifeln, daß, wenn die Speculationen des Jahres 1860 einen guten Gewinn bringen, die Baumwollencultur sich bald über ein ungeheures Gebiet erstrecken und Peru sich zu einer wichtigen Quelle für den europäischen Baumwollenbedarf erheben wird.

Die Hochebenen der Anden erzeugen hinreichenden Mais, Weizen und Zucker für den heimischen Bedarf, aber ihr hauptsächlicher ausführbarer Reichthum besteht in den ungeheuren Heerden von Schafen und Alpacas, die in dem grasigen Hochland ihre Weide finden, und in Gold- und Silberadern und Goldwäschereien. Es wird jährlich für ungefähr 400,000 Pfd. Sterl. Wolle ausgeführt. Die Ausfuhr an edlem Metall belief sich 1859 auf 200,000 Pfd. Sterl., wovon 34,705 Pfd. Sterl. von Islay und 32,000 Pfd Sterl. von Arica ausgeführt wurden; doch besteht ein Theil davon in geprägtem Golde und „Chafalonia" oder altem Silbergeräthe.

Außer der Gewinnung dieser verschiedenen werthvollen Erzeugnisse der Küstenthäler und der Sierra bieten auch noch die ungeheuren Wälder auf der östlichen Seite der Anden und die großen Flußstraßen, welche dieselben nach dem atlantischen Ocean hin durchschneiden, ein unerschöpfliches Feld der Unternehmungen. Man fängt jetzt erst an, die unglaublichen Hülfsmittel dieses Theils von Peru gehörig zu erkennen, obschon sich schon vor zehn und selbst zwanzig Jahren die ersten Regungen von Leben und Verkehr auf dem mächtigen Amazonenstrome und seinen Zuflüssen kundgegeben hatten. Kleine Handelsleute, die Vorläufer einer rührigen Zukunft, hatten angefangen, thätig ihre kleinen Geschäfte zu betreiben; mit Hängematten, Häuten, Wachs, Sarsaparilla, Kopaivbalsam und anderen Walderzeugnissen beladene Canoes fahren bis nach Para an der Mündung des Amazonenflusses hinab, um mit europäischen Manufacturwaaren zurückzukehren. Seit einigen Jahren ist jedoch in dieser Beziehung ein ungeheurer Fortschritt gemacht worden. Im Jahre 1857 ließ eine brasilianische Gesellschaft auf dem Amazonenstrome und seinen Nebenflüssen acht Dampfschiffe gehen, die Passagiere beförderten und auf- und ab-

wärts einen unaufhörlichen Handelsverkehr unterhielten. Im
Jahre 1853 wurden Anstalten getroffen, die brasilianische Dampf-
schifffahrtslinie mit einer peruanischen Schifffahrtslinie für das
obere Flußgebiet zu verbinden, und es langten zu diesem Zwecke
von New-York zwei kleine Dampfboote an. Die Revolution des
Jahres 1854 machte dieser Unternehmung zeitweilig ein Ende und
man ließ die beiden Dampfboote in Nauta, 2300 engl. Meilen
stromaufwärts, verfaulen. Neuerdings aber sind aufs Neue Schritte
geschehen, die peruanischen Nebenflüsse des Amazonenstromes mit
Dampfschiffen zu versehen, dadurch Ansiedelungen zu befördern,
Handel und Verkehr herbeizuziehen und auf diese Weise den unbe-
rechenbaren Reichthum der am Amazonenstrome gelegenen Provinzen Peru's flüssig zu machen.

Im October 1858 einigten sich Brasilien und Peru zu einer
Schifffahrts-Convention, welche die Schifffahrt auf dem Amazonenstrome unter gewissen Beschränkungen freigab, und im Februar
1860 langte der brasilianische Dampfer „Tabatinga" in Laguna an,
das an dem peruanischen Flusse Huallaga, ungefähr 3000 engl.
Meilen von der Mündung des Amazonenstromes, entfernt liegt.
Inzwischen hat auch die peruanische Regierung die Erbauung von
Dampfbooten angeordnet, welche in Verbindung mit der brasilianischen Linie die oberen Nebenflüsse des Amazonenstromes befahren
sollen; zugleich sollen Wege angelegt werden, um die im Innern
gelegenen Städte mit den nächsten schiffbaren Punkten der Nebenflüsse des Amazonenstromes in Verbindung zu bringen. Im Juni
1860 brach eine Gesellschaft von sechs Männern von Huanuco auf,
um die östlich gelegenen ungeheuren waldbedeckten Ebenen zu
durchforschen, die unter dem Namen der „Pampas del Sacramento"
bekannt sind, und im Juli arbeitete man bereits an dem Wege,
der Huanuco mit dem schiffbaren Theile des Flusses Ucayali, eine
Entfernung von 150 Meilen, verbinden soll. Am Flusse Pozuzu
ist eine kleine deutsche Colonie entstanden. Andere Maßregeln ähnlicher Art werden beabsichtigt, und es ist fast unmöglich, die schnelle
und sichere Zunahme an Reichthum zu berechnen, welche für diese
seither vernachlässigte Region nicht ausbleiben kann, sobald sie mit

der Dampfschifffahrt in Verbindung gebracht und in den Bereich eines Marktes gezogen wird. Para, an der Mündung des Amazonenstromes, übertrifft an Zahl seiner Ausfuhrwaaren, alles Erzeugnisse der Gegenden, deren Ausgangspunkt es bildet, fast schon jeden andern Hafen der Erde.

Aber die merkwürdigste Quelle peruanischen Reichthums, eine Quelle, die das Finanzsystem des Landes in einer Weise beeinflußt hat, welche kaum irgendwo ihres Gleichen haben dürfte, ist der Guano der an der Küste gelegenen öden Inseln. Als die südamerikanischen Republiken dem Handel geöffnet wurden, entdeckte man bald den Werth des Guano's als Dünger; der Bedarf nahm schnell zu und die peruanische Regierung säumte nicht, sich diese, wie sie meinte unerschöpfliche Quelle des Reichthums zu Nutze zu machen *).
Die drei Chincha-Inseln in der Bai von Pisco enthielten 1853

*) Der Gebrauch des Guano's als Dünger war schon den alten Peruanern vor der spanischen Eroberung bekannt. Garzilasso de la Bega, der Geschichtschreiber der Incas, berichtet darüber folgendes: „An der Meeresküste, von Arequipa bis Tarapaca, ein Küstengebiet von 200 Leguas, braucht man keinen anderen Dünger als den von Seevögeln, die an der ganzen Küste von Peru in so ungeheuren Flügen vorhanden sind, daß man sich keinen Begriff davon machen kann, wenn man sie nicht gesehen hat. Sie brüten auf gewissen an dieser Küste gelegenen unbewohnten Inseln und setzen dort unglaubliche Massen von Dünger ab. Von ferne erscheinen diese Düngerhaufen wie die Gipfel eines Schneegebirges. Zur Zeit der Inca-Könige war man so sorgsam auf Beschützung dieser Vögel bedacht, daß es bei Todesstrafe verboten war, während der Brütezeit an diesen Inseln zu landen, damit diese Vögel nicht erschreckt oder von ihren Nestern verscheucht würden. Ebenso war es bei Todesstrafe verboten, zu irgend einer Zeit auf den Inseln oder anderswo diese Vögel zu tödten. Jede Insel war auf Befehl der Incas einer besonderen Provinz zugewiesen und der Guano wurde redlich getheilt, so daß jedes Dorf den Theil empfing, den es brauchte. In jetziger Zeit wird er in anderer Weise verschwendet. Dieser Vogeldünger ist sehr fruchtbar." (II. Lib. V. Cap. III. p. 134; Madrid 1723.) — Frezier („South Sea" S. 152, London 1717) berichtet, daß man, als er 1713 an der Küste gewesen sei, Guano von Iquique und anderen Häfen längs der Küste nach Arica und Ilo gebracht und zur Düngung des Ajipfeffers und anderer Kräuter gebraucht habe.

eine Masse von 12,376,100 Tonnen Guano, und da seit dieser Zeit bis zum Jahre 1860 2,837 365 Tonnen ausgeführt worden sind, so waren im Jahre 1661 noch 9,538,735 Tonnen vorhanden. Im Jahre 1860 nahmen an den Chincha-Inseln 433 Schiffe eine Ladung von 348,554 Tonnen ein, so daß nach obigem Maßstab der Guano nur noch für dreiundzwanzig Jahre oder bis 1883 ausreichen wird. Das Guano-Monopol bringt dem Staate eine Revenue von 14,850,000 Dollars.

In Peru werden selbst die dürrsten Wüsten zu Quellen unermeßlichen Reichthums; denn während die öden Chinchas dem Staatsschatz Millionen einbringen, trägt die Pampa von Tamarugal in der Provinz Tarapaca durch ihr salpetersaures Soda (salitre) und ihren boraxsauren Kalk zur Vermehrung des Reichthums dieses bevorzugten Landes bei. Man hat berechnet, daß der dieses salpetersaure Soda enthaltende Boden dieser Provinz fünfzig Quadratleguas bedecke, und rechnet man hiernach hundert Pfund salpetersaures Salz auf jede Quadrat-Elle, so giebt dies eine Summe von 63,000,000 Tonnen, die nach dem Maßstab des gegenwärtigen Verbrauchs für 1393 Jahre ausreichen. Im Jahre 1860 betrug die Ausfuhr von salpetersaurem Soda aus dem Hafen Squipue 1,370,248 Centner; es wird auch ein gut Theil Borax ausgeführt, obgleich dessen Verschiffung von Seiten der Regierung verboten ist.

Der ausgedehnte Gebrauch von Guano und salpetersaurem Soda als obere Düngung für Getreide ist eine Erfindung der Neuzeit, die erst in der Zeit von 1824 und 1829 in England zur allgemeineren Geltung kam. Ich glaube, die Landwirthe halten Guano und salpetersaures Soda als obere Düngung für Getreide für gleich wirksam, und es ist jetzt für den Ackerbau eine Sache von wesentlicher Bedeutung, die Preise dieser Düngemittel, die noch immer respective zwölf und sechzehn Pfund Sterling für die Tonne betragen, zu verringern. Die zu diesem Zwecke unternommene sorgfältige Forschung nach Guanolagern in anderen Theilen der Welt hat jedoch 1843 nur zur Entdeckung der Guanolager von Ichabon an der afrikanischen Küste und später zur Entdeckung des Guano's der arabischen Kuria-Muria-Inseln geführt. Das Lager von Ischabon war bis zu Ende des Jahres 1845 vollkommen abgeräumt, während das der Kuria-Muria-Insel Jiblena noch bearbeitet wird. Der hier gewonnene Guano ist jedoch weit geringer als der Guano der peruanischen Inseln. So haben die Bemühungen, andere Guano-Lager zu entdecken und dadurch den Preis dieses Düngemittels herunterzubringen, im Ganzen keinen sonderlichen Erfolg gehabt, und die Peruaner können daher ihrer seltsamen Einnahmequelle noch für zwanzig und einige Jahre sicher sein. Ein seltsameres Mittel zur Bestreitung fast aller Staatsausgaben ist wohl noch nicht vorgekommen. Im Jahre 1859 betrugen die Ausgaben 20,387,756 Dollars, und drei Viertheile dieser Summe wurden durch Abschaufelung der Misthaufen einer öden Küsten-Insel gewonnen!

Eine kluge Regierung würde das Guano-Monopol als einen außerordentlichen Einnahmeposten in Anschlag gebracht und ihn zur Abzahlung der inneren und fremden Staatsschulden, zur Ausführung öffentlicher Arbeiten, zu Verbesserungen u. s. w. angewendet haben; den Peruanern aber scheint diese erstaunliche Zunahme ihres Einkommens die Köpfe verdreht zu haben, und man verschwendet diese Einnahme mit der unverantwortlichsten Sorglosigkeit. Die Zinsen der fremden Schuld hat man allerdings bezahlt, auf anderer Seite aber sind die großen Einnahmen entweder, wie unter Echenique's Verwaltung, unterschlagen, oder zu ungeheuren und unnöthigen Kriegsrüstungen und zu übermäßigen Gehalten und Pensionen verwendet worden. Tausende von Familien leben jetzt auf Kosten des Staates, und wenn die Guano-Einnahme einst aufhört, so wird ein bitteres und weit verbreitetes Elend eintreten. Auf das Guano-Monopol sich verlassend, hat man fast alle Steuern, darunter die Kopfsteuer der Indianer, abgeschafft und das Staatseinkommen auf drei Posten — Guano, Zölle und Stempelgeld — reducirt. Es wird jeder Congreßversammlung ein zweijähriges, die Einnahmen und Ausgaben enthaltendes Budget vorgelegt. Ich habe diese Budgets von mehreren Jahren vor mir, aber das von 1859 wird genügen, die außerordentliche Art der Einnahme und die nach außerordentlichere Art ihrer Verwendung erkennen zu lassen:

Einnahme.	Ausgabe.
Guano .... 15,875,352 Doll.	Diäten ꝛc. der Congreßmitglieder . 211,064 Doll.
Zölle u. f. w... 5,079,439 „	Heer u. Flotte, nebst Pensionen . . 9,746,432 „
Ueberschuß von 1858 938,389 „	Civilgehalte u. Pensionen . . . . 2,129,904 „
	Gehalte der Geistlichkeit. . . . 63,296 „
	Oeffentliche Arbeiten 718,124 „
	Erziehungs-u. wohlthätige Anstalten 332,471 „
	Polizei . . . . 92,607 „
	Entschädigung für Sklaven und zur Ausgleichung der inneren Schuld . 1,576,004 „
	Einlösung von Obligationen . . . 3,218,700 „
	Vermischtes . . . 107,146 „
	Interessen aller Art 2,191,777 „
21,893,180 Doll.	20,367,745 Doll.
	Ueberschuß: 1,505,435 „
	21,893,180 Doll.

Die fremde Schuld beträgt 24,205,400 Dollars und die innere mit der Sklaven-Entschädigung beläuft sich auf eine weit größere Summe. Aber die hauptsächliche Last für die Staatskasse ist das ungeheure Heer von 15,000 Mann für eine Bevölkerung von weniger als zwei Millionen, mit 2000 Officieren, von welchen auch diejenigen, die nicht in activem Dienste stehen, ihren vollen Gehalt behalten. Dies wird erkennen lassen, wie viele Familien in Ueppigkeit und Nichtsthun von dem Staatseinkommen leben, und welches Elend einem plötzlichen Aufhören ihrer Einnahme folgen wird, das nicht ausbleiben kann, wenn einst der Guano zu Ende geht. Es wird für eine zukünftige Regierung eine schwierige

Aufgabe werden, die geeigneten Mittel zur Versorgung einer schwerfälligen Armee und einer großen Schaar hungriger Officiere aufzufinden. Den besten Rath hat in dieser Beziehung der verstorbene General Miller ertheilt, der als Gouverneur von Cuzco schon 1836 die Einrichtung von Militärcolonien in ·ben Wäldern auf der Ostseite der Anden vorschlug und damit den Weg zeigte, ein gefährliches Werkzeug des Verraths und des Aufruhrs in ein Mittel zur Bereicherung des Landes zu verwandeln.

Die Justizverwaltung ist in Peru trotz ausgezeichneter Gesetze so verderbt, daß es besser ist, diesen Gegenstand, in der Hoffnung, daß es einst besser werde, ganz unberührt zu lassen. Ebenso verhält es sich mit der Polizei. Es muß für das Land in der That noch viel geschehen, aber es ist, glaube ich, von der neuen Generation, den jungen Leuten, die jetzt im Begriff stehen, dem öffentlichen Leben ihre Thätigkeit zu widmen, auch viel zu erwarten. Viele derselben sind in Europa erzogen und durch Reisen und gründliche Studien gebildet worden und streben danach, sich im Staatsdienste auszuzeichnen. In der Literatur haben sie bereits beachtenswerthe Strebsamkeit und Befähigung kundgegeben. Die Zeitschrift „Revista de Lima" enthält archäologische, biographische, historische und staatswissenschaftliche Aufsätze, die gewöhnlich gut geschrieben sind und von Leuten herrühren, welche offenbar eine gediegene Lebensrichtung haben. Die Mitarbeiter, unter welchen besonders die Herren Lavalle Ulloa, Pardo, Flores, Maslas und der Maler Laso genannt werden, sind sämmtlich junge Männer, die eine Carrière vor sich haben. Auch ist es ein gutes Zeichen, daß man jetzt ernstlich darauf bedacht ist, historische Materialien, die seit langer Zeit nur im Manuscript oder in seltenen alten Ausgaben vorhanden gewesen sind, herauszugeben oder neu drucken zu lassen. So hat Don Manuel Fuentes, der Verfasser einer „Estadistica de Lima", neuerdings ein interessantes sechsbändiges Werk über die Verwaltung verschiedener spanischer Vicekönige Peru's und eine neue Ausgabe des „Mercurio Peruano" veröffentlicht, und von dem durch seine Gelehrsamkeit und seinen Forschungseifer

20 *

ausgezeichneten Don Sebastian Lorente erwartete man eine zu
Paris erscheinende Geschichte von Peru.

Dieser flüchtige Blick auf die gegenwärtigen Verhältnisse
Peru's hinsichtlich seiner Regierung, seiner materiellen Hülfsmittel
und seiner Literatur wird hoffentlich erkennen lassen, daß das Volk
dieser südamerikanischen Staaten nicht so hoffnungslos entartet
ist, wie es nach manchen Reiseberichten erscheinen kann, und daß
man die Hoffnung auf eine bessere Zukunft nicht aufzugeben
braucht. Denn man muß bedenken, daß Peru nichts weniger als
das Muster dieser Republiken ist und daß die Chilenen in Bezug
auf Regierung, Handel, Ackerbau und Literatur eine wohl zehnmal
größere Befähigung an den Tag gelegt haben. Es würde ebenso
irrthümlich als ungerecht sein, wollte man das Volk dieser südamerikanischen Staaten nach ihrer Geschichte seit der Unabhängigkeit beurtheilen; man muß vielmehr annehmen, daß es unter günstigeren Verhältnissen in jeder Beziehung besserer Zustände fähig
sein werde. Jede Nation hat ihren Anfang, eine unvermeidliche
und vielleicht nothwendige schwere Prüfungszeit zu überstehen —
wie sollte man von Südamerika einen Sprung erwarten, den noch
kein anderes Land hat machen können?.

Elftes Kapitel.

**Transport der Pflanzen- und Samensammlung von Süd-
amerika nach Indien. — Erfolg der Pflanzensammlung in anderen
Theilen Südamerika's. — Getrocknete Pflanzen. — Das Nilgerri-Gebirge
in Indien. — Ankunft der Pflanzen in Indien. — Depôt in Kew. —
Folgen der Einführung der Chinchonapflanzen in Indien für den südamerikanischen Handel. — Ueberficht der Erfolge der Chinchona-Cultur
in Indien.**

Wie meine eigenen Bemühungen in den Wäldern von Caravaya
waren auch die Bemühungen derjenigen, die beauftragt waren in
andern Gegenden Südamerika's die verschiedenen Arten der Chinchona zu sammeln, von den besten Erfolgen begleitet gewesen. Der

Botaniker Richard Spruce, der seine Arbeit gleich nach Empfang meiner Aufforderung schon im Juli 1859 begonnen hatte, sammelte an den westlichen Abhängen des Chimborasso in der Republik Ecuador Pflanzen und Samen der Rothrinde (C. succirubra); Herr Pritchett sammelte in der Huanuco-Region im nördlichen Peru die die sogenannte „graue Rinde" gebenden Chinchona-Arten, während Herr Croß, der erfahrene Gärtner, der Herrn Spruce in Ecuador so umsichtigen Beistand geleistet, gleich nachdem er die von diesem gesammelten Pflanzen nach Indien gebracht, im Herbst des Jahres 1861 zum zweiten Male nach Südamerika sich begab, um in der Loxa-Region Samen der C. Condaminea zu sammeln, sodaß schließlich, meinem ursprünglichen Plan entgegen, die C. lancifolia Neu-Granada's die einzige Species blieb, die nicht erlangt worden war.

Was die Arbeiten in Südamerika selber anlangte, so war jedes Hinderniß glücklich überwunden und der Zweck des großen Unternehmens glücklich erreicht worden. Es wurden nicht nur Pflanzen- und Samensammlungen glücklich an die Küste gebracht, sondern die Sammler waren auch allenthalben darauf bedacht gewesen, sich mit den botanischen Einzelheiten der Chinchona-Bäume zu versehen, so daß Blätter, Blumen, Früchte und Rinde jeder Species, die nach England gebracht wurden, die Identität der werthvollen Species, welchen Pflanzen und Samen angehörten, außer allen Zweifel stellen konnten. Meine Sammlung getrockneter Pflanzen-Exemplare, Blätter, Blumen, Früchte und Rinde der C. Calisaya, Blätter und Blumen der C. micrantha, Blätter und Früchte der C. Caravayensis, die Frucht der Pimentelia glomerata und die Rinde von den Zweigen fast aller Chinchonaarten und der ihnen verwandten Genera der Wälder von Caravaya enthaltend, befindet sich in dem Museum und Herbarium zu Kew, wo auch Spruce seine Sammlung von allen Theilen der C. succirubra niedergelegt hat. Aber nachdem wir diese kostbaren Maulthierladungen nach der peruanischen Küste geschafft und glücklich eingeschifft hatten, war nur erst die Hälfte der Schwierigkeiten überwunden und ich konnte mir nicht verschweigen, daß noch manches Mißlingen und manche Täuschung zu erwarten war, ehe die Pflanzen glücklich den

Ort ihrer Bestimmung erreicht haben würden. Hinsichtlich des Samens war nichts zu befürchten, die Pflanzen aber hatten, da uns die Mittel nicht geboten waren, sie unmittelbar über das stille Meer zu schiffen, eine über alle Maßen lange Probe auszuhalten. Aber es war für den Aufschwung der jungen Pflanzungen in Indien, wenn Pflanzen und Samen zugleich dort eingeführt wurden, ein zu großer Vortheil, und der glückliche Erfolg, wovon wenigstens einer der Transporte unter besonders günstigen Umständen begleitet war, hat den Versuch vollkommen gerechtfertigt.

Nach sorgfältiger Erwägung hatte man das Nilgerri-Gebirge in der Präsidentschaft Madras für den geeignetsten Ort zu versuchsweiser Cultur der Chinchona-Pflanze in Indien erklärt. Dieses Gebirge, zwischen 11° 10′ und 11° 32′ nördl. Breite und 76° 59′ und 77° 31′ östlicher Länge, bildet südlich vom Himalaya die höchste Gebirgsmasse in Indien, deren höchster Gipfel, Doda betta, sich 8610 Fuß über den Meeresspiegel erhebt. Das Gebiet dieser Gebirge umfaßt 268,494 Acker, wovon 21,000 sich unter Anbau befinden. Hier giebt es ein Klima, ein Maß von Feuchtigkeit, eine Vegetation und eine Meereshöhe, die den Chinchona-Wäldern Südamerika's in einer Weise entsprechen, wie es in keinem andern Theile Indiens der Fall ist. In den Gouvernements-Gärten zu Dolacamund in dem Nilgerri-Gebirge waren die nöthigen Einrichtungen zur Pflege und Vervielfältigung der Pflanzen und zur Benutzung des Samens geboten, und William Mac-Jvor, der Oberaufseher, war ein sorgsamer, verständiger und praktischer Gärtner, der die Botanik der Chinchona-Pflanzen sorgfältig studirt hatte und unter dessen Pflege das wichtige Unternehmen den möglichsten Erfolg versprach. Von dem Nilgerri-Gebirge ließen sich dann die Chinchona-Pflanzen noch in andere ihrem Anbau entsprechende Berggegenden des südlichen Indiens verpflanzen.

Ich hatte die Herren Spruce und Pritchett, einer mir von England gewordenen Weisung gemäß, beauftragt, kleine Quantitäten von Samen jeder Chinchonaart nach Jamaica und Trinidad zu schicken, sodaß zugleich auch die Einführung der Fieberrinden-

Bäume in den britisch-westindischen Colonien bewirkt würde. Die Hauptmasse der Sammlungen aber sollte, gleich nach der Ankunft an der peruanischen Küste, auf dem Umwege über Southampton nach Indien geschafft werden. Die dreißig zum Transport der Pflanzen bestimmten Gefäße, die ich um das Cap Horn nach Südamerika hatte befördern lassen, waren drei Fuß zwei Zoll lang, zehn Fuß zehn Zoll breit und drei Fuß zwei Zoll hoch, und mit Boden und Pflanzen wog jedes etwas über drei Centner. Die Pflanzen der C. Calisaya, C. ovata und C. micrantha füllten funfzehn dieser Gefäße, die andern funfzehn nahmen in Guayaquil die Sammlung der C. succirubra auf. Außerdem hatte ich noch sechs Gefäße von geringerem Umfang in Lima für die Pflanzen von Huanuco herstellen lassen. Die funfzehn Gefäße mit den Chinchona-Pflanzen aus Caravaya verließen den Hafen von Islay am 23 Juni und erreichten Panama am 6. Juli 1860, wo bereits 207 Pflanzen frische Keime getrieben hatten. Bei der Ankunft in England im August waren diese 207 Pflanzen im frischesten Zustande, der bis zur Ankunft in Alexandria im September sich erhielt. Die Hitze des rothen Meeres aber, wo das Thermometer von 99° in der Nacht bis auf 107° am Tage stieg, war eine zu schwere Prüfung für sie, deren üble Folgen noch durch einen achttägigen Aufenthalt in Bombay vermehrt wurden. Die Wurzeln wurden von Fäulniß ergriffen, doch waren die Blätter bei der Ankunft auf dem Nilgerri-Gebirge noch frisch und es wurden mehrere hundert grüne Ableger davon gemacht, die jedoch nicht Wurzel schlugen. Die Gefäße mit den Pflanzen von Huanuco verließen Lima im September und waren bei der Ankunft in England ebenfalls im besten Zustande, bei der Ankunft in Indien aber sämmtlich abgestorben. Die Sammlung der Rothrinde, unter der Obhut des Herrn Cross, ging am 2. Januar 1861 von Guayaquil ab und erreichte England im trefflichsten Zustande. Sechs Pflanzen wurden aus Vorsicht in Kew zurückgelassen und durch sechs Pflanzen der C. Calisaya ersetzt. In dieser Jahreszeit ist das Klima des rothen Meeres ziemlich kühl, und diesem Umstande sowohl als auch der verständigen Pflege eines tüchtigen praktischen Gärtners war es zu danken, daß dem Ober-

aufseher der Gärten des Nilgerri-Gebirges 463 Pflanzen der C.
succirubra und 6 Pflanzen der C. Calisaya übergeben werden
konnten, die sämmtlich so kräftig und gesund waren, wie es nach
einer solchen Reise überhaupt erwartet werden konnte. Der Samen
der „grauen Rinde" sowohl, der früh im Januar 1861 auf das
Nilgerri-Gebirge gelangte, als auch der Samen der „rothen Rinde",
der im folgenden März ankam, ging reichlich auf. Im Februar
1862 erreichte auch der Samen der C. Condaminea den Ort seiner
Bestimmung im südlichen Indien. Um für alle Fälle gedeckt zu
sein, wurde ein Theil des Samens jeder Species in England zurückgelassen und auf diese Weise in den Gärten von Kew ein
Depôt junger Chinchona-Pflanzen begründet, auf das man bei
möglichen Unglücksfällen in den Anpflanzungen in Indien zurück-
gehen konnte. Auch Ceylon erhielt Samen von jeder der verschiedenen Species, welchem Hooker einige Pflanzen der C. Calisaya
von seinem Vorrathe in Kew beifügte.

So war, einige Täuschungen abgerechnet, der Zweck des von
dem Staatssecretär für Indien, Lord Stanley, eingeleiteten Unternehmens als vollkommen erreicht zu betrachten. Schon im Früh-
ling des Jahres 1861 war das Nilgerri-Gebirge mit einem großen
Vorrath von Pflanzen und jungen Sämlingen versehen, und gegenwärtig grünen im südlichen Indien und auf Ceylon tausende
von schnell sich vermehrenden Chinchona-Pflanzen aller werthvolleren Species. Wenn die Ausführung von Pflanzen und Samen
dieser werthvollen Chinchona-Arten aus Südamerika dem Volke
und dem Handel von Peru oder Ecuador in irgend einer Weise
Nachtheil bringen sollte, so würde dies bei der Theilnahme, die ich
seit Jahren für diese Länder gefühlt habe, sehr betrübend für mich
sein; aber ich habe keine Besorgniß, daß der Anbau dieser Pflanzen
in anderen Theilen der Welt eine derartige Folge haben werde.
Die Nachfrage nach Chinarinde wird auf dem südamerikanischen
Markte stets eine bedeutende bleiben und die Chinchona-Cultur in
Indien und Java wird nur eine Verringerung des Preises bewir-
ken und das unschätzbare Fiebermittel, ohne den Handel von Peru
und Ecuador zu beeinträchtigen, in den Bereich einer ungeheuren

Menschenmasse bringen, die seither von dessen Gebrauch ausgeschlossen gewesen ist. Ich glaube, die Südamerikaner werden hierdurch nicht nur keinen Nachtheil erleiden, sondern im Gegentheil,
wie die übrige Menschheit, mit der Zeit Vortheil gewinnen. Seither
haben sie mit sorgloser Kurzsichtigkeit die Chinchona-Bäume zerstört und dadurch ihrer Sache mehr geschadet, als es irgend eine
Handelsconcurrenz hätte thun können; aber es ist möglich, daß der
Einfluß dauernden Friedens und fortschreitender Bildung in Zukunft ein anderes System herbeiführt, daß aufgeklärtere Ansichten
Platz greifen und die Südamerikaner selber die Cultur einer
Pflanze übernehmen, die in ihren Wäldern heimisch ist, die sie aber
bis jetzt thöriger Weise vernachlässigt haben. Es wird dann eine
Genugthuung sein, ihnen mit der von den indischen Pflanzern ge-
sammelten Erfahrung an die Hand geben und sie in der Anlage
von Pflanzungen an den Abhängen der östlichen Anden unter-
stützen zu können. Unter allen Umständen haben die Südamerikaner, die Indien das Hauptnahrungsmittel von Millionen ihrer
Landsleute, der allen Welt ihre werthvollsten Erzeugnisse — Weizen, Gerste, Aepfel, Pfirsche, Zuckerrohr, die Rebe, Reis, Oliven,
Schafe, Rinder und Pferde verdanken, kaum ein Recht, Indien ein
Erzeugniß vorzuenthalten, das für die Wohlfahrt dieses Landes so
unumgänglich nöthig ist. Auch glaube ich nicht, daß die besser
unterrichteten Peruaner von einer derartigen Absicht ausgehen; es
haben sich im Gegentheil viele derselben bereit gezeigt, einen freundschaftlichen Austausch der Producte der alten und neuen Welt zu
fördern, und wenn am 1. Mai 1861 in Ecuador, wo Herr Spruce
gesammelt hatte, nachträglich eine Verordnung erlassen wurde, die
Jedem, sei es In- oder Ausländer, verbot, Pflanzen, Ableger oder
Samen des Quina-Baumes zu sammeln, bei Strafe von 100
Dollars für jede Pflanze und jede Drachme Samen, so konnte man
diese Maßregel, ebenso wie die zahlreichen Hindernisse, die mir
selber im südlichen Peru in den Weg gelegt wurden, nur der eng-
herzigen Selbstsucht halbgebildeter Beamten oder dem Patriotismus unwissender Hinterwäldler zuschreiben. Der gebildete Theil

des Volkes oder die indianische Bevölkerung iß solcher Engherzig-
keit fremd.

Die Einführung der Chinchona-Cultur in Indien iß ein Ereigniß, deßen segensreiche Wirkungen man nicht hoch genug ver-
anschlagen kann. In Beziehung auf den Handel wird sie die indischen Ausfuhrartikel um einen wichtigen Gegenßand vermehren
und der europäischen Geselschaft einen billigen und ausdauernden
Zufluß eines Artikels zuführen, der in tropischen Gegenden für sie
ein Lebensbedürfniß geworden iß, während den Eingeborenen vom
Fieber heimgesuchter Länder die heilende Rinde in Zukunft überall
vor der Thüre wachsen wird. Seitdem unter den Truppen in
Indien die Anwendung von Chinin mehr in Gebrauch gekommen
iß, hat sich eine ßetige Verminderung der Sterblichkeit heraus-
geßellt, denn während im Jahre 1930 von den Fieberkranken
durchschnittlich 3,66 Procent ßarben, betrug die Sterblichkeit im
Jahre 1856 unter einem von Peschawer bis Pegu zerßreut lie-
genden Heere von 19,000 Mann nur 1 Procent. Die Chinchona-
Cultur in Indien wird nicht nur denjenigen, die sich bereits der
Wohlthat des Chinins erfreuen, einen ausdauernden und billigen
Zufluß sichern, sondern auch diese Wohlthat Millionen anderer
Menschen zugänglich machen, die sie seither nicht erlangen konnten.
Es werden somit durch die Heilkraft des Chinins jährlich unzählige
Menschen gerettet werden.

Zu welcher Ausdehnung aber und zu welchem die Bürgschaft
für die Zukunft in sich tragenden Gedeihen die Chinchona-Pflanzungen auf dem Gebirge des südlichen Indiens, auf Ceylon und
dem östlichen Himalaya-Gebirge nach zwei mühevollen Jahren bereits gelangt sind, ergiebt sich zur Genüge aus nachßehender Uebersicht, welcher die neueßen Berichte vom Herbß des Jahres 1862
zu Grunde liegen.

Die Zahl der auf dem Nilgerri-Gebirge cultivirten
Chinchona-Pflanzen belief sich am 31. Auguß 1862 auf 72,568,
worunter die C. succirubra mit 30,150, die C. Calisaya mit

1050, die C. Condaminea (var. Uritusinga) mit 41, die C. Condaminea (var. Chahuarguera) mit 20,030, die C. Condaminea
(var. crispa) mit 236, die C. lancifolia mit 1, die C. nitida mit
9500, die C. micrantha init 7400, die C. Peruviana mit 2295,
die C. Pahudiana mit 425 und verschiedene namenlose Species
mit 2140 Exemplaren vertreten waren. Die Gesammtzahl der in
den Pflanzungen bereits dauernd umgesetzten Pflanzen betrug
zu derselben Zeit 13,700, die, obgleich erst kürzlich eingesetzt,
sämmtlich in gedeihlichem Zustande sich befanden; die Pflanzschulen in freier Luft und die Abhärtungsbehälter enthielten
18,076 Pflanzen, ebenfalls in frischestem Zustande, während
40,792 junge Pflanzen noch unter Glas gezogen wurden. Es
giebt zu Reddi wuttum und Phcarrah vier Chinchona-Pflanzungen, die zum Theil schon gelichtet, ausgestockt und bepflanzt sind;
dazu kommt noch die höher gelegene Pflanzung von Dodabetta.
Die „Denison-Pflanzung" zu Reddlwuttum wird ungefähr 210
Acker bepflanzten Landes und die „Markham-Pflanzung" ungefähr
200 Acker enthalten; bei Phcarrah werden ungefähr 250 Acker
sehr schönen gutbewässerten, vollständig gegen Westwinde geschützten Landes bepflanzt werden, die dem Staatssecretär für Indien zu Ehren den Namen „Wood-Pflanzung" erhalten. Dies sind,
außer der Dodabetta-Pflanzung, 660 Acker. Auch werden Pflanzen
an Privatpersonen abgegeben, welche die Chinchona-Cultur zu unternehmen wünschen, und waren zu Anfang des Septembers bereits 22,000 Pflanzen begehrt worden.

Die in den Bergdistricten des östlichen Himalaya-Gebirges, in Bengalen, versuchte Chinchona-Pflanzung war im Mai
1862 unter der Obhut des Dr. Anderson auf den Dardschilling-
Bergen begonnen worden. Sie zählte im Anfang 84 Pflanzen der
C. succirubra, 44 der C. micrantha, 49 der C. nitida, 2 der C.
Peruviana, 5 der C. Calisaya und 53 der C. Pahudiana, die sich
durch Ableger bis zum Juli auf 140 Pflanzen der C. succirubra,
53 der C. nitida, 43 der C. micrantha, 7 der C. Calisaya und 23
der C. Peruviana vermehrt hatten.

Die Chinchona-Pflanzung auf Ceylon, in dem Gouverne-mentsgarten von Hahgalle, 6210 Fuß über dem Meere, und unter der Leitung des Herrn Thwaites, Directors des königl. bota-nischen Gartens zu Peradenia, wurde im Frühjahr 1861 begonnen und zählte, mehrere andere gedeihende Species abgerechnet, im Juli 1862 bereits 960 aus Samen gezogene Pflanzen der C. Condaminea.

Ried'sche Buchdruckerei (Carl B. Lord) in Leipzig.

Geschichte. (23 Bände.)

A. Ländergeschichte.

Geschichte der alten und mittleren Zeit (bis 1500). In biographischer Form bearbeitet von Dr. Adolf Geisler. (30.)

Geschichte der neueren Zeit (bis 1815). In biographischer Form bearbeitet von Dr. Adolf Geisler. (31.)

Geschichte der neuesten Zeit (von 1815—1854). Von Dr. A. Geisler. (32.)

Geschichte von Belgien. Von Hendrik Conscience. Mit Stahlstich: Egmont's Tod nach de Hoo. (2.)

Geschichte Dänemarks bis auf die neueste Zeit. Von J. A. Allen. Mit dem Porträt Christian's IV. nach K. v. Mandern. (11.)

Geschichte Norwegens. Von Andreas Faye. Mit dem Porträt Peter Tordenstjold's nach Denner. (18.)

Geschichte Frankreichs. Nach C. de Bonnechose. Mit dem Porträt Richelieu's nach Phil.-Champagne. (23.)

Geschichte Spaniens. Nach Ascargorta. Mit dem Porträt Philipp's II. nach van der Werff. (20.)

Geschichte des russischen Reiches von J. H. Schnitzler. Deutsch von Dr Ed. Burckhardt. (42.)

Geschichte des osmanischen Reiches von Poujoulat. Mit dem Porträt Abdul Medschid's nach Duffault. (27.)

Geschichte der nordamerikanischen Freistaaten. Nach C. Willard. Mit dem Porträt Washington's nach Longhi. (10.)

*Geschichte von Indien von Th. Keightley. Uebersetzt und bis auf die neueste Zeit fortgeführt von J. Seybt. 2. Ausg. (58.)

B. Geschichte einzelner Abschnitte.

Der Hansabund. Von Dr. Gustav Gallois. Mit dem Porträt Jürgen Wullenweber's von Milde. (19.)

Geschichte der engl. Revolution bis zum Tode Karl's I. Von J. Guizot. Mit dem Porträt Karl's I. (14.)

Geschichte Rich. Cromwell's und der Wiederherstellung des Königthums in England. Von Fr. Guizot. Mit dem Portrait von Monk. (53.)

Geschichte der englischen Republik bis zum Tode Cromwell's. Von J. Guizot. Mit dem Portrait Cromwell's. (34.)

Geschichte der französischen Revolution. 1789—1813. Von J. A. Mignet. Mit dem Portrait Mirabeau's nach Raffet. (9.)

Geschichte der Februar-Revolution. Nach A. de Lamartine. Mit dem Portrait Lamartine's. (12.)

Geschichte Italiens. Von 1789—1850. Aus dem Englischen des A. H. Wrightson. 2. Ausgabe. Mit dem Portrait Pius' IX. (52.)

Aus dem Feldlager in der Krim. Briefe des Timescorrespondenten W. Russell. Deutsch bearbeitet von Jul. Seybl. (51.)

Geschichte der Califen. Vom Tode Mohamed's bis zum Einfall in Spanien. Von Washington Irving. (33.)

†Garibaldi's Feldzug in beider Sicilien. Bericht eines Augenzeugen. Von Cap. Forbes. Deutsch von J. Seybl. (70.)

Das Türkische Reich in historisch-statistischen Schilderungen von Molbech, Chesnen und Michelsen. (35.)

Biographie. (22 Bände.)

*Attila und seine Nachfolger. Von Amedée Thierry. Deutsch von Dr. Ed. Burckhardt. 2. Ausgabe. (43.)

Geschichte Karl's des Großen. Von Johann Friedr. Schröder. Mit dem Portrait Karl's des Großen nach Albrecht Dürer. (17.)

Geschichte Kaiser Maximilian's I. Von Karl Haltaus. Mit dem Portrait Maximilian's nach Albrecht Dürer. (13.)

Johann Huß und das Concil zu Costnitz. Von G. de Bonnechose. Mit dem Portrait Johann Huß'. (8.)

Geschichte des Kaisers Karl V. Von Ludwig Storch. Mit dem Portrait Karl's nach Tizian. (29.)

Geschichte Friedrich's des Großen. Von Franz Kugler. Mit dem Portrait Friedrich's nach Schadow. (1.)

Geschichte Kaiser Joseph's II. Von A. Groß-Hoffinger. Mit dem Portrait Joseph's. (4.)

Erzherzog Karl von Oesterreich. Von A. Groß-Hoffinger. Mit dem Portrait des Erzherzogs Karl. (5.)

Geschichte Karl's des Zwölften. Nach Andr. Fryxell. Mit dem Portrait Karl's. (63.)

Geschichte Gustav Adolph's. Nach Andr. Fryxell. Mit dem Portrait Gustav Adolph's nach Anton van Dyk. 2. Aufl. (22.)

Geschichte des Herzogs von Marlborough und des spanischen Erbfolgekrieges. Von Alison. Mit Portrait. (24.)

Carl B. Lorck's Hausbibliothek.

Geschichte der Königin Maria Stuart. Von J. A. Mignet. Mit dem Portrait Maria's nach Zucchari. (21.)

Nelson und die Seekriege von 1793—1813. Von J. de la Gravière. Mit dem Portrait Nelson's nach Abbot. (6.)

Geschichte des Kaisers Napoleon. Nach P. M. Laurent. Mit dem Portrait Napoleon's nach Delaroche. (3.)

Geschichte Peter's des Grausamen von Castilien. Von Prosper Mérimée. Mit dem Portrait Peter's nach A. Carnicero. (25.)

Geschichte Franz Sforza's und der italienischen Condottieri. Von Dr. Fr. Steger. Mit dem Portrait Sforza's. (26.)

†Leben Lorenzo de' Medici, genannt der Prächtige. Deutsch von Frdr. Spielhagen. Mit dem Portrait Lorenzo's. (69.)

Geschichte Peter's des Großen. Von Eduard Pelz (Treumund Welp). Mit dem Portrait Peter's nach Le Roy. (7.)

Geschichte des Kaisers Nikolaus I. Vom Grafen de Beaumont-Vassy. Mit dem Portrait Nikolaus', gestochen von Weger. (28.)

Der falsche Demetrius. Von Prosper Mérimée. Eine Episode aus der Geschichte Rußlands. (15.)

Das Leben Mohamed's. Von Washington Irving. Mit dem Titelbild Mohamed's. (16.)

Die Begründer der französischen Staatseinheit. Vom Grafen L. de Carné. Deutsch von J. Seubt. (66.)

Länder-, Völker- und Naturkunde. (23 Bände.)

*Drei Reisen um die Welt. Von James Cook. Neu bearbeitet von Fr. Steger. (65.)

Eine Weltumsegelung mit der schwedischen Kriegsfregatte „Eugenie". Von N. J. Andersôn. Deutsch von Kannegießer. (36.)

Die Krim und Odessa. Reise-Erinnerungen von Prof. Dr. Karl Koch. (38.)

Süd-Rußland und die Donauländer. Von L. Oliphant, Shirley Brooks, Patric O'Brien und W. Smyth. (30.)

Reise-Erinnerungen aus Sibirien von Prof. Christoph Hansteen. Deutsch von Dr. H. Sebald. (37.)

Die Kaukasischen Länder und Armenien. Von Curzon, Koch, Macintosh, Spencer und Wilbraham. (44.)

Wanderungen durch die Mongolei nach Thibet von Huc und Gabet. Deutsch bearbeitet von Karl Andree. (46.)

Wanderungen durch das chinesische Reich von Huc und Gabet. In deutscher Bearbeitung von K. Andree. (47.)

Mungo Park's Reisen in Afrika von der Westküste zum Niger. Neu bearbeitet von Dr. Fr. Steger. (57.)

Die afrikanische Wüste und das Land der Schwarzen am obern Nil. Vom Grafen d'Escanrac de Lanture. (45.)

Südafrika und Madagascar, geschildert durch die neuen Entdeckungsreisen-den, namentlich Livingstone und Ellis. (64.)

West-Afrika. Seine Geschichte, seine Zustände und seine Aussichten. Von ·J. Leighton Wilson. (71.)

*Die Ostsee und ihre Küsten. Geographisch, naturwissenschaftlich u. histo-risch, geschildert von A. v. Etzel. (62.)

Reisen im Nordpolmeere von J. Elisha Kent Kane. Uebers. v. J.-Seybt. (59.)

Wanderungen durch Texas und im mexikanischen Grenzlande. Aus dem Englischen des F. L. Olmsted. (60.)

Buenos-Ayres und die Argentinischen Staaten. Nach den neuesten Quellen. Herausgegeben von Karl Andree. (55.)

Central-Amerika (Honduras, San Salvador und die Moskitoküste). Nach Squier. Deutsch herausgegeben von Karl Andree. (54.)

Wanderungen durch Australien von Oberlieutenant Charles Mundy. Deutsch bearbeitet von Friedrich Gerstäcker. (56.)

---

*Der Geist in der Natur. Von H. C. Oersted. Deutsch von Prof. Dr. Kannegießer. Mit Portrait. 4. Auflage. (40.)

Naturschilderungen von J. F. Schouw. Deutsch von H. Zeise. Mit Biographie und Portrait des Verfassers. 2. Auflage. (41.)

Chemische Bilder aus dem Alltagsleben. Nach dem Englischen des James Johnston. (44.)

Die Witterungslehre zur Belehrung und Unterhaltung für alle Stände. Von Dr. G. A. Jahn. (49.)

Katechismus der Naturlehre. Von Dr. E. C. Brewer. Nach der 8. Aufl. des englischen Originals von Dr. O. Marbach. (50.)

Classiker und Volksliteratur.

*Sophokles. Deutsch von O. Marbach. Nebst einführender Abhandlung: Die griechische Tragödie und Sophokles, mit erläuternden Einleitungen und Anmerkungen. (67.)

Das Nibelungenlied. Neuhochdeutsche Uebersetzung von O. Marbach. Nebst einführender Abhandlung: Das Nibelungenlied und die altger-manische Volkssage, mit Anmerkungen und ausführlicher Inhaltsangabe. (68.)

Westslawischer Märchenschatz. Ein Charakterbild der Böhmen, Mähren und Slowaken, in ihren Märchen, Sagen, Geschichten, Volksgesängen und Sprichwörtern. Deutsch bearb. v. Wenzig. Mit Musikbeilage. (61.)

Esaias Tegnér's Dichterwerke. Deutsch von Edmund Lobedanz. Mit Biographie und Portrait des Dichters. (72.)

Ries'sche Buchdruckerei (Carl B. Lord) in Leipzig.

www.ingramcontent.com/pod-product-compliance
Lightning Source LLC
Chambersburg PA
CBHW021503210326
41599CB00012B/1116